JN428825

ERIC MAZUR

동료교수법

Peer Instruction: A User's Manual 사용자 매뉴얼

김중복 | 김규환 | 김종원 | 이정숙 | 이지원 | 황명수 옮김

홍릉과학출판사

역자서문

2009년 10월, 방콕에서 열린 국제 물리 교육학회에서 진행된 하버드 대학교의 Eric Mazur 교수의 동료교수법 강의는 나에게 매우 강렬한 첫 인상을 남겼다.

Mazur 교수는 개념 검사 문항을 제시하고 청중들에게 미리 나누어 준 클리커를 이용하여 답을 선택하게 한 후 곧바로 응답 결과를 그래프로 제시하면서 나와 다른 답을 선택한 주변 사람을 만나 자신이 선택한 답에 대하여 설명하도록 요구하였다. 2-3분 정도의 시끄러운 논의가 진행된 후 다시 클리커를 이용하여 답을 선택하게 하니까 놀라울 정도로 많은 사람들이 정답을 선택하였고, 그 결과 역시 바로 스크린에 그래프로 제시되었다. 아무런 강의도 하지 않은 채 단지 문제를 제시하고 동료들 간에 설명하는 시간을 주었을 뿐인데, 이렇게 많은 사람들이 개념을 바르게 바꾼다는 것이 믿겨지지 않았다.

그 이후로 나는 동료 교수법을 한국에 보급하기 시작하였다. 대학에서 학생들에게 동료 교수법으로 수업을 하면 학생들도 놀라워하면서 자신들도 교사가 되면 꼭 이 방법으로 수업을 하여야겠다고 이야기한다. 또한 현직 교사들을 대상으로 연수를 할 때도 동료 교수법을 활용하는데, 교사들의 반응은 과히 폭발적이다. 그리고 연수가 끝날 즈음에는 거의 모든 교사들이 자신의 수업에 동료교수법을 활용해 보고 싶다고 한다.

현재 우리나라의 물리 수업은 어떠한가? 물리에 관한 기본 개념도 이해하지 못하면서 공식을 외워 답을 구했다고 해서 자신이 물리를 잘 한다고 착각하고 있지는 않은가? 수학과 물리가 같다고 여겨 수학을 포기한 학생들이 물리도 포기하는 일이 비일비재하지는 않은가? 이제 우리나라의 물리(과학) 수업도 변화할 때가 된 것 같다. 강의실이나 실험실에서 동료들끼리 물리 개념을 놓고 시끌벅적하게 갑론을박하면서 자신의 개념을 확실히 다지거나 오개념을 과학적 개념으로 바꾸어 가는 경험을 통해 과학을 공부하는 즐거움을 느끼도록 해주고 싶다.

동료교수법 혹은 클리커와 개념 검사 문항을 이용한 교수법은 현재 미국 대학의 물리교육에 일대 변혁을 가져왔고 거의 모든 대학에서 활용하고 있다. 이제 우리나라에서도 대학과 초중고등학교에서 동료교수법을 통하여 많은 학생들이 과학을 깨달으며 공부할 수 있기를 바래본다. 이 책의 번역에 동의해 주신 저자 하버드 대학교의 Mazur 교수님께 감사드린다. 그리고 공동 번역으로 이름을 올리지 못한 대학원생들 류은희, 김민주, 최현숙, 구지애 선생님들에게도 고마움을 표한다. 끝으로 이 책을 번역하여 출판하는데 동의를 해주시고 지원해 주신 홍릉과학 출판사의 ... 님께 감사드린다.

한국교원대학교 현장물리교육연구실
공동 번역 일동

추천서

— Charles W. Misner

$F=ma$라는 공식은 암기하기 쉬우나 사용하기 어렵고 그것을 이해하기 더 어렵다. 대부분의 학생들에게 일반 물리학의 궁극적 가치는 역학의 법칙을 배우는데 있는 것이 아니라 물리학자들이 그 법칙을 이용하여 일하는데 사용하는 기술들을 얻는데 있다. 다른 학문 분야에도 적용할 수 있는 중요한 기술에는 자연 현상들을 보고 단순화, 이상화, 근사, 그림으로 가시화, 그래프로 나타내기, 수학적인 표현들이 있고, 좀 더 일반적으로는 수학적, 개념적 모델링을 포함한다. 그러나 물리는 공식과 수학이 전부라는 생각이 학생들 사이에 신화처럼 확고히 자리 잡고 있어서 상당수의 학생들은 대안으로서 암기할 공식만 알고 있다면 생각하는 것을 거부할 것이다. 이 책 동료 교수법 매뉴얼에서 Eric Mazur 교수는 학생들이 공식을 놓고 헤매는 대신 물리를 생각하도록 어떻게 도울 수 있을 것인가를 보여준다.

이것은 매우 중요한 단계이다. 동료 교수법이 널리 적용된다면 중요한 대단위 강좌에서 괄목할 만한 진척이 될 것이다. 학생들이 능동적이며 상호 작용하는 강좌를 설계하는 것은 도전해볼 만한 아이디어이다. 나는 Mazur와 Thomas Moore가 쓴 이 방법을 듣고 나의 수업에서 시도하여 보았다. 결과는 긍정적으로 나왔지만 좋은 논의를 위한 문항들을 만드는데 나의 능력(시간)의 한계를 경험하였다. 나는 TV를 볼 때 주의 집중하는 정도로 학생들이 몰입할 수 있는 양질의 개념 검사 문항을 사용할 수 있기를 고대하고 있다.

Mazur 교수의 사용자 매뉴얼은 그가 제안하는 강의를 하기 위해 필요한 학습 자료들이 포함되어 있어 유용하다. 그는 인쇄된 형태와 CD-ROM 형태로 필요한 모든 자료를 제공하고 있다. 예를 들어 강의 시간 동안 논의와 상호작용을 위하여 제공되는 개념 검사 문항들이 중간고사나 기말고사에 나오지 않는 한 학생들은 심각하게 생각하지 않는다. 결론적으로 이 매뉴얼에는 많은 수의 개념 관련 문항들이 제공되는데 때로는 그대로 때로는 수정하여 시험문제로 활용할 수 있다. 그리고 학생들은 어떤 압력이 가해지지 않는 한 읽기 과제를 해오지 않을 것이다. 따라서 이 책에서 제공된 많은 읽기 과제 검사를 위한 문제들을 그대로 혹은 일부 수정하여 사용함으로써 압력을 줄 수 있다. 일반 물리학이나 기초 물리학 책들이 거의 동일한 내용을 다루고 있기 때문에 어떤 책을 강의 교재로 사용하더라도 이 책에서 제공된 자료들을 활용할 수 있다.

Mazur 교수는 요긴한 자료들을 제공할 뿐 아니라 대규모 강의실에서 강의 시간 동안 그가 사용하고 있는 방법들을 분명하고 세심하게 기술하고 있다. 일반 물리학 강의를 대규모로 하지 않는 몇몇 학교에서는 대학 차원에서 강좌를 다시 정비하는 과정을 거지치 않고도 강사 개인적으로 즉시 수업에 이용할 수 있다. Mazur의 접근법은 연구를 주로 하는 과학자들이 가르칠 때에도 사용할 수 있고 과학 교육을 우선시 하는 교수들도 사용할 수 있다. 나는 이 책의 출판이 모든 물리 교사들에게 매우 중요한 봉사를 한 것이라고 믿는다.

추천서

— Sheila Tobias

수십 년 동안 물리학계는 기본 개념에 관한 오개념을 지닌 채 수업에 들어오는 학부생들에게 일반 물리학을 어떻게 가르칠지 고심하여 왔다. 인지 과학 분야에서 연구를 거듭한 끝에 물리 교육학자들은 넓은 범위의 학부생들에게 물리 교육이 더 효과적이고, 물리 연구가 더 매력적으로 보이게 하기 위해 새로운 접근법, 새로운 시범 실험, 상호작용 소프트웨어, 혁신적인 교수법과 새로운 내용 등을 창안해냈다.

물리 교육자들은 이러한 새로운 학부생 교육 방법들 중 일부를 퍼뜨리고 있는 중이다. 그러나 실제로 수업을 하는 것이 그렇게 쉬운 것은 아니다. 심지어 국내 학술대회에 참여하고 그들이 배웠던 작은 규모 실험을 수행하고 있는 교수들도 종종 학교 차원의 제약에 직면하여 새로운 방법들을 표준 강좌들에 적용하는데 한계를 호소하고 있다.

나의 연구 경험으로 볼 때, 교육 과정을 수정하거나 강의에 도움이 되는 소프트웨어나 새로운 교수법이 등장하는 시기에는 교육자들이 새로운 교육과정을 전적으로 도입하거나 복잡한 (그리고 비싼) 교수 관련 장비들을 모두 구입할 필요는 없다고 생각한다.

Eric Mazur 교수의 접근법은 훌륭한 도우미이다. 그의 동료 교수법 매뉴얼은 이해를 강조하면서 물리를 가르치기 위한 매우 뛰어난 상호작용적 접근법을 제공한다. 또한, 기술의 횡포(실험 장비와 얻어진 자료들의 어려움)라고 하는 일부 실험들도 이해할 수 있도록 돕는다. 그의 방법은 물리를 가르치는 동안 학생들이 능동적으로 몰입할 수 있도록 해주며 물리를 좀 더 의미 있게 접근 가능하게 해준다. 그러나 다양한 학생들로 구성된 대규모 수업에 어떻게 상호작용적 교수법을 적용할 수 있겠는가?

사용자 친화적인 매뉴얼인 이 책에는 초심자를 위하여 물리 교육을 위한 단계적 접근법이 잘 제시되어 있다. 이 매뉴얼대로 하면 물리 교육자들은 일반물리학을 1년 동안 상호작용 강좌로 진행할 수 있다(화학이나 생물을 가르치는 교사들도 유용한 많은 것들을 찾을 수 있다). 매뉴얼은 주요 주제별로 주제어들과 개념들을 사용하여 찾아보기가 가능하도록 구성하였으며, 진단 검사지, 읽기 과제를 검사하기 위한 퀴즈 문제, 동료 토론이 가능하도록 하는 모든 주제들에 대한 개념 검사 문항이 포함되어 있다.

Eric Mazur의 동료 교수법 매뉴얼은 하버드 대학과는 매우 다른 환경의 다양한 형태의 실제 수업들에서 성공적으로 검증이 되었다. Lowell에 있는 매사추세츠 대학과 아팔라시안 주립 대학교 물리과 교수들은 개념 검사 문항들과 동료 교수를 적용하기 위한 방법들을 찾았다. 나의 경제적인 환경을 고려하여 경험한 것을 돌아볼 때 교수들과 학장은 시간이 재정의 막대한 소비 없이 적용할 수 있는 교수법이 제공되기를 바란다. 이러한 교수법은 다음과 같은 질문에 답을 줄 수 있어야 한다. "오늘 우리는 무엇을 할 수 있는가?"

답은 동료교수법이다. 이를 위해서는 개념 검사 문항, 읽기 퀴즈, 개념 시험 문제들이 함께 다루어져야 한다. 이 책은 새로운 지평을 여는 것이다. 교사들은 그들의 학생과 함께 이 책에 대하여 감사를 하게 될 것이다.

서 문

나는 가르치는 것을 정말 좋아한다. 과학이 나를 빠져들게 만드는 것은 새로운 진리를 발견하는 아름다움과 과학을 하는 것에 대한 흥분만이 아니라 이 흥분과 신비로움을 다른 사람들에게 알려주는 기쁨이 있기 때문이다.

나는 1984년 교수로 부임한 이래 하버드에서 학부생들을 줄곧 가르쳐오고 있다. 다른 사람들이 생각하는 것과 같이 나도 처음에는 가르침을 받는 것이 배우는 것이라고 생각했다. 그러나 시간이 지남에 따라 나는 아무것도 진리로부터 벗어날 수 없다는 것을 깨달았다. 내가 가르치는 학생들이 뉴턴 역학을 이해하는 수준을 분석한 결과, 그것이 더욱 분명해졌다. 그들은 내가 배웠으면 하는 모든 것을 배우고 있지 못했다. 나는 학생들을 비난할 수 있었지만, 그러나, 기초 과학 과목들이 다수의 학생들을 실망시키는 것 때문에 괴로웠다. 과학에 관한 무엇이 학생들을 그렇게 실망하게 하는가? 나는 가르치는 스타일을 바꾸기로 결심하였다. 학생들이 물리를 배우는데 도움을 줄 수 있는 훨씬 좋은 방법을 발견하게 되었다. 이 매뉴얼을 통하여 그 비밀을 말하고자 한다.

나는 학생들이 일반 물리를 잘 이해할 수 있도록 돕는 상호작용적 교수법을 개발하였다. 동료 교수법(Peer Instruction)이라고 하는 이 방법은 학생들이 수업에 능동적으로 참여하도록 하는 것이다. 많은 사람들도 확인한 것처럼 이 방법은 매우 간단해서 강의 스타일에 상관없이 쉽게 적용할 수 있다. 이 방법은 학생들이 물리를 더 쉽게 생각하게 할 뿐 아니라 가르치는 것도 쉽도록 해 준다.

이 매뉴얼은 지금 당신이 사용하고 있는 강의 자료들을 그대로 사용하면서 동료 교수법을 적용할 수 있는 방법을 단계적으로 안내하기 위한 책이다. 이 책에 1년간 진행될 일반 물리 수업에 바로 사용할 수 있는 자료들을 모두 포함시켰다.

- 역학에 대한 학생들의 이해를 진단할 수 있는 2개의 진단지
- 학기동안 학생들의 수준과 오개념들을 평가할 수 있는 학생용 문항들
- 44개의 예습 퀴즈. 수업에 들어오기 전에 학생들이 읽어 오도록 동기 부여를 할 수 있도록 매 수업 시간 시작할 때 학생들에게 줄 수 있도록 주제별로 만들어져 있음.

- 243개의 개념 검사 문항들. 학생들이 수업에 참여하도록 하고 그들의 이해 정도를 평가하기 위하여 강의 시간에 사용할 수 있도록 만든 선다형 문항들
- 109개의 개념 시험을 위한 문항들. 주요 주제들에 대해 동료 교수법의 기본 철학을 도울 수 있도록 개발된 문항들임.

동봉된 CD는 위에 제시된 내용들을 모두 담고 있으며 빔프로젝트를 활용하거나 학생들에게 나누어줄 수 있도록 쉽게 고칠 수 있게 되어 있다(번역판에서는 제공하지 않음). 이들 자료들은 계속 수정 중에 있다. 더 개발된 자료나 수정된 내용들은 Project Galileo 웹사이트(http://galileo galileo.harvard.edu)에서 확인할 수 있다. 이들 자료 외에도 Galileo 웹사이트에서는 동료교수법을 사용하고 있는 교사들이 정보를 교환할 수 있다. 여러분의 경험도 함께 나누어 줌으로써 다른 사람들에게 유익이 되었으면 한다. 이 매뉴얼에서 잘못된 것을 찾거나 더 좋은 제안할 것들이 있으면 언제든지 알려주기를 바란다. 나의 이메일 주소는

mazur@physics.harvard.edu 이다.

이 책이 나오기까지 많은 분들이 도움을 주셨다. 강의 시간에 문항을 사용하는 아이디어는 하버드대학교 화학과에 있는 Dudley Herschbach가 주었다. 1991년 포스닥 프로그램으로 연구실에 온 Debra Alpert는 많은 연구를 나와 함께 하였고 이 책의 자료들을 개발하는데 중요한 역할을 하였다. 초창기 버전을 수많은 사람들에게 보급하여 많은 사람들이 그들의 기관에서 이 방법을 알리는데 결정적인 역할을 한 Anne Hoover에게 감사한다. 나의 제시를 따라 그들 수업에 적용하며 자료 개발에 도움을 준 나의 동료들인 하버드 대학의 Michael Aziz, William Paul, 그리고 Robert M. Westervelt에게 감사한다. 하버드 대학에서 물리 강좌번호 11번을 수강한 학생들에게는 이 방법을 처음으로 시도할 수 있도록 용납하여 준 것과 우리에게 그들을 어떻게 가르쳐야 할지를 가르쳐 준 것에 감사한다. Lowell 에 있는 메사추세츠 대학교의 Albert Altman와 Charles Misner에게 끈임 없는 열정과 에너지로 매뉴얼과 자료들에 대해 제안을 하여준 것에 대해 진심으로 감사한다. 또한 매우 특별히 감사할 것은 힘개념 검사지와 역학 기초 검사지를 이 책에 실을 수 있도록 허락한 David Hestenes, Ibrahim Halloun, Eugene Mosca, Richard Hake, Malcolm Wells와 Gregg Swackhamer에게 감사한다.

Peer Instruction:A User's Manual인 이 원고를 읽어주고 의미 있는 실제적인 충고를 하여준 다음 분들에게 특별히 감사한다. 매샤츄세츠 대학의 Albert Altman, 워싱톤 대학의 Arnold Arons, 버클리에 있는 캘리포니아 대학의 Bruce B. Birkett II, 알링톤에 있는 텍사스 대학교의 Paul Draper, 씬시네티 대학교의 Robert J. Endorf, 마인의 콜로라도 학교의 Thomas Furtak, 죠오지아 공과대학교의 Ian R. Gatland, 오스틴에 있는 텍사스 대학교의 J. David Gavenda, 플로리다 국제대학교의 Kenneth A. Hardy, GMI 광학과 경영 연구소의 Greg Hassold, 브렌데이스 대학교의 Peter Heller, 아이오와 주립대학교의 Laurent Hodges, 텍사스 공과 대학교의 Mark W. Holtz, 대멘대학의 Zafir A. Ismail, 로체스터 공과대학교의 Arthur Z. Kovacs, 버지니아 폴리텍 대학교의 Dale D. Long, 아리조나 대학교의 John D. McCullen, 튜레인 대학교의 James McGuire, 칼리지 팍 메린랜드 대학교의 Charles W. Misner, 노스 캐롤라이나 주립 대학교의 George W. Parker, 암헤스트 메사츄세츠 대학교의 Claude Penchina, 마이애미 대학교의 Joseph Priest, 산타 크루즈 캘리포니아 대학교 Joel R. Primack, 브리햄 영 대학교의 Lawrence B. Rees, 웨스트 버지니아 대학교의 Carl A. Rotter, 버몬트 대학교의 Leonard Scarfone, 렌셀래어 폴리텍 대학교의 Leo J. Schowalter, 오클라호마 주립대학교의 H. L. Scott, 플로리다 주립대학교의 Shahid A. Shaheen, 루이지애나 주립 대학교의 Roger L. Stockbauer, 영스타운 주립대학교의 William G. Sturrus, 미시간 공과대학교의 Robert S. Weidman.

마지막으로 이 책이 출판되도록 격려를 아끼지 않은 Prentice Hall 출판사의 Tim Bozik에게 감사드리고 이 원고를 주의 깊고 꼼꼼하게 교정하여 준 Iren Nunes에게 감사드린다. 또한 이 원고가 책이 되어 나오도록 도움을 아끼지 않은 Alison Reeves, Alison Aquino, Carol Trueheart, Ray Mullaney, Eric Hulsizer와 Jeff Henn에게 감사드린다.

Concord, MA

Contents

Part 2 RESOURCES / 49

Part 1

개 관

제 1 장

서 론

일반 물리학 과목은 학생이 공부하는 과정에서 만나는 가장 큰 장애물 중 하나이다. 상당히 많은 학생들은 수업을 받으면서 오히려 혼란(오개념)이 가중된다. 고등학교나 대학 물리 교육이 잘못되었다고 불평하는 소위 물리학자라고 하는 사람들에게 꼭 하고 싶은 말이 있다. 일반 물리학을 수강하면서 겪게 되는 이러한 혼란은 물리학 과목을 수강하여야 하는 물리 비전공자들 사이에 널리 퍼져 있다. 이러한 혼란으로 물리를 전공하는 학생들조차도 일반 물리학 과목에 대하여 불만족해 하는 모습을 자주 볼 수 있다. 심지어 초기에는 커다란 호기심을 가지고 수업에 참가한 학생들 중 상당수가 다른 전공으로 이동해 버리는 결과를 초래하고 있다. 왜 이러한 현상이 발생하며 이러한 상황을 해결하기 위하여 우리가 할 수 있는 일은 무엇인가? 또한, 우리는 이러한 상황을 무시해 버리고 과학도로써 성공적인 길을 가고 있는 뛰어난 학생들에게만 초점을 맞추어야 하는가?

눈 열기

일반 물리학 수업에서 일어나는 혼란은 Maxwell 시대 이래로 이야기되어 오고 있으며 최근에는 Sheila Tobias에 의해 널리 알려졌다. 그는 인간과 사회 과학을 전공하는 다수 학생들의 교양 과학 수업들에 대한 평가와 학생들의 반응을 보고하였다. 이 조사 결과는 교양 과학 교육의 황량함을 그린 책과 같았다. 이 결과에 대해 우리는 물리에 전혀 흥미가 없었거나 앞으로도 물리를 전공하지 않을 학생들만의 불평이라고 치부하고 싶어 할 것이다. 그러나 이 학생들의 대부분은 그들의 전공과목 외 다른 분야의 필수 과목들에 대해 이러한 불평을 하지 않는다는 것이다. Tobias는 과학 교육을 통하여 과학 분야에서 일하게 될 사람들의 수는 앞으로 아이스크림처럼 위쪽으로 올라가면서 줄어들 것으로 예상한다. 이는 뒤처진 사람들은 키질하여 날려버리도록 되어있는, 경쟁속에서 살아남기 위해 선택 되어야만 하는 두려운 사회 속에서 살고 있기 때문임은 말할 것도 없다.

1990년대에 물리를 가르쳤던 방식은 1890년대, 선택된 소수의 학생들을 대상으로 가르쳤던 방식과 별반 다를 게 없다. 문제는 물리과목을 수강하는 학생들의 엄청난 변화이다. 물리학은 다른 많은 영역을 위한 기초가 되어 왔고 물리 과목을 수강하는 학생들의 숫자가 엄청나게 증가하였으며 이들 중 대부분은 물리를 전공하지 않는 학생들이다. 이러한 변화로 인해 물리를 배우는 학생들의 태도가 상당히 많이 바뀌었고 매우 다르다는 것을 의미하기 때문에 입문 물리의 교수법은 커다란 도전을 받게 되었다. 비록 전통적인 물리 교수법을 통하여 성공적인 과학자들과 공학자들이 많이 배출되었다고 할지라도 대부분의 학생들이 전통적 교수법에 대하여 실망하고 있다. 그렇다면 무엇이 잘못된 것인가?

나는 1984년부터 하버드 대학교에서 공학과 과학을 전공하는 학생들을 대상으로 일반 물리학을 가르쳐 오고 있다. 나는 1990년까지 시범실험을 통한 강의 위주의 전통적 교수방법으로 가르쳤다. 나의 학생들은 내가 생각하기에도 어려운 문제들을 잘 해결하였고, 그들로부터 받는 강의 평가도 매우 긍정적이었기 때문에 나는 가르치는 것에 대해 만족하고 있었다. 내가 아는 한 나의 수업은 문제될 것이 거의 없었다.

그러나 1990년에 Halloun과 Hestense가 쓴 논문들을 읽게 되면서 나는 새로운 눈을 뜨게 되었다. 잘 알려진 것처럼 학생들은 물리 현상에 대한 공통적인 직관과 강한 믿음(오개념)에 의해 형성된 개념을 가지고 물리 수업에 들어오게 된다. 이러한 개념들은 개인적인 경험들과 교양 과정에서 제공된 수업자료를 다양한 방법으로 해석하면서 생기게 된다. Halloun과 Hestense의 논문은 전통적인 수업으로는 “공통적으로 가지고 있는” 믿음 (역자 해석; 오개념)을 거의 변화시키지 못한다는 것을 보여준다.

예를 들면, 물리 수업을 몇 달 한 후에 거의 모든 학생들은 Newton의 제 3 법칙을 잘 외울 수 있게 되며 그들 중 대부분은 물리 문제를 푸는데 이 법칙을 잘 적용한다. 그러나 조금만 조사해보면 학생들이 이 법칙을 정확하게 이해하고 있지 못한다는 것을 알 수 있다. Halloun과 Hestense는 학생들에게 물체 사이에 작용하는 힘을 비교하는 것에 관한 많은 문제들을 개발하여 제공하였다. 무거운 트럭과 가벼운 자동차가 충돌하였을 때 힘의 크기를 비교하라는 질문에 많은 학생들은 무거운 트럭이 더 큰 힘을 가할 것이라고 강하게 믿고 있다. 이러한 결과를 처음 접한 나는 "설마 내 학생들은 아니겠지...!" 하고 생각하였다. 강한 호기심에, 나는 내 학생들이 물리적 개념을 어떻게 이해하고 있는지 조사하기로 하였고 하버드에서 물리학을 전공하는 학생들에게도 동일한 검사를 실시하였다.

Halloun과 Hestense가 개발한 문항을 내 수업시간에 주었을 때 첫 번째 징조가 보였는데, 한 학생이 "마쥬르 교수님, 어떻게 이 문제들을 풀어야 합니까? 교수님이 저에게 가르친 방법으로 풀까요 아니면 제가 생각하는 방법으로 풀까요?"라고 물어보는 것이었다. 불길한 징조는 그대로 검사 결과에 나타났는데 충격 그 자체였다. 중간고사 성적이 꽤 높았던 학생들도 Halloun과 Hestense의 개념 문제들에 대해서는 형편없이 낮은 점수가 나왔다. 나는 Halloun과 Hestense 검사지는 단순하여 쉬웠을 것이고 중간고사 문제들(회전 동력학, 관성모멘트)은 훨씬 어려웠을 것이라 생각하였기 때문에, 크게 놀랄 수밖에 없었다.

암기와 이해

이러한 모순같은 결과들을 이해하기 위하여 나는 같은 물리 개념에 바탕을 둔 훨씬 어려운 정량적 문제들과 단순한 정성적 문제들을 개발하여 함께 시험보기로 하였다. 그런 문항의 예로 그림 1.1과 같이 DC 회로 문제를 출제하였는데 이 문항들은 1991년에 전통적으로 수업한 반의 중간고사 1번과 마지막 5번 문항이다(이 두 문항 사이에 놓인) 다른 3개의 문항들은 다른 내용 영역에 관한 문제들이어서 여기에서는 생략하였다).

문항 1은 순전히 개념에 관한 것이며 단순히 간단한 회로의 기본적 지식을 요구하는 문제임을 알 수 있다. 문항 5는 같은 개념을 적용하는 능력을 측정하기 위한 문제이며 수치를 사용한 전통적인 형태로 주어진 것이다. 이 문항을 해결하기 위해서는 키르히호프의 법칙을 사용하여 2개의 방정식을 세우고 이 식들을 풀 줄 알아야 한다. 대부분의 물리학자들은 1번 문항은 매우 쉽고 5번 문항은 어렵다고 생각할 것이다. 그러나 그림 1.2에서 볼 수 있는 바와 같이 전통적 방법으로 수업한 반에서 배운 학생들의 반응은 다르게 나타났다.

1. 그림과 같이 동일한 세 전구 A, B, C를 전압이 일정한 전압과 스위치에 연결하였다. 스위치 S를 닫을 때, 보기의 물리량의 변화는? (증가한다, 감소한다, 그대로이다 중 고르시오).

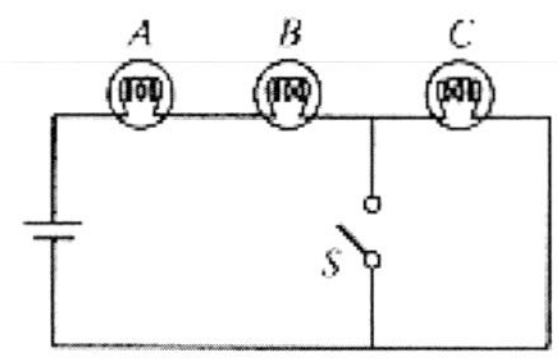

(a) 전구 A와 B의 밝기
(b) 전구 C의 밝기
(c) 전지에 흐르는 전류
(d) 각 전구에 걸리는 전압
(e) 전체회로의 소비 전력

5. 그림과 같이 저항 3개와 전지 2개를 연결하였다.
(a) 2Ω 에 흐르는 전류와
(b) 점 P, Q 사이의 전위차를 각각 구하여라.

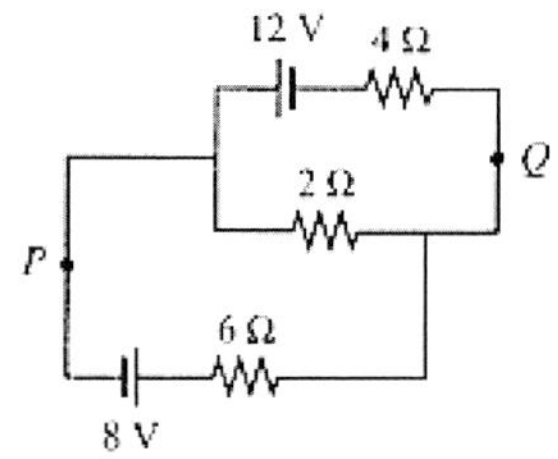

그림 1.1 DC 회로에 대한 개념문항(위)와 전형적인 문항(아래). 이 문항들은 1991년에 출제된 문항들이다.

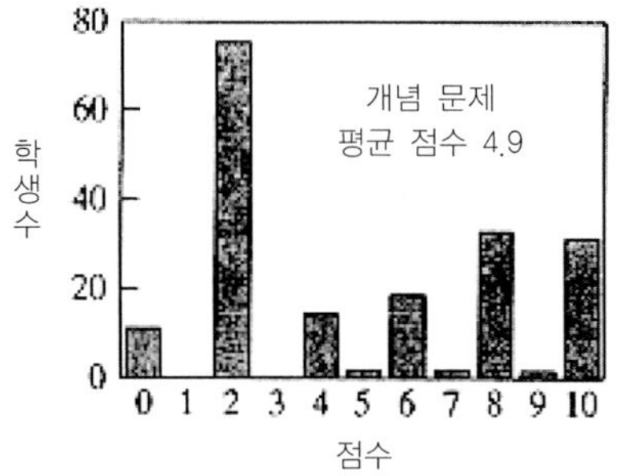

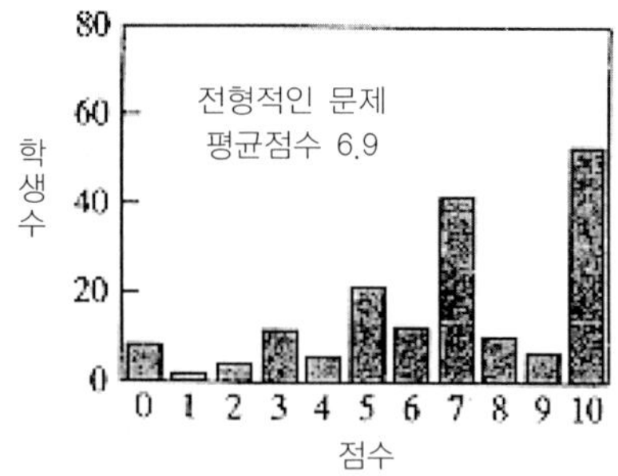

그림 1.2 그림 1.1에 제시된 문항에 대한 시험 점수. 개념문항에 대해 2점을 받은 학생수가 제일 많다.

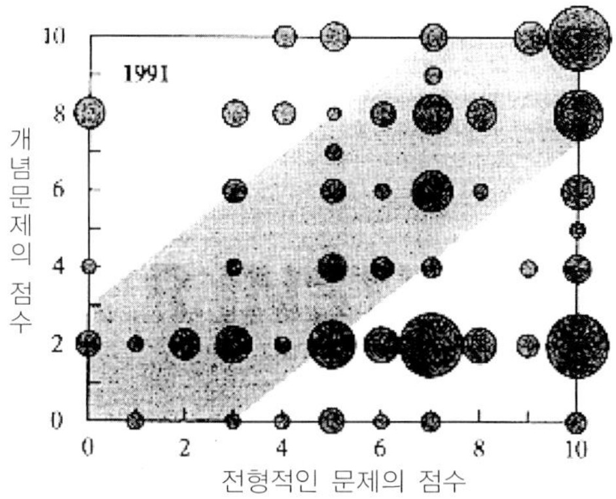

그림 1.3 그림 1.2의 개념문항과 전형적인 문항 점수 사이의 상관관계 각 측정값의 반지름은 해당 점수에 제시된 학생 수를 나타낸다.

응답을 분석해보면 개념 문제에 대해서 2점을 맞은 학생들이 가장 많다. 40%가 넘는 학생들이 스위치를 닫으면 건전지를 통과하는 전류는 변하지 않고 전류가 위쪽 분기점에서 두 길로 나누어지고 아래쪽 분기점에서 다시 합쳐진다고 믿고 있었다. 대부분의 학생들은 이러한 심각한 오개념을 가졌음에도 불구하고 공식을 이용해 단순히 계산하는 수학적인 문제의 답은 정확히 구하였다.

그림 1.3은 그림 1.1에 있는 개념적 문제들과 전형적인 문제들에 대한 점수 사이에 일관성이 얼마나 없는가를 보여준다. 점수들의 52%가 대각선 방향의 넓은 영역에 놓이는데 이 영역에 있는 학생들은 두 형태의 문항에 대하여 대략 같은 점수(±3점)를 맞은 것이라고 생각할 수 있지만 학생들 중의 39%는 개념 문항에 대하여 심각하게 낮은 점수를 얻었다(많은 학생들이 개념 문항에서 0점을 받았는데도 불구하고 전형 문항에서 10점 만점을 받았다!). 이에 비해 훨씬 적은 9%의 학생들만이 전형적인 문항에서 낮은 점수를 보였다. 이러한 경향은 학기가 진행되는 동안 많은 유사한 형태의 문항들을 통하여 확인할 수 있었다. 학생들은 같은 주제에 대하여 개념 문항을 풀 때보다 전형적인 문제들을 풀 때 잘 하는 경향이 뚜렷이 나타난다.

이러한 단순한 예는 과학교육의 교수학습에 있어 몇 가지 어려움을 말해준다. 첫 번째로 학생들은 기본이 되는 물리 개념을 이해하지 못하고도 알고리즘을 암기하여 전형적인 문제들을 잘 해결할 가능성이 있다. 두 번째로 초보 교사뿐 아니라 노련한 교사까지도 학생들이 아주 잘 배우고 있다고 생각하는 착각에 빠질 수 있으며 학생들도 같은 착각에 사로잡힐 수 있다. 학생들은 수업내용과 공식을 숙달했다고 믿었는데 공식을 단순히 대입하는 방법으로는 문제를 풀 수 없다는 것을 알게 되었을 때는 심각한 혼란에 빠지게 된다.

내 강의에 들어오는 많은 학생들은 기본 개념을 생각하지 않고 교과서에서 소위 "비법" 혹은 "문제 해결 전략"을 배우는데 집중하고 있었던 것이 분명하다. 공식에 의해 끼워맞춘 풀이!(Plug and Chug!) 갑자기 많은 퍼즐 조각들이 쏟아진다.

- 더 많은 문제 풀이와 더 적은 강의에 대한 지속적인 학생들의 요구들
  - 물리강의에서 학생들의 문제 풀이 능력에 대하여 시험을 보고 학점을 주는 것만이 우리가 기대하는 것은 아니지 않는가?

- 똑똑한 학생들의 이해할 수 없는 큰 실수들
  - 문제 풀이 전략이 약간의 도움이 될 수 있지만 모든 문제에 대한 방법은 아니라는 것

- 물리에 대한 학생들의 혼란
  - 항상 모든 상황에 대하여 적용도 되지 않는 기계적인 풀이 방법들을 배우는 것으로 전락할 때 물리는 얼마나 지루해지겠는가!

제 2 장

동료 교수

전통적인 교수법의 한 가지 문제점은 수업 자료의 제시에 있다. 학생들의 수업 참여를 거의 유도하지 않고, 교과서나 강의 노트에서 직접 수업 자료를 끌어낸다. 수동적인 학생들 앞에서 독백 형태로 진행되는 전통적인 수업은 문제를 복잡하게 만든다. 매우 뛰어난 소수의 교사들만이 모든 강의 시간 동안 학생들을 집중시킬 수 있다. 전개되는 개념들에 대하여 학생들에게 비판적으로 생각할 수 있는 기회를 거의 주지를 못하고 있다. 결과적으로 강의는 수업 자료를 통하여 가장 중요한 단계가 문제 풀이라는 것을 학생들에게 느끼도록 강요한다. 그러므로 학생들은 문제를 해결하는 방법을 더 잘 배울 수 있도록 점점 더 많은 예시 문항들을 요구하는 악순환의 고리에 빠지면서, 결국 성공의 열쇠는 문제 해결이라는 것을 학생들에게 더 강화시키게 된다.

왜 강의인가?

내가 입문 물리를 가르쳤던 초기에, 나는 강의 노트를 준비하는데 많은 시간을 할애하였으며, 학생들한테 매 강의를 마칠 때 노트를 나누어주었다. 그 노트는 간결하며, 교재에 있는 것보다 더 많은 상세한 정보를 요약해 놓았기 때문에 점점 인기를 끌었다.

어느 학기 중간쯤, 몇 명의 학생들이 필기하는데 시간을 빼앗기니까 강의 시간에 좀 더 집중을 할 수 있도록 강의 노트를 미리 달라고 요청했다. 나는 기쁘게 이를 수락하였고 학기 초에 미리 모아진 노트를 한꺼번에 나누어 주었다. 하지만 학기 후반에 실시되는 강의 평가에서 많은 학생들이 Eric Mazur 교수는 강의 노트에 있는 그대로 가르친다고 불평하는 예상치 못한 결과가 나왔다.

어떻게 이럴 수가!(배은망덕한..!!) 나는 처음에 학생들이 감사하는 마음을 갖지 못한데 화가 났지만 생각을 바꾸기로 했다. 이러한 평가결과도 학생 의견의 하나로 받아들였다: 나는 정말로 내 강의 노트대로 강의를 하고 있었다. 강의 평가는 나의 학생들이 수업에 들어오기 전에 나의 강의 노트를 읽었다면 강의를 들으면서 추가적으로 얻을 수 있는 것이 없다는 것을 보여주는 결과였다. 내가 만약 물리학에 대해서 강의하지 않고 세익스피어에 대해 강의를 한다면, 나는 아마도 학생들에게 희곡을 읽어 주면서 강의 시간을 다 써버리지는 않았을 것이다. 대신에, 나는 학생들에게 강의에 들어오기 전 그 극본을 읽어 오라고 요구했을 것이며, 나는 강의 시간을 그 연극에 대해 논의하고 학생들이 진심으로 세익스피어에 대한 감사의 마음을 가지도록 하는데 이용했을 것이다.

1장에서 말한 놀라운 경험을 하던 해에, 나는 입문 물리학을 가르치는데 새로운 접근법을 탐색했다. 특별히, 학생들의 문제해결력을 감소시키지 않고 근본적인 개념들에 대해 주의를 집중시킬 방법을 찾았다. 그 결과가 바로 Peer Instruction(동료 교수법)이다. 그것은 일반 물리학에서 개념적 기초를 가르치며, 학생들이 종래의 문제들을 더 잘 풀 수 있도록 이끌어주는 효과적인 방법이다. 또한 나는 이 새로운 교수법이 강의를 더 쉽고 보람 있게 만든다는 매우 흥미로운 사실을 발견하였다.

동료 교수법을 적용하여 수업을 잘하기 위해서는 전통적인 강좌에서 사용했던 방법들과는 다르게 교과서를 사용하여 강의를 하여야 한다는 것을 알게 되었다. 먼저 교과서에 나오는 내용을 수업 전에 읽기 과제로 수행하도록 한 후, 실제 강의에서는 읽기 과제에 대하여 관련 개념을 상세히 설명한다. 또한 읽기 과제와 관련하여 잠재된 문제나 어려움을 설명하여 이해를 심화시키며, 자신감을 키우고 예를 추가한다. 결국, 교과서는 학습 가이드로써의 역할을 한다.

개념 검사 문항(THE CONCEPTEST)

동료 교수법의 기본 목표는 강의 시간동안 학생들 사이에 상호작용을 활발히 하고 근본적인 개념들에 대하여 학생들이 집중할 수 있도록 하는 것이다. 교재나 강의 노트에 있는 세부사항들을 자세히 설명하는 대신에, 강의는 요점사항만 단문 형태들로 제시하고, 각각의 단문과 관련한 주제에 대한 짧은 개념 검사 문항(ConcepTest)을 제시한다. 학생들에게 개념 검사 문항에 대한 답을 구할 시간을 주고, 자신의 답을 결정한 후에는 그들의 답을 서로에게 설명하도록 한다. 이 과정은 (a) 학생들로 하여금 전개되어지는 논증을 통하여 생각하도록 하며, (b) 학생들(교사들에게도)은 설명을 하면서 자신이 가지고 있는 개념에 대한 그들 자신의 이해를 스스로 확인해 볼 수 있는 기회를 가지게 된다.

각각의 개념 검사 문항 진행과정은 다음의 일반적인 순서를 따라 진행한다:

1. 문제 제시	1분
2. 학생들에게 생각할 시간 주기	1분
3. 학생들에게 개인별 답 기록하기 (선택적)	
4. 학생들이 직접 주위 친구들을 설득하기	1~2분
5. 학생들은 수정된 답 기록하기 (선택적)	
6. 교사에게 답하기; 정답의 총계	
7. 정답 설명	2분 이상

대부분의 학생들이 개념 검사 문항에 대한 정답을 알고 있다면, 다음 주제로 넘어간다. 정답 비율이 너무 낮다면(90% 이하), 강의 속도를 늦추어 같은 주제에 대하여 좀 더 상세하게 가르치며, 같은 주제에 대한 또 다른 개념 검사 문항으로 다시 평가한다. 필요할 때 반복하는 이 방법이 교사들의 기대와 학생들의 이해 사이에서 갭이 생기는 것을 방지한다. 갭은 일단 형성되면 그 강의 전체가 망가질 때까지 계속 커지기만 한다.

특정 예: 아르키메데스의 원리를 생각해보자. 나는 방정식과 어원을 자세히 설명하는 것은 피하고 그 증명 뒤에 있는 개념들과 아이디어를 강조하면서 그 주제에 대한 강의를 7~10분 정도 한다. 이 짧은 강의 시간은 시범(예를 들어, 데카르트의 자맥질 인형) 실험을 포함할 수 있다. 그런 뒤, 다음 주제(아마도 파스칼의 원리)로 넘어가기 전에, 그림 2.1과 같은 질문을 제시한다.

부력

물속의 두개의 똑같은 벽돌을 추측해보자. 벽돌 A 는 수면 바로 아래에 있고, 벽돌 B 는 매우 깊은 곳에 있다면, 벽돌 B 에 필요한 힘의 크기는?

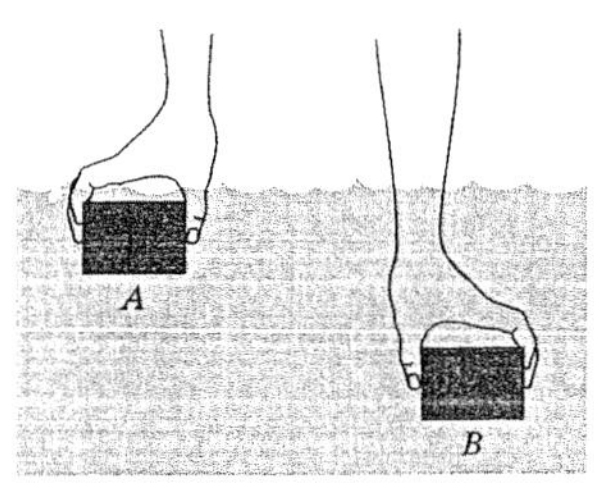

1. 더 크다
2. 같다
3. 더 작다

그림 2.1 아르키메데스의 원리에 대한 개념 검사 문항. 물과 같이 압축 불가능한 유체에서 두 번째 답이 정답이다.

나는 문항에 대한 오해가 없다는 것을 확인하면서 학생들에게 그 질문을 읽어준다. 그 다음, 답을 선택할 1분의 시간 - 너무 많은 시간은 학생들로 하여금 생각하기 보다는 방정식으로 돌아가도록 한다 - 을 준다고 말한다. 각각의 학생들이 자신의 개념을 바탕으로 한 답을 선택하는 것이 매우 중요하기 때문에, 이 시간 동안은 서로 이야기하는 것을 허용하지 않는다; 이 시간은 믿기 어려울 정도로 고요한 시간이다. 약 1분 뒤에, 학생들에게 우선 그들의 답을 기록하고 그 다음에 자신이 생각한 그 답이 옳다는 것을 주위 친구들에게 설득해보라고 시킨다. 이어지는 활발한 논의 시간 동안 나는 항상 일부 학생들의 논의에 참여한다. 이 시간은 나에게 너무나 중요한 시간으로 학생들의 대화 속에서 발견되는 어려움들을 찾아내고 어떻게 정답을 가진 학생들이 그들의 추론을 설명하는지 들을 수 있다. 질문에 대해 논의 하도록 학생들에게 1~2분을 준 후에, 최종 답을 기록하도록 한다. 그런 뒤, 답들의 분포를 체크할 수 있도록 손가락을 사용하여 답 번호를 표시하라고 한다. 그림 2.1의 질문에 대한 결과가 그림 2.2이다. 물론, 모든 수업에서 그림 2.2에서 보이는 바와 같이 통계적으로 구체적인 숫자들을 구하지는 않지만, 일반적으로 주위 친구들을 설득시킨 후에 나온 답들은 압도적으로 정답이 많아지는 것을 쉽게 볼 수 있다. 따라서 그 다음 주제로 넘어가기 전에 정답을 설명하는데 단지 몇 분정도만 사용한다.

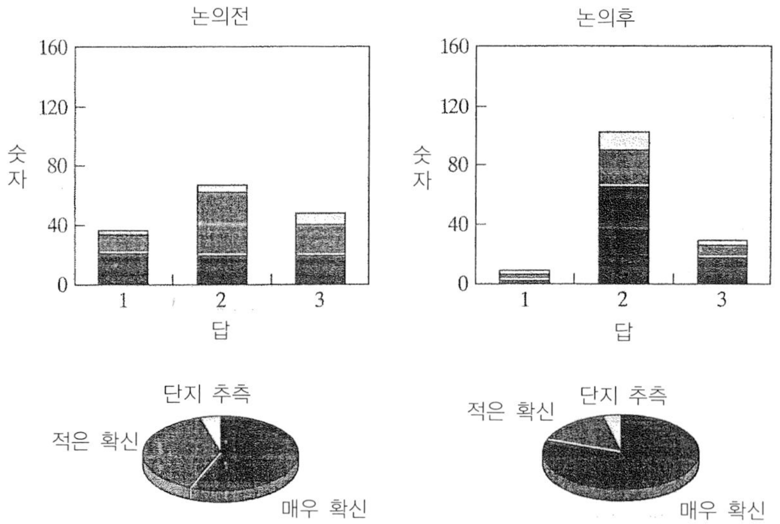

그림 2.2 그림 2.1의 부력 문제에 대한 응답 데이터 분석. 정답은 2번. 차트는 확신 정도에 대한 전체적 분포를 보여주며, 막대에 있는 음영처리는 차트의 음영처리와 상응한다.

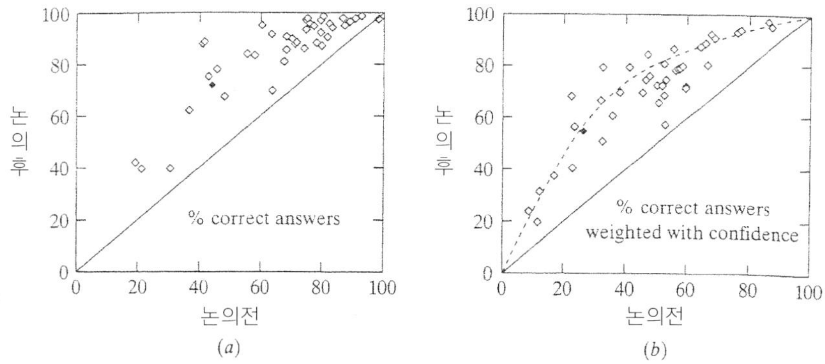

그림 2.3 (a) 논의 이후에 정답률과 논의 전의 정답률의 비교
(b) 학생들의 확신이 실린 같은 정보. 각각의 점들은 하나의 개념 문제에 대응한다.
속이 찬 점들은 그림 2.1에 있는 부력 문제에 대한 결과이다.

주위 학생들을 설득시키는 논의 과정을 거치면서 정답률과 답에 대한 학생들의 확신이 두드러지게 증가되었음을 볼 수 있다. 향상되는 정도(이득)는 보통 최초 정답률이 약 50%정도일 때 최대에 이른다. 초기 정답률이 너무 높으면, 이득이 클 여지가 거의 없다; 또한 초기 정답률이 너무 낮으면, 정답을 가지고 주위 친구들을 설득시킬 학생들이 너무 적어 이득이 적게 된다. 이러한 결과는 그림 2.3에서 확인할 수 있는데 한 학기동안 주어진 모든 문제들에 대하여 정답률과 확신에서 이득이 있음을 보여주었다. 기울기가 1인 직선 위쪽에 모든 점들이 있음을 주목해보아라(그 선 아래의 있는 점들의 경우, 논의가 이루어진 뒤에 정답률이 감소하였음을 의미한다). 나는 최초의 정답 반응 비율이 40~80% 범위에 있을 때 최적이라고 생각하며, 그 다음 학기에는 이 범위를 벗어나는 질문들을 대개 수정하거나 삭제한다.

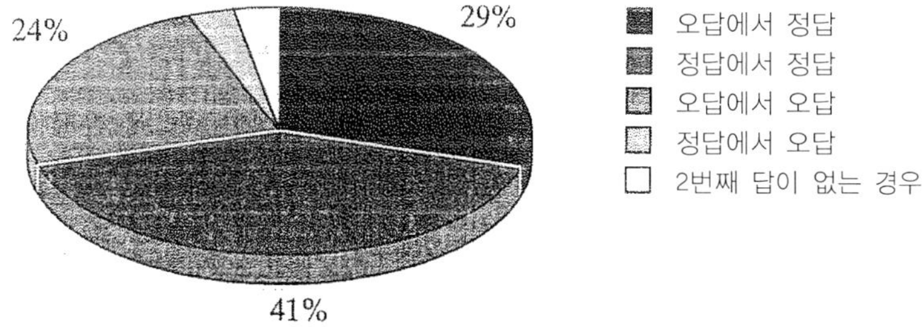

그림 2.4 그림 2.1에 있는 부력 문제에 대한 답들이 주위 친구들을 설득한 이후 선택의 변화

그림 2.4는 그림 2.1에 있는 부력 문제에 대한 논의에서 학생들이 어떻게 그들의 답을 수정하는지 보여준다. 29%의 학생들이 처음에는 틀린 답을 하였으나 이 과정을 거치면서 옳게 수정하였는데 반하여, 3% 학생들만이 처음에 옳은 답으로부터 틀린 답으로 갔다. 그림 2.3은 정답률이 항상 증가하면 절대 감소하지 않는다는 것을 보여준다. 그 이유는 옳은 이유를 갖고 정답을 선택한 사람의 생각을 바꾸는 것보다 틀린 답을 가진 사람의 생각을 바꾸는 것이 더 쉽기 때문이다. 확신에 대한 이득 역시 놀랍게 크다. 처음에는 옳았지만 자신감이 많지 않은 학생들이 같은 답을 선택한 친구들을 만나거나 또는 틀린 답을 한 학생을 설득하는 과정에서 생각만으로 했던 것을 말로 설명하면서 더 논리적으로 정리가 되고 정답에 대한 확신이 더 높아지게 된다.

가끔은, 학생들이 그들의 교사들보다 서로에게 좀 더 효과적으로 개념들을 설명하는 것을 볼 수 있다(그림 2.5 참고). 이와 같은 것이 가능한 이유는 그 개념을 이해한 학생의 경우에 개념을 수업시간에 알게 되었을 뿐 아니라 그 개념을 이해하는 과정에 내재된 어려움도 알고 있기 때문이다. 그들은 설명하면서 강조해야 할 것을 정확히 알고 있다. 이와 유사한 것은 많은 노련한 교사들에게서도 나타난다. 처음 교사로 강의를 할 때에 일반적으로 가장 잘하고 시간이 흐를수록 명확성과 신선함이 점점 떨어져 세련감이 없어져 간다고 고백한다. 근본적인 이유는 다음과 같다: 교사는 계속해서 같은 자료를 사용하기 때문에, 시간이 흐를수록 학생들이 개념을 이해하는데 어떤 어려움들도 없을 것처럼 보여서 학생들의 어려움을 수업에 반영시키지 못한 채 강의를 하게 된다.

그림 2.5 동료 교수 장면: 일반 물리학 대형 강의에서 학생들이 다른 학생들에게 설명하고 있음. 다른 사람들에게 설명하는 것보다 개념을 더 분명하게 만드는 것은 없다.

이러한 새로운 형태의 강의를 위해서는 총 강의 시간의 1/3 가량을 개념 검사 문항을 통한 동료 교수 시간으로 활용하여야 한다. 따라서 다음 두 개 중 하나를 선택하여야 한다: (a) 한 학기동안 다루게 될 주제들 중 일부분만을 강의에서 논의하거나 또는 (b) 그 학기 동안에 다루어질 주제의 수를 줄이는 것이다. 상황에 따라 (b) 방법을 더 선호할 수 있다. 나는 (a)를 사용한다: 교과서와 학기 초에 나누어 준 강의 노트에 채워진 모든 자료들을 강의 하지는 않는다. 나는 교과서에 제시된 예들이나 용어들에 대한 설명은 과감하게 제거하였다. 이러한 기계적인 부분들의 생략을 보충하기 위해, 강의에 들어오기 전에 교재와 나의 강의 노트를 학생들에게 읽어오도록 시킨다. 과학 과목을 이렇게 할 수 있을까 하는 의구심이 들겠지만, 학생들은 다른 많은 과목에서 과제를 읽어오는데 익숙해져있다. 이 방식으로 학생들을 가르치면 전통적 강의 방법으로 한 학기 동안 가르친 양과 같은 내용들을 모두 다룰 수 있다.

동료 교수법에 대하여 구체적으로 설명하기 전에, 그 동안 내가 경험한 놀라운 결과들을 일부 요약하면 다음과 같다. - 동료 교수법을 사용하고 있는 다른 교육기관에서 나온 결과들도 나의 결과들과 같음을 알 수 있다.

적용 결과

동료 교수법의 장점들은 대단히 많다. 주위 친구들을 설득하는 논의 과정은 수동적으로 참여하는 전통적인 강의의 불가피한 단조로움을 제거해주며, 더 중요한 것은 학생들이 그들에게 제시된 자료들을 단순히 흡수(암기)만 하는 것은 아니라는 것이다. 즉, 그들은 그들 스스로 생각해야만 하며 그들의 생각을 말로 표현해야만 한다.

학생들의 학습을 평가하기 위해, 나는 1990년 이후로 힘 개념 검사지(Force Concept Inventory ; FCI)와 역학 개념 검사지(Mechanics Baseline Test ; MBT) (7장과 9장 참고) 두 종류의 진단 평가지를 사용해왔다. 이 평가지의 결과들이 그림 2.6과 그림 2.7 그리고 표 2.1이다. 그림 2.6은 1991년도에 내가 처음으로 동료 교수법을 시행하였을 때 FCI를 통해 얻은 결과로써 학생들이 놀라울 정도로 개선되었음을 보여준다. 표 2.1에서 볼 수 있는 것과 같이, 이러한 개선은 해가 지나도 계속되었다. 그림 2.6에서 사후검사 점수가 얼마만큼 강하게 만점(29점의 29점)쪽으로 이동하는 지를 볼 수 있다. 학생들 중에 오직 4%만이 Hestenes이 제시한 문턱 값보다 낮아 뉴턴 역학을 이해하지 못하는 것을 확인할 수 있다. 반면에 그림 2.7은 전통적 강의를 수강한 학생들을 대상으로 얻은 결과로, 이득이 개선 정도가 동료교수의 절반 밖에 되지 않는다. 타 대학에서도 동일한 결과가 나타났다.

[2] D. Hestenes, M. Wells, and G. Swackhamer, *Phys. Teach.* 30, (1992), 141.

[3] D. Hestenes, M. Wells, and G. Swackhamer, *Phys. Teach.* 30, (1992), 159.

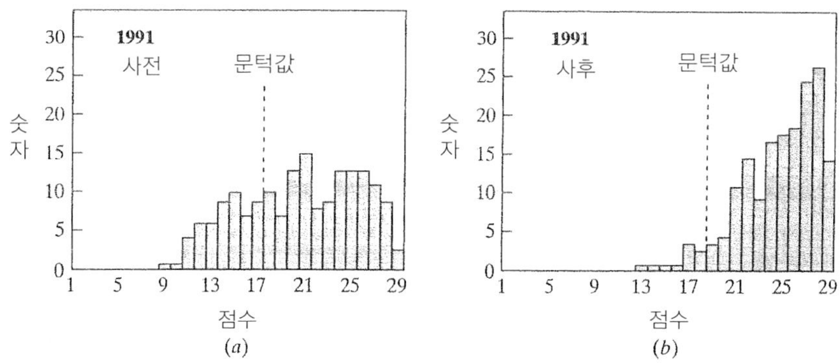

그림 2.6 1991년도에 얻은 Force Concept Inventory 점수
(a) 강의 첫날 (b) Peer Instruction 방법으로 강의한 2달 뒤. (a)와 (b)의 산술평균은 19.8, 24.6점(29점 중에)

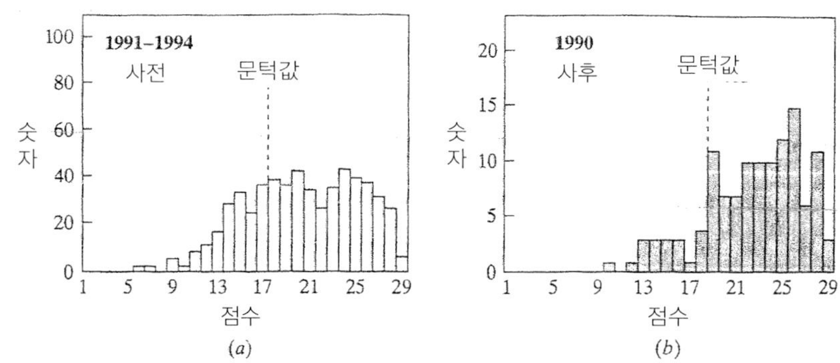

그림 2.7 1990년도 두 달간의 전통적 강의 이후에 얻은 Force Concept Inventory 점수. 대조적으로 1991, 1992, 1994년도에 강의 첫날에 얻은 데이터(a), 산술 평균은 (a)에 대해 29점 중에 19.8점, (b)에서는 22.3

표 2.1 PI수업 전후에 FCI(Force Concept Inventory)와 MB(Mechanics Baseline)의 평균점수

수업 방법	년도	FCI 사전[a]	FCI 사후[b]	FCI 이득	FCI G[c]	MB	N[d]
일반 수업	1990	(70%)[e]	78%	8%	0.25	67%	121
동료 교수	1991	71%	85%	14%	0.49	72%	177
	1993[f]	70%	86%	16%	0.55	73%	158
	1994	70%	88%	18%	0.59	76%	216
	1995[g]	67%	88%	21%	0.64	76%	181

[a] 수업 첫 날에 얻은 데이터
[b] 수업 두달 후에 얻은 데이터
[c] 실현할 수 있는 최대 이득률
[d] 데이터의 수
[e] 1990년에는 사전 FCI점수 없음
[f] 1992년에는 시험이 없었음
[g] 1995년 데이터로 뒤쪽 내용이 포함된 문항 사용 결과

동료 교수법을 적용하면 문제 푸는 능력이 떨어지지 않겠는가?

동료 교수법이 학생들에게 개념적으로 잘 이해하도록 하는데 탁월하다고 인정하면서 혹자는 이 새로운 방법이 전통적 시험에서 요구되는 문제 해결 능력을 가르치는데 별로 효과가 없을 것이라고 예상을 한다. 결국, 강의의 재구조화와 개념적 자료를 취급하는 시간을 많이 확보해야 하기 때문에 문제 풀이를 위해 사용해야할 강의 시간이 부족한 것은 사실이다. 문제 해결능력의 발달은 숙제나 논의 파트로 남겨진다.

이러한 회의적 질문에 대한 답을 몇 가지 정량적 문제들이 포함된 MBT에 대한 점수를 봄으로써 얻을 수 있다. 표 2.1은 이 시험에서의 평균 점수가 67%에서 72%로 증가하였으며, 그 해 동료 교수법이 처음 적용되고 그 다음해에도 73%와 76%로 상승하였음을 보여준다.

전형적인 시험 문제에 대한 문제 해결 능력을 정확하게 비교하기 위하여 전통적 강의만 이루어졌던 1985년 당시의 동일한 시험 문제를 1991년 동료 교수법을 적용한 학생들에게 투입하였다. 그림 2.8은 2년간의 시험 점수의 분포를 보여준다. 개념적 이해에서 학생들의 향상이 수반되었다면, 나는 점수 분포가 1985년 결과와 같았더라도 만족했을 것이다. 그런데, 놀랍게도 최저 점수가 높아졌을 뿐 아니라 평균 점수도 상당히 향상하였음을 볼 수 있다. 분명한 것은 기본적인 개념들에 대해 잘 이해하면 전통 문제풀이도 더 잘한다는 것이다.

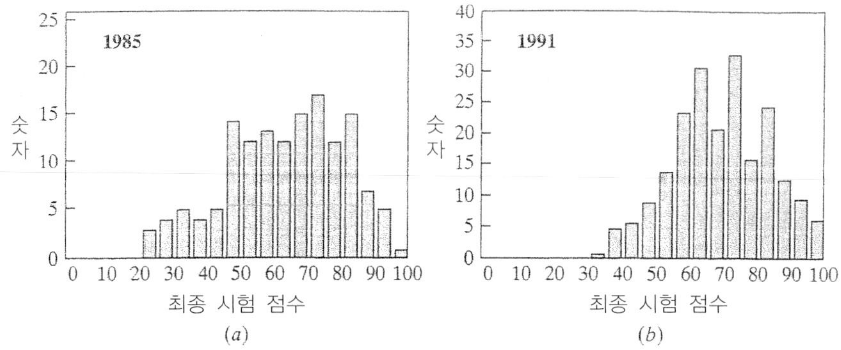

그림 2.8 1985(전통적 강의)년에 치러진 동일한 기말 시험에서의 최종 점수(a)와 1991년의 (동료 교수법)의 점수(b). 산술 평균은 (a)의 경우 100점 중에 62.7점이고 (b)의 경우 69.4점이다.

피드백(FEEDBACK)

동료 교수법의 가장 큰 장점들 중 하나는 개념 검사 문항들에 대한 답들을 통하여 학생들은 즉각적인 피드백을 받을 수 있다는 것이다. 학생들의 선택 결과들을 통계 처리하여 기록하는 것은 상황과 목적에 따라 다음과 같이 다양한 방식으로 이루어질 수 있다.

1. 거수 방법

학생들은 개념 검사 문항에 대해 선택 결과를 쓴 후에 손가락으로 해당 번호를 나타내는 간단한 방법이다. 이 결과를 교사가 보면서 그 학급의 이해 수준에 대한 느낌을 가질 수 있으며 교사는 강의 속도를 조절할 수 있다. 주요 문제점은 정확성의 결여인데, 일부 학생들이 손가락으로 답을 표시하는 것을 주저하여, 그 분포를 정확하게 측정하는 것이 어렵기 때문이다. 좋은 방법은 흔히 말하는 "플래시카드"를 이용하는 것인데 각각의 학생들은 그 문제에 답을 표시하기 위해 A-F까지 써 있는 6장 또는 그 이상의 카드 세트를 가지고 있다가 선택 결과에 대한 해당 번호를 교사에게 보여주는 것이다(그림 2.9 참조). 이 방법의 단점은 강의실에서 누군가 데이터를 기록하지 않는다면 데이터들을 저장하여 보존할 수 없다는 점이다. 또한, 주위 친구들을 설득하는 과정 전에 수집된 데이터가 없는 것이다(논의하기 전의 거수가 결과에 영향을 준다).

그림 2.9 플래쉬카드 - 사용하기 간단하고 쉬우며 비용 절감 응답 시스템 - 를 사용하는 Southeastern Louisiana University의 입문 물리학 강의에서의 학생들

2. 답변노트

나는 단기적 · 장기적으로 주위 친구들을 설득하는 논의에 대한 효과성을 수량화하는데 흥미가 있기 때문에, 강의 이후에 훑어볼 수 있는 양식을 광범위하게 사용하였다.

학생들은 논의 전과 후에 그들의 답과 확신정도를 이 양식에 쓰게 된다. 이 자료들로부터 참여도, 이해도, 향상도, 동료 교수 동안의 단기 효과성에 대한 많은 정보를 찾아낼 수 있다. 이 방법의 단점은 매번 강의 후에 상당한 시간을 할애하여 작업을 하여야 하며, 또한 즉시 학생들에게 피드백을 하지 못하고 그 답변들을 모두 살펴보고 정리한 후에만 데이터를 사용할 수 있다는 점이다. 이러한 이유로, 답변 노트에 학생들이 답을 쓰면서 거수를 하도록 하여 실시간 결과를 얻는다.

3. 초소형 컴퓨터

1993년 이후로, 나는 Better Education, Inc가 개발한 Classtalk이라고 하는 상호작용이 가능한 컴퓨터 응답 시스템을 사용해왔다. 이 시스템은 그래픽용 계산기에서부터 3~4명의 소그룹이 공유하는 팜탑(palmtop-손바닥크기의 소형컴퓨터), 휴대용 노트북에 이르기까지 다양한 휴대용 장치에다 정답에 대한 확신도 뿐 아니라 개념 검사 문항의 답도 입력하게 하는 것이다. 그들 응답들은 교사용 컴퓨터 화면으로 전송되며, 그것을 학생들이 함께 볼 수 있도록 프로젝트로 비추어주며, 자료를 공유한다. 이 시스템의 주된 장점은 결과 분석이 즉각적으로 이루어진다는 점이다. 게다가, 교사가 학생 정보(이름과 좌석 위치와 같은)를 이용할 수 있도록 하여 큰 규모의 강의에서도 학생별 반응을 볼 수 있도록 해준다; 이 시스템은 선다형 문항들의 경우에 숫자로 답할 수 있을 뿐 아니라 비선다형 문제들도 처리할 수 있다; 이러한 초소형 컴퓨터가 학생들의 상호작용을 매우 향상시킨다는 것을 알 수 있었다. 잠재적인 단점은 시스템을 구비하기 위하여 상당한 자금을 투자하여야 하며, 강의 시간이 조금은 산만하다는 점이다.

동료 교수법의 성공이 피드백의 방법에 의존하는 것이 아니므로 재정적이거나 기술적 자원과는 상관없다는 것을 아는 것이 중요하다.

결론

지금까지 설명한 강의 포맷을 사용하면, 비교적 적은 노력과 자금 투자로도 FCI 검사 결과 이해력이 두 배로 늘고, 전통 시험 점수도 향상된 것처럼 입문 과학 강좌에서 학생들의 능력을 크게 향상시킬 수 있다. 전형적인 문제 풀이를 위해 필요한 시간이 축소되었음에도 불구하고, 개념에 대한 이해가 전통적 시험에 대해서도 학생들의 능력을 크게 향상시킨다는 사실을 확실하게 볼 수 있었다. 유사한 결과들이 다른 학생들을 대상으로 한 다양한 과목에서도 얻어졌다. 또한 학생 설문 결과, 학생 성취도의 중요한 지표인 학생들의 만족도가 증가함을 알 수 있다.

학생들 동기유발하기

제 3 장

학생들은 강의 방식을 바꾸는 것을 좋아하지 않는 것 같다. 그들은 전통적인 교수방법에 익숙해져 있어서 새로운 방식이 더 좋은 결과(예를 들면, 그 수업에서 더 높은 학점을 받는 것)를 얻도록 도와주리라는 것을 의심한다. 최대한 학생들이 서로 협력하는 것이 동료 교수법(Peer Instruction) 성공에 필수적이기 때문에, 학기 초에 학생들을 동기유발 하는 것이 중요하다. 이 장에서는 내가 학생들을 설득하기 위해 사용해온 방법들을 개략적으로 제시하고자 한다.

분위기 설정하기(SETTING THE TONE)

나는 수업 첫날 학생들에게 내 강의노트나 교재에 있는 그대로 강의하지 않겠다고 선언을 한다. 교재나 강의노트를 프린트한 것을 단순히 반복하는 것은 학생들의 시간을 낭비하는 것이라고 설명한다. 반복하는 것은 학생들이 글을 읽을 줄 모른다는 것과 같은 것이기 때문에 그런 방식으로 수업을 한다면 학생들은 불쾌해 해야 할 것이다!

나는 종종 나의 강의노트에 있는 일화를 인용하면서 강의 시간이 어떻게 사용될 것이고, 왜 그들이 이러한 방식의 수업으로부터 이득을 얻게 되는지를 설명한다. 나는 교사가 학생들의 머리에 지식을 넣어주는 것이 불가능하다는 점을 강조하면서, 아무리 능력이 뛰어난 교사라 할지라도 전통적인 방법으로 수업을 하면 학생이 조금밖에 배우지 못한다는 것을 설명한다. 나는 숫자를 방정식에 대입하는 능력과 익숙지 않은 상황을 분석할 수 있는 능력 사이에는 엄청난 차이가 있다는 점을 설명하면서 그들이 비판적인 사고자가 되도록 북돋운다.

이 마지막 사항을 납득시키기 위해, 나는 학생들에게 시험을 볼 때 공식이 적힌 쪽지를 사용할 수 있다고 먼저 말한다.[1] 공식이 적힌 쪽지는 방정식을 암기하는 것을 막고 방정식의 의미에 집중하게 한다.

첫 시간이 끝날 무렵에 나는 그림 3.1의 내용이 담긴 설문지를 나누어 준다. 내가 가르칠 방법이 획기적으로 달라질 것이라는 설명에도 불구하고 이 설문지의 응답을 보면 많은 학생들이 여전히 전통적인 방식으로 강의가 진행될 것이라고 예상한다.

학생들의 예상이 수업에서 실제로 일어나는 것을 확인하는 것은 매우 중요하다. 그러므로 두 번째 강의 시간에, 도입 설문지에 대한 학생들의 반응 결과를 정리한 종이(9장)를 나누어주고 학생들과 함께 토론하는데 강의 시간 15분을 사용한다. 동기유발이 잘 될수록 학생들이 학습에 더 적극적인 참여자가 될 수 있기 때문에 이 15분은 장기적으로 그들에게 더 유익하다.

학기 시작 4주 후 쯤에, 나는 그림 3.2의 내용이 담긴 설문을 실시한다. 이 설문에 대한 자세한 분석 결과를 발표하지는 않지만, 응답 결과를 살펴보면서 두 가지에 주목한다. 첫째, 내 교수법을 향상시키거나 학생들을 돕기

도입 설문지

1. 이 과정에서 무엇을 배우고 싶은가?

2. 이 새로운 지식으로 무엇을 하고 싶은가?

3. 당신을 위해 수업이 무엇을 해주기를 기대하는가?

4. 당신을 위해 책이 무엇을 해주기를 기대하는가?

5. 이 과정에서 당신이 알 필요가 있는 모든 것을 배우는데 시간이 얼마나 걸릴 거라고 생각하는가? 모든 것을 포함할 것: 강의, 과제 등

   ______ hours/week

그림 3.1 도입 설문지. (인용 : Prof. James Sethian, Department of Mathematics, University of California at Berkeley.)

1) 나는 일반적으로 익명의 방정식 한 페이지를 나눠준다.

설문지
1. 이 수업은 무엇이 좋은가?
2. 이 수업은 무엇이 싫은가?
3. 당신이 이 수업을 가르친다면 무엇을 하겠는가?
4. 이 수업에서 한 가지를 바꿀 수 있다면, 무엇을 바꾸겠는가?

그림 3.2 그 학기의 4주째에 사용된 두 번째 설문지. (인용 : Prof. James Sethian, Department of Mathematics, University of California at Berkeley.)

위해 내가 할 수 있는 것이 있는가? 둘째, 내가 하고 있는 방법이 먹히지 않는 어떤 점이 있는가? 다음 강의에서 나는 다시 이러한 주제들을 다루기 위해 시간을 확보하여 사용한다. 이 설문을 함으로써 학생들은 더 협력하게 되고 그들의 공부 습관을 바꾸고자 하는 마음을 갖게 된다.

또 다른 중요한 점은 반드시 교실 안에 협동적 분위기가 형성되어야 한다는 것이다. 입문 과학 과정은 일반적으로 경쟁이 매우 심한 과정이다. 경쟁과 협동이 양립하기 어렵기 때문에 이러한 상황은 동료 교수법을 적용하는데 해롭다. 내 생각에 분위기를 완화시키기 위한 가장 좋은 방법은 절대평가를 하는 것이다. 몇 년 동안 학점을 분석하여 보았더니 평균 성적이 거의 변하지 않는 경향이 있음을 발견했다. 그래서 나는 학생들의 진척 정도를 감안해서 절대평가로 그들의 최종 성적을 결정한다는 내용의 정보를 알려준다.[2] 나는 전년도의 평균 학점이 B이더라도 평균 학점이 A가 되지 말란 법이 없다고 말한다 - 다른 학생들이 더 잘한다고 해서 나의 학점이 나빠지지는 않는다.

협동적 분위기는 옆 짝을 납득시키는 토론을 위해 절대적으로 필요하다. 그래서 나는 학생들에게 개념검사 문항에 대한 결과들은 최종 학점에 전혀 반영이 안된다고 강조하여 말한다. 나는 학생들이 어떤 부담이나 경쟁심에서 완전히 자유롭기를 바라기 때문이다. 그들은 기본적으로 기명으로 개념검사 문항에 참여해야 하지만, 만약 원한다면 익명으로 참여할 수 있도록 한다.

2) 내가 학생들에게 말하지 않는 것은 내가 나눠준 등급 척도가 내가 마지막에 사용하는 것보다 조금 더 엄격한 경향이 있다는 것이다.

위의 원칙들이 잘 이루어지면 동료 교수법을 위한 분위기가 조성된 것이다. 이러한 원칙들이 이루어졌다고 해서 꼭 성공으로 이끄는 것은 아니다. 이 원칙들만으로는 동료 교수법을 실시하는데 충분하지 않다. 두 가지- 읽기 숙제와 시험-는 별도로 주의를 요한다.

읽기 예습 과제

나는 강의 첫 시간에 한 학기 동안 읽기 과제에 대한 일정을 나누어준다. 그리고 나는 – 내가 전에 할 수 있었던 것보다도 더 – 일정을 확고히 한다. 만약 어떤 강의 진도가 일정보다 더 빠르면(가끔 일어나는 일이지만), 강의를 일찍 끝낸다; 아무도 불평하지 않는다. 만약 어떤 강의가 계획했던 것보다 더 늦어지면(보통은 개념검사 문항이 어느 정도 어렵기 때문에 나타나는 현상), 덜 중요한 부분은 건너뛰고, 이 부분을 보완하기 위해 (a) 학생들의 읽기 예습 (b) 주중 토론 시간 (c) 과제를 활용한다. 가끔은 나는 어떤 중요한 점을 재차 강조하거나 추가로 개념검사 문항을 다루기 위해 다음번 강의 시간 중 일부분을 할애하기도 한다. 어떤 일이 있어도 매우 빡빡할 수 있는 일정을 맞추기 위하여 나는 항상 그 학기 중간에 복습하는 시간을 포함시킨다. 요약하면, 학기 일정이 아니라 각 강의의 일정을 융통성을 가지고 조정한다. 이렇게 함으로써 나는 교육과정에 정해진 양의 모든 소재를 다룰 수 있다.

그러므로 중요한 것은 학생들로 하여금 강의 시간에 들어오기 전에 과제를 꼭 하도록 하는 것이다. 학생들이 읽기 과제를 꼭 하도록 하기 위하여 나는 동료 교수법과 상호보완적이고, 다른 책에 잘 안내되어 있는 매우 효과적인 방법인 적시 강의법(Just-in-Time-Teaching ; JiTT)을 함께 시행한다. JiTT를 시행하기 전에, 나는 각 강의 시간 마다 초반에 셋 또는 네 개의 질문으로 된 읽기 퀴즈를 실시하였다. 이 퀴즈에서 학생들은 100점 만점인 최종 학점 중 최대 10점의 보너스 점수를 얻는다. 보너스 점수는 최종 시험 점수의 비중을 줄이는 효과가 있다. 예를 들어, 한 학생이 읽기 퀴즈에서 보너스 7점을 얻었고 최종 시험이 최대 40점의 가치가 있었다면, 그 학생의 최종 시험 성적은 33/40의 비율로 다시 계산되고 다시 계산된 점수에 보너스 7점을 더했다. 보너스 점수가 전체 점수에서 차지하는 비율은 작다. 그러나 학생들은 기꺼이 별도로 보너스 점수를 얻기 위해 노력한다.

읽기 퀴즈는 자기 검증(self-monitored)을 하는 것이다. 나는 보통 학생들이 수업 전 20분부터 내 강의가 시작된 후 5분까지 언제든지 퀴즈를 볼 수 있도록 했다. 퀴즈를 볼 때 협력(부정행위)을 막기 위해 평균 6점이 되도록 부적 편포(정상분포에서 점수가 높은 쪽으로 치우친 분포곡선)형태로 점수를 매겼다. 이 정규화는 학생들이 서로 돕지 않게 하고, 다른 학생들이 이 체계를 오용하는 것을 방지했다.

읽기 예습을 확인하기 위하여 퀴즈보다 JiTT 방법을 사용할 것을 강하게 권하지만, JiTT법을 시행할 준비가 안 된 교사들을 위해 완성된 퀴즈 문항들을 10장에 제시하였다. 나는 이 퀴즈를 두 가지 방식 - 컴퓨터와 종이 양식 - 으로 운영해왔다. 종이 양식은 견본 양식을 사용하여 쉽게 채점할 수 있다.

시험

나는 1992년부터 시험에 개념 서술 질문과 전통적인 문제를 모두 포함시켜 왔다. 시험은 많은 학생들이 공부하는 방법을 결정하기 때문에 이 혼합은 필수적이다. Wisconsin-Madison 대학의 화학과 교수인 John W. Moore에 따르면: '학생들에게 시험은 강아지이고 수업은 꼬리이다.' 그러므로 시험 문제들을 혼합하여 출제하는 것은 개념에 대한 중요성이 더 늘어났음을 깨닫게 만드는 최선의 방법이다.

언뜻 보기에는 학생들이 개념에 관한 문제를 더 쉽게 풀 수 있을 것 같지만 1장의 DC회로의 예에서 볼 수 있는 것처럼 방정식에 숫자를 대입하는 학생에게는 그 반대이다. 근본적인 물리 개념을 이해한 학생들만이 개념적 질문을 간단하게 생각한다.

계산 문제와 개념 문제의 적절한 균형이 중요하다. 나는 일반적으로 두 번의 중간 시험과 한 번의 기말 시험을 실시한다. 중간 시험에서 7문제 중 4~5개가, 기말 시험에서는 12개 중 6개가 개념을 묻는 문항이다. 개념 문제에 더 적은 비중을 두면 무엇을 하고 있는지 이해하지 못하고 전통적인 문제를 푸는 학생들에게 유리할 수 있기 때문에 각 문제는 같은 비중을 담고 있다. 학기 초에 나는 출제할 개념 문제의 수를 알려준다. 그 효과는 학기 초부터 바로 학생들의 태도 변화로 나타난다.

제 4 장

동료수업 강의 준비를 위한 단계별 안내

이 장에서는 전통적인 강의 형태를 동료수업으로 바꾸기 위해 어떻게 해야 하는지를 안내하고자 한다. 현재에도 나는 오래된 강의 노트를 계속 사용하고 있으며, 강의 노트를 완전히 다시 작성할 필요는 없다고 생각한다. 그러므로 나는 이 장의 내용이 동료 교수법을 위해서 여러분이 가지고 있는 자료를 어떻게 전환시키는지에 대한 안내역할을 하기를 바란다.

강의 개요

각 주제(혹은 개념)마다 최소 15분이 필요하다: 강의 7~10분, 개념검사 5~8분. 그러므로 한 시간 강의에서 대략 4가지 주제를 다룰 수 있다.

나는 전통적인 강의를 동료 교수법으로 바꾸기 위해서 반드시 다루어야 할 주제를 먼저 결정한다. 나는 수업에서 더 이상 용어 정의, 어원, 교재 또는 강의노트에 있는 예제들을 그대로 제시하지 않는다. 예전에 사용해 오던 프리젠테이션 파일에서 이 항목들을 빼버린 후에, 내가 꼭 전달하고 싶은 핵심을 결정한다. 예를 들어 유체역학 부분을 보면, 결국 그림 4.1에 있는 것과 같은 강의 개요만 남는다.

1. 압력의 정의
2. 깊이에 따른 압력
3. 아르키메데스의 원리
4. 파스칼의 원리

그림 4.1 유체역학 강의를 위한 강의개요

개념 검사 문항(ConcepTests)

나는 개요를 작성한 후에 각각 주요 개념에 관한 몇 가지 개념 검사 문항을 만든다. 아무런 사전지식 없이 이 문항들을 만드는 것은 아마 전통적인 강의를 동료 교수법 형식으로 바꾸는데 가장 큰 고민거리일 것이다. 동료 교수의 성공은 문항의 질과 타당성에 매우 의존하기 때문에 이 작업의 중요성이 과소평가되어서는 안 된다.

개념 검사 문항들에 대해 고정불변의 법칙은 없지만 적어도 기본적인 기준은 만족해야 한다. 구체적으로 말하면 다음과 같아야 한다.

- 한 문항에서는 한 가지 개념만 초점을 맞출 것
- 방정식으로 풀 수 있는 문제가 아닐 것
- 적절한 선택형 답지가 있을 것
- 분명한 단어로 되어 있을 것
- 너무 쉽지도 너무 어렵지도 않을 것

이 모든 기준은 곧바로 학생들의 반응에 영향을 준다. 만약 한 가지 이상의 개념이 문항에 포함되면 학생들의 반응 결과를 해석하고 이해 정도를 정확하게 판단하기가 어렵다. 만약 학생들이 방정식에 대해 정답을 할 수 있다고 해도 그 답은 그들의 실제 이해 정도를 반드시 반영했다고 볼 수 없다. 이상적인 선택형 보기들은 학생들이 가장 많이 가지고 있는 오개념들을 포함시켜야 한다. 이 기준을 상기하며 각 개념 검사 문항에 대해 틀린 보기를 만들려고 시도할 수 있지만, 선택지를 위한 최고의 자료는 오개념을 가진 학생들로부터 나온다. 예를 들어, 주관식 질문을 제시하고 나서 가장 빈도가 높은 오답을 모으면 일반적인 오개념을 정확하게 반영하는 학생이 만들어낸 개념 검사 문항의 보기들이 되는 것이다. 정기적으로 치러지는 중간고사나 기말고사는 이들 자료를 모으기 위한 좋은 기회가 될 것이다.

마지막으로 두 가지 요점은 문제가 완전하게 실수 없이 잘 설명되어 있다고 하더라도 그 문제가 잘 만들어졌는지 판단하기 힘들다는 것이다. 나에게는 복잡하지 않고 모호하지 않게 느껴졌던 문제들이 많은 학생들에 의해 잘못 해석되어지는 것을 많이 보아왔다. 말할 필요 없이, 학생들이 잘못 해석한 문제로부터 얻은 결과는 유용한 피드백이 될 수 없다. 어려움을 겪는 정도를 그림 2.3에 점을 찍었다. 주어진 문제가 이 그래프의 어디에 쏠리는지는 학생들의 수준과 준비 그리고 수업 전 읽기 자료, 강의와 문항의 명확성에 의존한다.

이상적이긴 하지만 모든 교사는 그들이 처한 상황에서 각 문제의 효과를 측정한 그림 2.3과 비슷한 도표를 만들어 사용하면 좋다.

11장에 일반물리학에서 다루는 대부분의 주제에 대한 개념 검사 문항들을 수록하였다. 여기에 제시된 문제들은 내 수업에서 매우 효과가 있음이 검증된 문항들이다. 추가로 개념 검사 문항을 개발하기 위해 필요한 영감을 얻을 수 있는 좋은 참고자료는 많은 표준 일반 물리 교과서들에 있는 각 장의 마지막 부분에 있는 질문들(방정식을 다루는 문제나 연습문제와는 다른 개념에 관한 질문들이다)이다. 또한, PT(미국의 AAPT에서 출판하는 저널인 Physics Teacher)나 AJP(American Journal of Physics)는 새로운 질문들을 만들어내는 데 도움을 받을 수 있는 많은 논문들이 출판된다. 마지막으로, 기본적인 개념[1]을 강조하는 교양서적과 같은 수준의 책에는 일반적인 오개념을 제시함으로써 학생들이 개념을 완전히 이해하도록 돕기 위해 고안된 질문들이 있다.

나는 최근에 세계의 교사들을 대상으로 개념 검사 문항들과 데이터를 교환할 수 있도록 하기 위해 문항들을 검색하고 올릴 수 있는 웹서버[2]를 구축하였다.

시범실험

강의시간에 시범실험을 개념 검사 문항과 결합해서 효과적으로 사용할 수 있다. 예를 들어, 나는 대답을 하려면 그들이 막 실험을 통해 관찰한 것에 대해 학생들이 생각할 수밖에 없게 하는 질문으로 이끌기 위해 시범실험을 사용하기도 한다. 다른 방법으로 사용하기도 하는데, 나는 학생들에게 특별한 질문에 대해 생각하고 그것에 답하기 위해 시범실험을 사용하도록 요구한다. 나는 이 조합이 시범실험의 가치를 매우 증가시킨다는 것을 발견했다.

직류회로에서의 시범이 그 좋은 예이다. 전통적인 강의에서 나는 학생들이 회로에서 스위치를 닫았을 때 켜진 전구의 세기 변화에 흥미로워하는 것 같지 않았기 때문에 이들의 대부분을 빼버렸다. 새로운 강의 형태에서 나는 먼저 그림 4.2에 있는 것과 같은 개념 검사 문항을 학생들에게 제시하였다. 모두가 그 질문에 답하고 나서 나는 무슨 일이 일어나는지 보여주기 위해 시범실험을 사용하였다. 이때 모든 학생들은 토론을 위해서 세심하게 주의를 기울이는 것을

1) Arnold B. Arons, A Guide to introductory Physics Teaching, New York: John Wiley & Sons, (1990); Paul G. Hewitt, Conceptual physics, Boston: Scott Foresman, (1989), Jearl Walker, The Flying Circus of physics, New York; John Wiley & Sons, (1977). 책들을 보시오.

2) "http://galileo.harvarad.edu" 홈페이지를 보시오.

이상적인 전구들에 대해회로의 스위치가 닫히면,

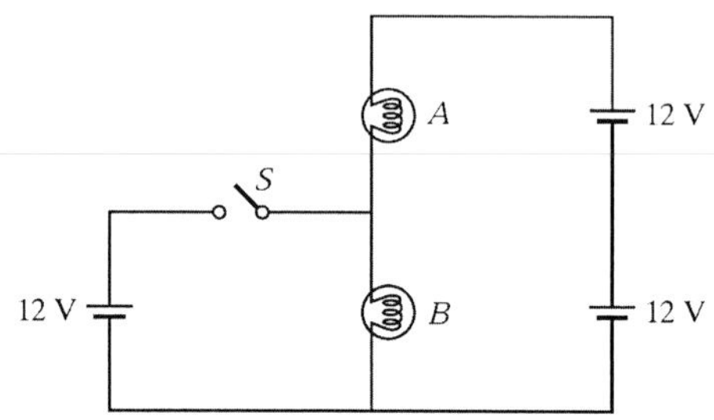

1. 두 전구 모두 꺼진다.
2. 전구 A의 밝기가 밝아진다.
3. 전구 A의 밝기가 어두워진다.
4. 전구 B의 밝기가 밝아진다.
5. 전구 B의 밝기가 어두워진다.
6. 1~5번 설명들 중 조합
7. 아무런 변화 없다.

그림 4.2 직류회로에 대한 개념검사 두 개의 이상적인 동일한 전구들에 대해, 각 전구에 걸리는 전압은 12V이다. 스위치가 닫혀도 아무런 변화가 일어나지 않는다. 토론 전(후)에 응답분포는 : 1: 1%(0%), 2: 36%(42%), 3: 22%(7%), 4: 1%(3%), 5: 3%(2%), 6: 17%(7%), 7: 20%(39%)

확인할 수 있다. 또한, 스위치가 닫혔을 때 올바른 답을 찾은 학생들이 흥분하여 괴성을 지르는 소리를 쉽게 들을 수 있다!

강의

동료 교수법을 통한 강의는 전통적인 방법보다 매우 덜 엄격하다. 때때로 개념 검사 문항에 대해 예상 밖의 답을 하거나 질문을 받게 되면 그것에 대답하기 위해 어느 정도 시간이 필요하다. 나는 이전보다 더 자주 내 스스로가 향상되는 것을 발견한다. 이러한 것을 대처하려면 처음에는 진도를 방해하는 듯하지만 융통성있게 시간을 활용함으로써 사실상 이전보다 가르치는 것이 더 쉬워진다. 조용한 시간(학생들이 답을 하기 위해 생각하는 시간) 동안에 내 생각을 재정비하기 위해 이 시간을 이용한다. 이웃 친구들을 납득시키는 토론동안 나는 2장에 언급한 것처럼 토론에 참여한다. 토론에 참여함으로써 나에게 두 가지 이점이 생긴다. 첫째, 나는 학생들이 그들 자신의 언어로 정답을 설명하는 것을 듣는다. 나의 설명이 질문부터 대답까지 대부분 정확한 경로인-언어와 시간적인 면에서 가장 효율적인- 반면 학생들에 의해 제공되는 것들은 다소 덜 정확할지라도 의심이 많은 학생들을 납득시키는 데 종종 매우 더 효과적인 것을 보곤 한다. 때때로 학생들은 완전히 다른 관점을 가지고 설명을 하는데, 이러한 설명을 나는 학생들로부터 자주 인용한다. 사실상 나는 그들에게 어떻게 가르쳐야 하는지를 배운다. 또한 중요한 것은 틀린 방향으로 사고했던 학생들에게 들음으로써 나는 그들 머리 속에서 무슨 일이 일어나는지를 감지한다. 이러한 개입은 내가 그들이 직면한 문제에 더 집중하도록 돕고, 이 문제들에 대해 답할 때 어떻게 정확하게 설명할지에 대한 도움을 받는다. 마지막으로, 토론 중에 개인적으로 대화를 할 수 있어 내가 그 반 학생들을 늘 개인적으로 접촉할 수 있는 계기를 마련해 준다.

새로운 강의 형식을 도입하게 되었을 때 나는 예전의 강의 시간에 받았던 것보다 훨씬 더 많은 질문들을 학생들로부터 받는다. 종종 이러한 질문들은 매우 중요하고 심오해서 나는 할 수 있는 한 많이 설명하려고 노력한다.

시험

학생들은 시험에 반영되지 않는 한 수업의 형식이나 내용이 변하더라도 신경쓰지 않는 것 같다. 이러한 이유로, 3장에 언급한 것처럼 정기 시험에 개념적 서술 문항과 일반 교재에서 취급하는 형식의 문제를 모두 출제한다. 이것은 아마 학생들이 개념에 대해 더 많이 강조하는 것을 인식하도록 만드는 최상의 방법일 것이다.

Enrico Fermi는 외견상으로 아주 해결하기 힘든 문제들-심지어 그에게 완전히 생소한 (예를 들면 시카고에 얼마나 많은 피아노 조율가가 있을까? 같은) 주제일지라도-을 아주 잘 푸는 전설적인 인물로 잘 알려져 있다. 그런 'Fermi 문제들'은 추론만으로는 해결될 수 없고 가정, 모델, 크기 자리수 어림, 많은 자신감을 요구한다. 일반적으로 물리학자들은 새로운 문제에 대해 그들이 친숙하면서 간단하게 계산되는 어림을 자주 이용한다. 그러니 왜 우리가 계속 전통적인 문제로 학생들을 시험을 보게 해야 하는 것인가? 이 문제들은 같은 수의 미지수와 주어진 조건들을 포함하며, 종종 수학적 기술 이외에 아무것도 요구하지 않는다. 성공적인 과학자를 구별하는 것은 적분, 미분 방정식, 또는 결합 방정식을 푸는 능력이 아니라 모델을 개발하고, 가정을 만들고, 규모를 추정하는 능력-Fermi 문제들에서 개발된 기술처럼-이다.

전형적인 문제들을 포함하는 문제

표준 물리 교재 예제에 심각한 문제가 있음을 보여주기 위해 간단한 예를 사용하겠다. 나는 일부러 다음과 같은 이유로 물리 영역 밖에서 예를 선택했다. 누구든 이 예에 대해 생각한 적이 없는 한, 교재에 있는 문제를 처음 보는 학생과 같은 입장이다. 나의 예는 내가 얼마 전에 경험했던 상황에 근거를 둔다. 나는 쇼핑을 가고 싶어서 상점 근처에 있는 공공 주차 장소에 들어갔다. 모든 주차 공간이 찼다.

가장 좋은 전략이 주차장을 도는 것인지 또는 한 장소에 그대로 있는 것인지를 알고 싶어서 내가 그대로 있을 경우 기다려야 하는 시간을 어림하기로 결정했다. 대략 어림해서 3분임을 알았고, 아니나 다를까 약 3분 후에 주차 공간이 났다.

그림 4.3에서 이 상황은 학생들에게 (a) 가정을 세우고, (b) 어림을 하고, (c) 모델을 개발하고, (d) 그 모델로 풀이하도록 요구하는 전형적인 Fermi 문제처럼 보인다. 시험에서 이와 같은 문제를 내면 학생들은 당연히 불평할 것이다. 그러므로 필요조건 (a) – (c)를 하나씩 제거함으로써 그것을 전형적인 교재 문제로 바꾸어보자.

> 일요일 오후, 당신은 상점 근처의 무료 주차장에 들어간다. 한 바퀴 돌아봤지만 빈 공간이 없다. 당신은 약 20개의 공간이 보이는 주차장의 한 쪽 끝에서 기다리기로 결심한다.
>
> 당신은 빈 공간이 날 때까지 얼마나 기다려야 하는가?

그림 4.3 Fermi 문제. 이 문제는 가정, 어림, 모델을 만들어 풀기를 요구한다.

> 일요일 오후, 당신은 상점 근처의 무료 주차장에 들어간다. 한 바퀴 돌아봤지만 빈 공간이 없다. 당신은 약 20개의 공간이 보이는 주차장의 한 쪽 끝에서 기다리기로 결심한다. 평균적으로 사람들은 약 2시간 정도 쇼핑한다.
>
> 당신은 빈 공간이 날 때까지 얼마나 기다려야 하는가?

그림 4.4 그림 4.3에 있는 문제를 바꾼 것. 사람들이 약 2시간 정도 쇼핑한다는 가정이 추가되었다.(대략 어림한 것이지만 확실히 예상범위내임)

가정을 전형적으로 만드는 것이 학생들이 하게 될 마지막 일이기 때문에, 그림 4.4처럼 한 문장을 추가하여 가정을 만드는 것으로 시작하자. 이 형식 역시 그들이 어떤 모델도 개발해 본적이 없는 낯선 상황이기 때문에 몇몇 똑똑한 학생들을 제외하곤 여전히 다루기 힘들다.

그림 4.5에서처럼 다량의 사건에서 통계적으로 평균을 잡는 것으로 답을 구할 수 있음을 암시하는 진술을 문제에 추가함으로써 더 간단하게 하자. 이와 같은 문제도 그것이 낯선 상황을 제시하고 모델이 명쾌하게 진술되지 않았기 때문에 여전히 쉽지 않을 것이다.

나는 마지막으로 이 문제를 그림 4.6과 같이 일반 교재 형식의 문제로 바꾸었다. 언뜻 보면 진술이 그림 4.3에 있는 초기 문제와 많이 다르지 않지만, 중요한 것은 책의 어딘가에서 학생들이 아래 방정식을 보았다는 것이다.

$$t_{wait} = \frac{1}{2}\frac{T_{shop}}{N_{spaces}}$$

> 일요일 오후, 당신은 상점 근처의 무료 주차장에 들어간다. 한 바퀴 돌아봤지만 빈 공간이 없다. 당신은 약 20개의 공간이 보이는 주차장의 한 쪽 끝에서 기다리기로 결심한다. 평균적으로 사람들은 약 2시간 정도 쇼핑한다.
>
> 사람들이 규칙적인 간격으로 떠난다고 가정하면, 당신은 빈 공간이 날 때까지 얼마나 기다려야 하는가?

그림 4.5 그림 4.4에 있는 문제를 바꾼 것. 사람들이 규칙적인 간격으로 주차장을 떠난다는 가정을 첨가했다.

> 일요일 오후, 사람들이 평균 2시간 정도 쇼핑하는 것으로 알려진 상점 근처의 무료 주차장에 들어간다. 한 바퀴 돌아봤지만 빈 공간이 없다. 당신은 약 20개의 공간이 보이는 주차장의 한 쪽 끝에서 기다리기로 결심한다.
>
> 사람들이 규칙적인 간격으로 떠난다고 가정하면, 당신은 빈 공간이 날 때까지 얼마나 기다려야 하는가?

그림 4.6 그림 4.4의 Fermi 질문을 일반 교재 문제로 바꾸었다.

이제 남은 것은 학생들이 숫자를 대입하고 계산기를 이용하는 것이다. 4단계에서 우리는 원치 않는 것을 없애려다 소중한 것까지 잃은 셈이다. 과학자들이 직면한 문제들은 관련된 기술들을 종합적으로 사고해야 하는 문제임에도 불구하고, 어떤 기술도 거의 요구하지 않는 문제로 바꿔버렸다. 본래 분석적인 도전 상황임에도 불구하고 이제 방정식을 기억하고 문제 진술 안에 담겨 있는 숫자만 대입하면 되는 문제로 전락하였다. 논리적인 사고를 개발하고 자신감을 기를 수 있는 모든 기회를 잃게 만든 것이다.

왜 고민하는가?

이 예에 숨어있는 일반적인 아이디어는 다음과 같이 요약된다.

대부분 교재 문제들은 분석적 사고 기술을 요구하는 대신 수학적인 기술을 평가한다. 이것은 우려할만한 일인가? 심지어 전통적인 방식으로 입문 과학 과정을 가르쳐서 최고의 과학자를 만들어 왔다고 하더라도, 나는 이 질문에 대한 대답이 단호하게 "예"라고 믿는다. 현재 과학 분야에서 성공한 사람들은 현재 교육 체계로 교육을 안 받았어도 성공하였을 것이라고 믿는다. 학생들이 단지 주어진 상황에서 숫자를 잘 찾아 방정식에 대입하는 방법을 알 때, 우리의 교육이 성공하였다고 만족해하는 교사는 없을 것이라고 생각한다. 주차장 문제를 통해 명확하게 볼 수 있었던 것처럼, 우리는 일반 교재 문제보다 더 깊은 사고를 할 수 있는 능력이 키워지기를 바란다.

12장은 지금까지 수업에서 검증된 많은 개념 시험 문제를 담고 있다. 언뜻 보면, 어떤 것은 1장의 전구에 불켜기 문제처럼 간단해 보인다. 만약 당신이 일반 물리학을 가르친다면 시험 문제들 중 이러한 문제 한 두 개를 포함시켜 보라. 이 문제들을 채점해 보면 당신의 학생들이 성취해온 이해력의 진짜 수준이 드러날 것이라고 믿는다. 만약 개념적인 문제에 대한 성적과 일반 시험 문제에 대한 성적이 적은 상관관계를 보인다면, 동료 교수법이 그 상황을 향상시키도록 도울 수 있다. 그림 1.1의 직류회로 문제에서, 1991년에 얻은 점수[3)]와 동료 교수법을 적용한 1995년에 얻은 점수를 그림 4.7에 나타내었다. 일반 시험문제 점수는 1991년 값에 가까운 반면, 동료 교수법을 적용한 후에 개념 문제에 대해서는 평균 점수가 70% 증가했음을 주목하라.

---

3) 일반 시험문제에서 15% 감소는 내가 생각하는 10%의 정확도보다 크다. 1995년에는 시험보기 전에 직류회로에 대해 표준 숙제만 했기 때문에 이와 같은 감소가 있었다. 1991년에는 학생들이 직류회로에 대한 모든 문제를 숙제로 수행했다.

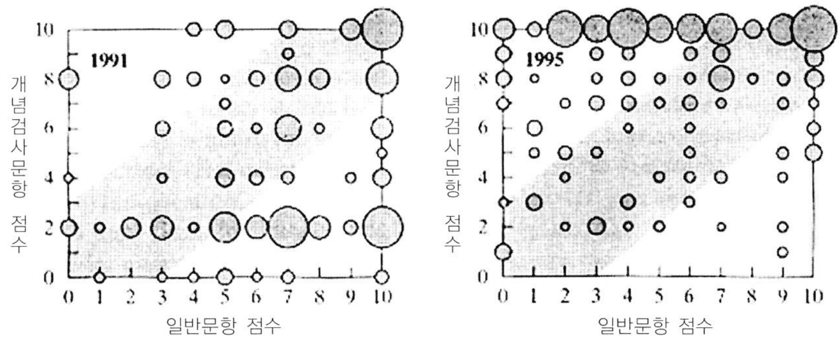

그림 4.7 그림 1.1에 있는 개념 시험 문제와 일반 시험 문제의 점수 상관관계. 1991년에는 전통적인 방식으로 가르쳤고, 1995년에는 동료교수법을 사용하였다. 1991년 평균 점수는 10점 만점에 개념과 일반 시험 문제에서 각각 4.9점과 6.9점 이었다. 1995년에는 평균 점수가 각각 8.4점과 6.0점이었다.

제 5 장 샘플 강의

동료 교수법을 적용한 예로서 뉴턴 법칙에 대한 90분 강의에 대한 개요는 다음과 같다.

1. 뉴턴의 제 1 법칙
2. 힘과 질량의 정의
3. 뉴턴의 제 2 법칙
4. 뉴턴의 제 3 법칙

수업에 들어오기 전에, 학생들은 교재에서 해당하는 부분 뿐 아니라 강의 노트를 숙제로 읽어 와야 한다. 수업 전반부에 그들은 그림 5.1에 있는 짧은 읽기 퀴즈를 본다. 이 퀴즈는 단지 수업에 들어오기 전에 읽기를 했는지 안 했는지를 검사하는 것임을 주목하라. 퀴즈는 자료에 대한 이해 정도를 검사하는 것이 아니다. 왜냐하면 그렇게 하는 것은 학생들을 불안하게 할 수도(그래서 의욕을 꺾을 수도) 있기 때문이다. 단지 읽기만으로 개념을 숙달하기는 거의 불가능하다.

나는 이 소재를 동료 교수법으로 가르칠 때 과거에 전통적으로 가르칠 때 사용했던 강의 노트를 그대로 사용한다. 나는 고전 역학의 범위를 설명하고, 칠판에 쓰면서 뉴턴의 제 1 법칙을 소개한다. 제 1 법칙을 소개한 후에 나는 그것이 기준틀에 대한 실제 진술임을 보여 주기 위해 컴퓨터 애니메이션을 사용한다. 다음으로 힘과 가속도 사이의 관계를 확실히 설정하기 위하여 그림 5.2에 나타난 개념 검사 문항을 보여준다. 학생들은 일반적으로 이 질문에 잘 대답하고, 이 문제를 제시한 것의 주요 목적도 그들의 자신감을 북돋우는 것이다. 대부분의 경우에 뉴턴의 다른 두 가지 법칙에 대해 더 심각한 어려움을 학생들이 가지고 있기 때문에 나는 이 주제를 다루는데 많은 시간을 할애하지 않는다.

1. 다음 법칙들 중 뉴턴의 법칙이 아닌 것은
   1. 작용하는 것에는 반대로 똑같은 반작용이 있다.
   2. F=ma
   3. 모든 물체는 같은 가속도로 떨어진다.
   4. 외부의 알짜 힘이 없으면, 정지한 물체는 계속 정지해 있고, 등속 운동하던 물체는 계속 등속 운동한다.

2. 관성의 법칙은
   1. 읽기 과제에서 다루지 않았다.
   2. 그들의 운동 상태를 유지하려는 물체의 경향을 나타낸다.
   3. 뉴턴의 제 3 법칙이다.

3. '충격(impulse)'은
   1. 읽기 과제에서 다루지 않았다.
   2. 힘의 다른 이름이다.
   3. 가속도의 다른 이름이다.

그림 5.1 입자 역학에 대한 강의를 위한 수업 전 읽기 퀴즈. 정답은 1-3, 2-2, 3-1이다. 응답 통계: 1-1: 15%, 1-2: 2%, 1-3: 83%, 1-4: 0%, 2-1: 1%, 2-2: 98%, 2-3:1%, 3-1: 82%, 3-2: 16%, 3-3: 2%. 이 장에서 자료들과 다음의 자료들은 동료 교수법이 적용된 학기의 대표적인 값들이다.

자동차가 일정한 속력으로 굽은 길을 돌고 있다.

자동차에 알짜힘이 작용하는가?

1. 아니오 – 속력이 일정
2. 예
3. 굽은 정도와 자동차의 속력에 따라 달라진다.

그림 5.2 뉴턴의 제1법칙에 대한 개념검사 문항. 2번이 정답. 응답률 1: 3%, 2: 96%, 3: 1%

그러고 나서 나는 힘과 질량의 개념을 정의하고 뉴턴의 제 2 법칙을 진술한다. 힘과 가속도 그리고 속도의 관계를 분명하게 하기 위해서 그림 5.3에 있는 질문을 사용한다. 그림 설명에 있는 통계 자료는 옆 짝을 납득시키는 토론이 정답률을 얼마나 증가시켰는지와 학생들의 자신감을 얼마나 강화시켰는지를 보여준다. 토론 후에 잘못된 대답을 한 20%의 학생들에게 나는 올바른 답을 설명해주기 위해 약간의 시간을 사용한다.

이 문제를 해결하는 데 가장 중요한 점은 (무슨 수를 써서라도) 방정식을 피하는 것이다. 나는 다음과 같이 설명한다. 힘은 가속도의 원인이 되고, 그것은 주어진 시간 간격동안 얼마나 물체의 속력을 증가시키느냐를 말해준다. 그래서 만약 힘이 절반이 되면, 가속도도 절반이 될 것이다. 따라서 수레를 같은 속도로 증가시키려면 두 배의 시간동안 힘을 주어야 한다.

다음 개념 검사 문항(그림 5.4)은 앞의 질문 보다 더 정교한 개념이 필요하다. 이 문제에 대해 학생들이 옆 짝을 납득시키는 토론 전에 얼마나 더 잘했는지에 주목하라. 토론 전에 정답을 제시한 학생이 90%여서 개선될 여지가 매우 적다. 그럼에도 토론을 함으로써 학생들의 자신감을 매우 높일 수 있다. 토론 후에 정답률은 이 질문에 대해 더 이상 토론이 필요치 않음을 명백히 보여준다.

공기 트랙 위에 초기에 정지한 수레에 일정한 힘이 가해진다. 수레와 트랙 사이의 마찰은 무시해도 될 정도이다. 수레에 일정한 힘이 짧은 시간 동안 가해진다. 이것은 수레에 일정한 최종 속도를 준다.

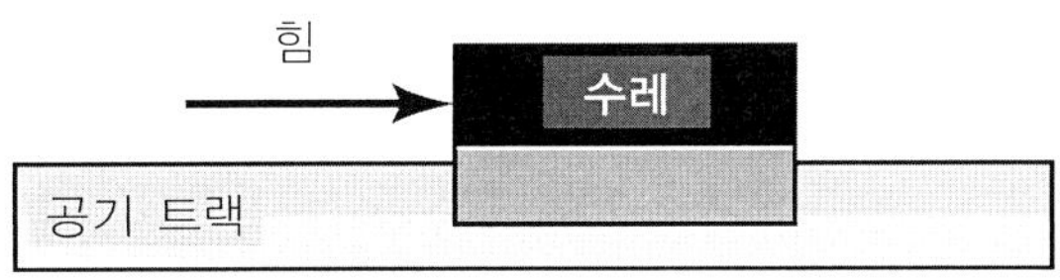

절반의 힘의 크기로 같은 최종 속도에 도달하기 위해서, 힘이 수레에 가해지는 시간은

1. 4배 오래
2. 2배 오래
3. 똑같이
4. 1/2 시간
5. 1/4 시간

그림 5.3 힘에 대한 개념 검사 문항. 2번이 정답이다. 응답 통계 토론 이전 (이후): 1:16%(5%), 2:65%(83%), 3:19%(12%). 자신감 토론 이전(이후): 거의 확실: 50%(71%); 별로 확실하지 않음: 43%(25%); 그냥 추측: 7%(4%)

공기 트랙 위에 초기에 정지한 수레에 일정한 힘이 짧은 시간 동안 가해진다. 이것은 수레에 일정한 최종 속도를 준다.

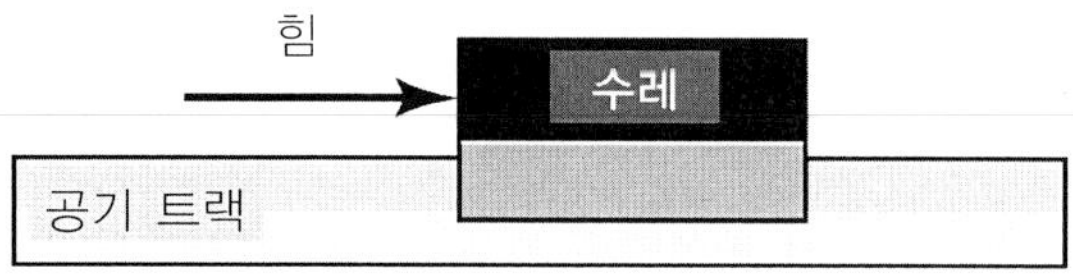

같은 힘이 같은 시간 동안 2배 더 무거운 정지해 있는 다른 수레에 가해진다. 더 무거운 수레의 최종 속도는

1. 1/4
2. 4배
3. 절반
4. 2배
5. 같다

그림 5.4 힘에 대한 개념 검사 문항. 3번이 정답이다. 응답 통계 토론 이전 (이후): 1:10%(1%), 3:90%(99%). 자신감 토론 이전(이후): 거의 확실:64%(95%); 별로 확실하지 않음: 34%(4%); 그냥 추측: 2%(1%)

공기 트랙 위에 초기에 정지한 수레에 일정한 힘이 짧은 시간 동안 가해진다. 이것은 수레에 일정한 최종 속도를 준다.

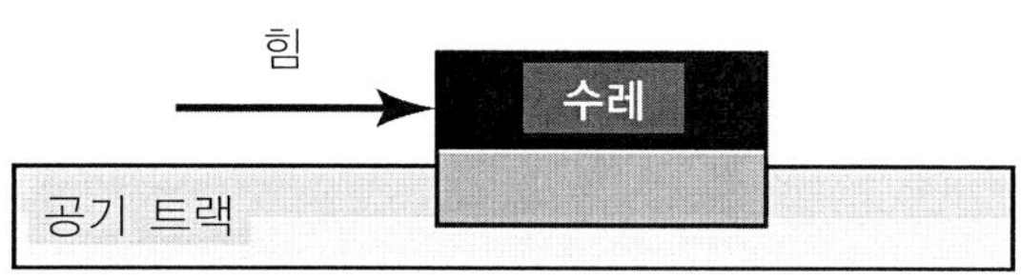

우리가 실험을 반복하는데, 하지만 정지한 것에서 시작하는 대신 우리가 힘을 작용하기 시작한 순간에 수레가 이미 힘의 방향으로 움직이고 있다고 가정하라. 우리가 같은 크기의 일정한 힘을 같은 시간 동안 가한 후에 수레의 속도가 증가되는 정도는

1. 초기 속도의 2배와 같다.
2. 초기 속도의 제곱과 같다
3. 초기 속도의 4배와 같다.
4. 정지 상태에서 출발했을 때와 같은 크기이다.
5. 제공된 정보로는 결정할 수 없다.

그림 5.5 힘에 대한 개념 검사 문항. 4번이 정답이다. 응답 통계 토론 이전 (이후): 1:10%(1%), 3:90%(99%). 자신감 토론 이전(이후): 거의 확실:64%(95%); 별로 확실하지 않음: 34%(4%); 그냥 추측: 2%(1%)

나는 곧 이어서 그림 5.5에 있는 개념 검사 문항을 제시한다. 이 문항에 대해서는 시간을 절약하기 위해 학생들에게 그들의 답을 토론시키지 않는다. 모든 문항에서 80% 이상의 정답률이 나왔기 때문에, 나는 다음 주제인 제 3 법칙의 두 요소인 짝힘이 결코 같은 물체에 작용하지 않음을 강조하는 뉴턴의 제 3 법칙으로 넘어간다. 이 점을 명확히 하기 위해, 나는 엘리베이터 안에 서 있는 사람의 예를 논의한다. 엘리베이터가 정지했을 때 엘리베이터 바닥에 의해 사람에게 가해진 힘은 사람의 무게와 크기는 같고 방향은 반대인 것은 맞지만 그 둘은 작용-반작용 짝이 아니라는 점을 분명히 한다.

엘리베이터가 가속되고 있는 동안에, 이 두 힘은 더 이상 같지 않다- 사람을 가속시키기 위한 이유로 차이가 난다. 나는 사람과 엘리베이터에 대한 자유 물체도를 그려 제 3법칙에서 쌍으로 작용하는 힘을 나타내준다. 강의에 뒤이어 즉각적으로 그림 5.6에 있는 고전 문제를 학생들에게 제시한다. 이 문항이 개념적으로 상당히 어려움에도 불구하고, 대부분의 학생들이 놀랍게도 첫 번째 선택에서 정확하게 답한다. 이 문항을 다루는 동안에 항상 많은 학생들로부터 추가 질문을 받게 되는데 - 그 질문들로부터 나는 학생이 어떻게 생각하는지를 안다 - 나는 결국 수업이 끝난 후에도 그것을 설명해주기 위해 약간의 시간을 보내게 되는 일이 흔하다.

아래 설명 중 올바른 분석은?

1. 화물기차가 기관차를 반대로 미는 것보다 기관차가 화물기차에 약간 더 힘껏 앞쪽으로 밀기 때문에 기차는 앞으로 움직인다.
2. 작용은 항상 반작용과 같기 때문에 기관차는 화물기차를 밀수 없고, 화물기차는 기차가 앞으로 미는 것만큼 힘껏 뒤로 민다. 그래서 움직임이 없다.
3. 화물 기차에 작용하는 힘이 화물기차에 의해 기관차에 가해지는 힘보다 잠깐 더 크기 때문에 기관차는 잡아 당기므로써 화물기차를 움직이게 한다.
4. 화물기차에 대한 기관차의 힘은 기관차에 대한 화물 기차의 힘과 같은 크기이다. 그러나 화물기차에 대한 뒤쪽 마찰력이 작은 반면 기관차에 대한 마찰력은 앞쪽이고 크게 작용한다.
5. 만약 무게가 화물기차 보다 더 클 때만 기관차는 화물기차를 앞으로 끌 수 있다.

그림 5.6 뉴턴의 제 3 법칙에 대한 개념 검사 문항. 4번이 정답이다. 응답 통계 토론 이전(이후): 1:14%(7%), 2:2%(2%), 4:74%(86%), 5:9%(5%). 자신감 토론 이전(이후): 거의 확실:59%(71%); 별로 확실하지 않음: 36%(26%); 그냥 추측: 5%(3%)

다음으로, 고전 역학의 기본 목적으로 돌아와서 나는 뉴턴의 제 2 법칙의 두 가지 유용한 점을 보여준다. 물체에 힘을 주었을 때, 그 물체의 움직임을 결정하는데 이 법칙을 사용할 수 있다. 역으로 물체의 운동을 관찰하는 것에 의해 물체에 가해지는 힘을 추론하는데 이 법칙을 사용할 수 있다. 예로써 나는 보통 힘의 존재와 천체에 작용하는 힘 등을 인용한다.

나는 마지막으로 첫 번째 힘 법칙, 만유인력의 법칙으로 이동한다. 나는 관성(물체가 그것의 운동 상태 유지하려는 경향)과 만유인력(물체가 다른 물체에 끌리는 경향) 사이의 구별을 명확하게 하는데 약간의 시간을 보낸다: 달에서 우주인은 무거운 물체를 쉽게 들어 올릴 수 있지만, 그것을 차는 것은 지구에서만큼 아프다.

내가 사용하는 마지막 문항(그림 5.7)은 중력을 포함하여 가속도에 대한 학생들의 진정한 이해 정도를 조사한다. 이 질문은 이전 강의 자료(역학)를 뒤돌아 보고 이 강의를 연관 짓기 위한 기회를 제공한다. 학생들 중에 2/3가 정답을 제시하지만 단지 1/3만이 그들의 대답을 확신한다(가장 흔한 실수는 속도가 증가하면 가속도 역시 증가한다고 추정하는 것이다).

롤러 코스터에서 수레가 아래에 있는 트랙을 따라 내려온다. 수레가 아래에 보여지는 지점에서 운동한다면, 운동 방향에서 속도와 가속도에 어떤 일이 일어나겠는가?

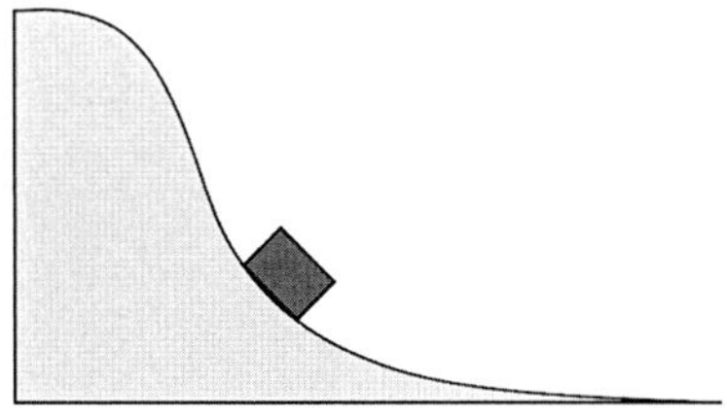

1. 모두 감소한다.
2. 속도는 감소하고, 가속도는 증가한다.
3. 모두 일정하다.
4. 속도는 증가하고, 가속도는 감소한다.
5. 모두 증가한다.
6. 기타

그림 5.7 경사면에서 중력, 가속도, 속도에 대한 개념 검사 문항. 4번이 정답이다. 응답 통계 토론 이전: 1:3%, 2:4%, 3:8%, 4:70%, 5:11%, 6:4%. 자신감 토론 이전: 거의 확실:34%; 별로 확실하지 않음: 57%; 그냥 추측: 9%

제 6 장 후 기

자주 받는 질문

다른 교수들에게 동료 교수법에 대해 설명할 때마다, 나는 예외 없이 많은 질문들을 받는다. 여기에서는 가장 흔하게 받는 질문들에 대해 답변을 하고자 한다.

왜 애를 쓰는가? 문제만 풀 줄 알면 되지....

성공적인 수업의 전통적인 척도는 학생들의 문제 풀이 능력이었다. 이 방법으로 하는 평가는 학생이 기초를 아주 잘 이해하지 못하는 한 문제를 풀 수 없다는 것을 가정한다. 그러나 1장의 예가 명백히 보여준 것처럼 대부분의 학생들이 관련된 개념에 대한 가장 기초적인 이해 없이도 문제를 푸는 전략을 개발한다는 것은 충격적이다. 따라서 다음과 같이 질문한다: 우리는 학생들이 기본적인 원리를 이해하기를 바라는가? 혹은 심지어 그들 중 거의 절반이 근본적인 원리를 모른다고 할지라도 수학적으로 문제를 풀기 위한 공식을 이용할 수 있다면 만족하는가? 더군다나 더 잘 이해하면 문제 풀이를 더 잘하게 된다는 나의 경험 때문에 나는 이해시키며 가르치기(teaching understanding)의 확실한 지지자이다.

만약 강의시간에 서로 이야기하는 데 시간을 소비한다면 전통적인 수업에 비해 더 적은 양의 내용을 다루게 되지 않을까?

동료 교수법으로 전통적인 양의 소재를 모두 다루는 것은 정말 가능하지 않다. 나는 학생들에게 더 많은 책임을 지우는 것으로 이 문제를 해결한다. 그들은 수업에 들어오기 전에 자료를 읽어 오고, 나는 수업에서 그것의 일부분을 논한다. 그 결과, 나는 국내 교육 과정에서 가르쳐야 하는 일반적인 소재를 모두 다룬다.

이 새로운 방법은 우등생과 보통 학생들의 실력을 더 벌어지게 만드는 것은 아닐까?

그림 2.6에서 2.8까지의 그래프가 보여주는 것처럼, 분포에서 하위 점수와 상위 점수의 차이는 좁아진다: 그러므로 나는 수업이 진행되는 동안 동료 교수법은 점점 더 우등생과 보통 학생들의 차이를 줄여준다고 해도 과언이 아니라고 믿는다.

동료 교수법은 하버드 학생들과 같이 우수한 집단으로 구성된 강의에서 효과가 있겠지만, 우리 학교의 학생들에게 효과가 없을 수도 있다.

만약 당신의 학생이 수업 전에 읽기과제를 할거라고 기대하지 않는다면, 하버드 또는 어느 곳이라도 확실히 효과가 없을 것이다. 대부분의 과목들에서 – 과학은 중요한 예외이다 – 수업 시간 전에 학생들에게 읽을 것을 요구하지 않고 가르칠 것이다. 나는 과학을 전공하는 학생들이 인문학을 전공하는 학생들보다 읽고 쓰는데 능력이 떨어진다고 생각하지 않는다. 큰 문제는 – 해결 될 수 있는 – 현재 교사도 학생도 모두 과학수업에서 읽기 과제를 해올 거라고 기대하는 사람이 없다는 것이다.

책은 새로운 내용을 잘 소개하는 것이 아니라, 강의에서 불확실한 부분을 분명하게 하는데 도움을 주고 연습 문제를 제공하는 기능을 가지고 있다고 여겨진다. 내 생각에 과학 교육은 방식에 있어 중요한 변화가 요구된다. 그것은 장려책이 수반되어야 하며 하룻밤 사이에 이루어지지 않는다. 내가 성공적으로 사용하고 있는 간단한 장려책으로 읽기 퀴즈가 있다.

비 명문대 학생들 보다는 더 분명히 설명할 수 있는 하버드대 같은 명문대 학생들에게 상호작용적인 수업에 더 잘 맞는다고 말하는 것이 정확하지 않을까?

적어도 50명의 교수자들이 고등학교, 지역 전문대학, 크고 작은 주립 학교 등 다양한 학문적 환경에서 이 방법을 시도해왔다. 참여한 모든 학생들의 수행과 이해가 향상되었다고 보고하였다.

나는 동료 교수법을 사용할 수 있을 것이라 생각하지 않는다. 나는 개인적으로 이런 것에 맞지 않기 때문이다.

매우 시끄럽고 혼란스러운 교실이 될 것 같다는 생각을 하면 이 방법을 도입하는 것을 주저할 것이다. 어떤 개념 검사 문항은 종종 많은 추가 질문들을 유발시킨다. 강의가 얼마나 잘 되었느냐는 개념 검사 문항의 답변 결과에 의존하기 때문에 예측할 수 없다. 그러나 이 방법을 시도했던 교수자들 모두는 한번 시작하면 전통적인 강의로 되돌아갈 가능성이 없다는 것에 동의한다. 첫째, 이 방법은 수업을 매우 융통성 있게 할 수 있도록 한다. 둘째, 학생들 사이의 토론은 교수자의 성격과 상관없이 극도로 활발하다.

이런 방법의 강의가 진짜 "교수(teaching)"라고 여겨질까?

많은 언어에서 "교수(teaching)"와 "학습(learning)"이라는 단어는 같다. 종종 가르쳐지는 것이 정말로 학습된다고 생각하고 있는 것 같다. 불행하게도 이것은 사실이 아니다. 교육의 목표는 학생이 배울 수 있는 환경을 조성하는 것이다. 동료 교수법은 이것을 효과적으로 그리고 상대적으로 쉽게 이룰 수 있도록 해준다.

새로운 강의 형태로 바꾸기 위해 얼마나 수고를 해야 하나?

새로운 개념 검사 문항들을 개발하고 읽기 퀴즈를 개발하는 것은 상당한 노력을 요한다. 그러나 일단 이러한 자료 세트가 한번 개발되면 새로운 형태의 수업은 전통적인 수업보다 준비와 노력이 더 적게 든다. 왜냐하면 강의 시간의 일부가 학생 토론에 할애되기 때문이다. 다른 사람들이 시작할 수 있도록 돕기 위해서 나는 개념 검사 문항들과 읽기 퀴즈의 완성된 세트를 이 책에 포함시켰다(10~12장을 보라).

권장사항

동료 교수법을 도입하도록 상당히 많은 사람들을 도우면서 경험한 것들을 바탕으로 나는 다음과 같은 5가지 포인트에 특히 주목할 것을 권한다.

1. 스스로(그리고 당신 동료들)를 확신해라.

첫 번째로 할 일은 수업의 형식을 변화시키는 것이 타당하다고 스스로 확신하는 것이다. 이것을 위해 나는 힘 개념 검사지(FCI)와 Mechanics Baseline Test(MBT) 같은 일종의 표준 검사지를 투입할 것을 권한다. 이상적으로 이것은 두 번 해야 한다: 전통적인 수업 방법을 사용한 학기에 한 번, 동료 교수법을 사용한 학기에 한 번. 같은 것을 개념 시험 문제로 쓰기를 바란다. 이렇게 얻은 데이터는 무엇이 성취되었는지에 대해 가장 분명한 답을 제공할 것이다.

2. 학생들에게 동기를 부여해라.

3장에서 언급한 것처럼, 학생들은 변화에 저항한다. 어떤 학생은 "제발 우리를 위해 문제를 더 풀어주세요"라는 의미로 "제발 진짜 물리를 가르쳐주세요."라고 말할 것이다. 왜냐하면 이것이 지금까지 그들이 가장 많이 해온 방법이기 때문이다. 이러한 요구에 져서는 안 된다. 학생들에게 동기를 부여하는 것이 동료 교수법의 성공 여부를 결정짓는 것이어서 학기를 시작할 때 나는 상당한 시간을 할애해서 그들에게 강의 동안에 무엇을 할 것이고, 왜 그것을 하는지에 대해 설명하려고 노력한다.

3. 시험을 바꿔라.

학생이 수업의 새로운 방법을 수용하도록 만드는 가장 좋은 방법 중 하나는 그 과정의 철학과 목표를 반영한 시험을 보는 것이다. 내가 내는 시험에서 약 절반의 문제가 개념에 관한 것이다. 이 문제들은 수업 시간에 다루었던 내용과 다르지는 않지만 보통 더 길며 결코 선다형으로 출제하지 않는다. 12장에 실제로 출제한 많은 예를 제공했다. 이 문제들은 단순해 보이지만 학생들은 일반적으로 보통 시험 문제보다 더 어려워한다. 나는 이 개념 문항을 보통 문제와 같은 비중으로 출제한다. 그 결과 첫 번째 시험을 치른 후 곧 학생들은 수업 중 다루어지는 문항의 가치를 인정하기 시작한다. 시험을 치르고 나면 어떤 학생들은 나에게 종강할 때까지 개념 검사 문항을 다루기 위하여 시간을 더 달라고 요구하는 것을 매번 경험한다.

4. 강의 형식을 바꾸어라.

수업에서 모든 소재를 계속 제시하고 수업 중 질문과 토론을 위한 시간을 할애하는 것이 불가능하기 때문에 나는 항상 동료 교수법을 수용하기로 결심한 사람들에게 끝까지 가라고 권한다. 동료 교수법을 하다가 전통적인 강의법으로 중간에 바꾸면 학생들로부터 불평만 듣게 될 것이다. 당신이 처음처럼 강의를 계속한다면, 어쨌든 모든 교육과정 내용이 수업을 통하여 다루어질 것이기 때문에 당신은 학생들에게 사실상 읽기 예습을 꼭 해야 한다고 말하는 것이다. 그런데 전통적인 강의에서는 단지 가끔 발생하는 한 두 개의 질문을 위한 시간만 있을 것이고, 이러한 질문들에 답하기 위해 걸리는 별도의 시간은 결국 진도를 늦추는 결과를 가져올 것이다. 이러한 것을 서로 잘 알고 있기 때문에 이것은 교실에서 아주 원하지 않는 상황을 초래한다: 읽기 과제를 하지 않을 뿐 아니라 학생들은 수업 중 질문을 귀찮은 것 – 그것을 대신 한다기보다 전통적인 강의에 더 해지는 것 – 으로 보기 시작할 것이다. 열쇠는 학생들에게 의지하는 것이다: 만약 학생들을 읽게 만든다면 그들은 그렇게 할 것이다. 보상이 제공되지 않는 한 학생들은 읽기 예습을 심각하게 여기지 않을 것이기 때문에 읽기 과제는 필수다. 부가 점수를 줌으로써 장기적으로 그 이상 본전을 뽑을 것이다.

학생들에게 수업을 준비해 오도록 유도하기 위해 내가 사용한 또 다른 전략은 학기 초반에 읽기 과제 목록을 돌리고 심지어 내가 수업 중에 다루지 않더라도 이 목록에 있는 모든 주제에 대해 책임이 있다는 것을 반복적으로 강조하는 것이다. 이 점을 강조하기 위해서 나는 내가 수업 중 빠뜨린 주제에 대해 문제를 과제로 내고 같은 주제에 대해 시험 문제를 내는 데 망설이지 않는다.

5. 문제 풀이

학생들이 문제 풀이 능력을 개발할 수 있도록 충분한 기회를 반드시 주어라. 학생들은 오로지 개념 문제에 집중하기만 하면 실제 문제 풀이에서 실수를 할 가능성이 있다. 내가 동료 교수법에서 말한 것을 들은 한 교수자는 그 방법을 채택했지만 그 반이 전통적인 시험에서 형편없는 결과를 얻으면서 문제 풀이를 완전히 포기했다. 학생들이 문제 풀이 기술을 향상시킬 기회는 숙제와 문제 풀이 시간에 준다. 내 강의에서 숙제는 최종 점수의 20%를 차지한다: 이렇게 함으로써 학생들은 과제를 진지하게 한다.

Part 2

RESOURCES

제 7 장

힘 개념 검사지(FCI)

다음 페이지에는 1995년에 개정된 힘개념 검사지(FCI; Force Concept Inventory)[1)]가 수록되어 있다. 이 검사지는 개강할 때(사전 검사)와 학기의 절반이 지난 시점 혹은 끝날 무렵(사후 검사)에 한 번씩 총 두 번 검사할 것을 권장한다.

사전검사는 학생들의 준비 수준(나는 배경지식 검사라고 부른다.)을 알아볼 수 있으므로, 강의의 수준을 조정하는데 활용할 수 있다. 나는 이 검사 결과

---

1) *Force Concept Inventory*(FCI)는 뉴턴역학에서 가장 기초적인 개념에 대한 학생들의 이해정도를 평가하기 위해 개발된 객관식 "검사지"이다. FCI는 여러 다른 목적으로 사용될 수 있지만, 가장 중요한 목적은 교육 효과를 평가하는 것이다.
이 검사도구의 개발을 위해 어떤 연구들이 이루어졌는가와 어떻게 사용되어지는가에 대한 충분한 이해를 위해서는, FCI 논문[a,b]은 물론, (1) FCI 전신인 Mechanics Diagnostic Test[c,d]와 (2) FCI와 함께 양적 문제 풀이 기술 평가 도구로 추천된 Mechanics Baseline Test[e], (3) USA 전 지역의 여러 많은 대학과 고등학교 교사들이 물리시간에 가르치고 얻은 데이터인 Richard Hake's[f]의 자료 모음을 참고해야 한다.
References
[a]David Hestenes, Malcolm Wells, & Gregg Swackhamer, "Force Concept Inventory," *Phys. Teach.*,, 30 (3), (1992), 141-151. 개정판은 Ibrahim Halloun, Richard Hake, Eugene Mosca, David Hestenes에 의해 1995년 발표되었다.
[b]David Hestenes & Ibrahim Halloun, "Interpreting the Force Concet Inventory," *Phys Teach.*, 33(8), (1995), 502, 504-506.
[c]Ibrahim Halloun & David Hestenes, "The Initial knowledge State of College Physics Students," *Am. J. Phys*, 53(11), (1985), 1043-1055.
[d]Ibrahim Halloun & David Hestenes, "Common Sense Concepts about Motion, *Am. J. Phys.*, 53(11), (1985), 1056-1065.
[e]David Hestenes & Malcolm Wells, "A Mechanics Baseline Test," *Phys. Teach.*., 30(3), (1992) 159-166.
[f]Richard Hake, "Survey of Test Data for Introductory Mechanics Courses," *AAPT Announcer*, 24(2), (1994), 55; "Interactive-Engagement vs. Traditional Methods: A Six-Thousand-Students Survey of Mechanics Test Date for Introductory Physics Courses," preprint, June, 1995.

를 성적에 반영하지 않을 것이라고 분명하게 말한다. 가능한 많은 학생이 이 검사를 받도록 하기 위해, 자신의 이름을 쓸 것을 요구한다.

나는 중간시험 한 주 전쯤에 사후 검사를 할 것이라고 말해준다. 나는 그들에게 일반적인 과제 같은 시험이라고 믿음을 주고, 다가오는 중간시험을 준비하는데 그들의 지식을 점검해 볼 수 있는 가장 좋은 방법이라고 말해준다. 시험을 치기 전까지, 학생들에게는 사전 검사와 동일한 시험문제로 시험을 본다는 것을 알지 못하게 한다.

전국 평균 점수는 사전 점수가 25%에서 70%이고, 사후점수는 40%에서 85%이다. 87%의 점수는 "통달(mastery)" 수준이고 60% 점수는 뉴턴 역학을 이해하는 문턱 수준이다. 학생들의 향상도를 알아볼 수 있는 값은 S_i와 S_f가 사전과 사후 정답률 퍼센트일 때, 최대 가능한 획득점수(gain) 비율은 $G = \frac{S_f - S_i}{100 - S_i}$로 얻을 수 있다. 전통적인 방법으로 수업했을 때, $G \approx 0.25$; 상호작용 방법으로 가르쳤을 때, $0.36 < G < 0.68$ 범위의 값이 얻어진다.

검사지를 디스켓에 저장하여 스크린에 띄우는 형태로 사용할 수 있다. 검사지 원본을 잘 보호할 수 있다면, 검사지를 인쇄해서 인쇄 사본 형태로 사용할 수 있다. 검사지가 여러 학교에서 사용되기 때문에, 학생들에게 문제들이나 해답이 배포되는 것을 막는 것은 중요하다. 원본을 보호하기 위해 학생들에게 "Force Concept Inventory[2)]" 이름으로 검사지를 사용하지 말 것을 당부한다. 대신에 "진단평가" 같은 더욱 포괄적인 이름을 사용하면 좋을 것이다. 또한 사후 점수에 너무 많은 중요도를 두지 않는 것이 타당하다. 또한, 이 검사지를 배부하거나 편집하지 말아야 한다. 해답은 64쪽에 있다.

역자주) 문제와 정답은 적절한 과정을 거쳐 검증된 교사들에게만 제공이 되어야한다.

2) R.R. Hake, "Survey of Test Date for introductory Mechanics Courses," AAPT Announcer, 24(2), (1994), 55; "Interactive-Engagement vs. Traditional Methods: A Six-Thousand-Student Survey of Mechanics Test Date for Introductory Physics Courses," preprint, June, 1995.

힘 개념 검사지

1. 크기는 같고 무게가 2배 차이가 나는 2개의 금속 공이 있다. 두 개의 공을 단층 건물의 옥상에서 동시에 떨어뜨리면, 금속 공이 땅에 떨어지는데 걸리는 시간은?

   (1) 무거운 공이 가벼운 공보다 2배 정도 빨리 떨어진다.
   (2) 가벼운 공이 무거운 공보다 2배 정도 빨리 떨어진다.
   (3) 두 공이 동시에 떨어진다.
   (4) 무거운 공이 확실히 더 빨리 떨어지지만, 2배 정도는 아니다.
   (5) 가벼운 공이 확실히 더 빨리 떨어지지만, 2배 정도는 아니다.

2. 1번 문제에서 사용한 것과 같은 두 개의 금속 공을 수평 책상 위에서 같은 속력으로 굴려 바닥에 떨어뜨렸다. 책상에서 바닥에 떨어진 금속 공까지의 수평거리는?

   (1) 2개의 금속 공이 거의 같은 거리에 떨어진다.
   (2) 무거운 공이 떨어진 수평거리는 가벼운 공의 절반 정도이다.
   (3) 가벼운 공이 떨어진 수평거리는 무거운 공의 절반 정도이다.
   (4) 무거운 공이 가벼운 공보다 확실히 가깝게 떨어지지만, 절반 정도는 아니다.
   (5) 가벼운 공이 무거운 공보다 확실히 가깝게 떨어지지만, 절반 정도는 아니다.

3. 단층 건물의 옥상에서 돌멩이를 지표면으로 떨어뜨리면 돌멩이는 어떻게 될까?

   (1) 떨어뜨리는 짧은 순간에 최대 속력에 도달하고, 그 후 일정한 속력으로 떨어진다.
   (2) 돌멩이가 지구에 가까워질수록 중력이 확실히 더 강하게 작용하므로 떨어지면서 속력이 점점 증가한다.
   (3) 돌멩이에 작용하는 중력이 거의 일정하므로 돌멩이의 속력은 증가한다.
   (4) 모든 물체는 지구 표면에 머무르려는 자연적 성향이 있기 때문에 돌멩이는 떨어진다.

(5) 돌멩이를 아래쪽으로 미는 중력과 돌멩이를 아래쪽으로 미는 공기의 힘이 합쳐진 효과에 의해 돌멩이가 떨어진다.

4. 대형 트럭이 소형차와 정면으로 충돌했다. 충돌하는 동안에 대한 설명으로 옳은 것은?
   (1) 트럭이 소형차에 작용하는 힘이 소형차가 트럭에 작용하는 힘보다 크다.
   (2) 소형차가 트럭에 작용하는 힘이 트럭이 소형차에 작용하는 힘보다 크다.
   (3) 서로에게 어떠한 힘도 작용하지 않는다. 단지 소형차가 트럭이 가는 길에 있었기 때문에 소형차가 찌그러진다.
   (4) 트럭은 소형차에 힘을 작용하지만, 소형차는 트럭에 힘을 작용하지 않는다.
   (5) 소형차가 트럭에 작용하는 힘과 같은 크기로 트럭이 소형차에 힘을 작용한다.

[5-6] 그림은 중심이 'O'인 마찰이 없는 관을 위에서 내려다 본 그림이다. 관은 마찰이 없는 수평 책상 위에 고정되어 있으며, 공기의 저항은 무시한다. 공을 빠른 속도로 'P'점으로 쏘아 넣어 'R'점으로 빠져나오게 한다.

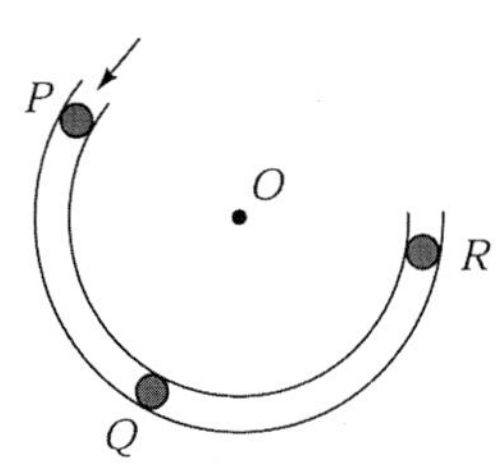

5. 공이 'Q'지점에 있을 때 작용하는 힘을 [보기]에서 모두 고르면?

[보 기]
가. 중력에 의해서 아래쪽으로 작용하는 힘
나. 관에 의해서 'Q'점에서 중심 'O'로 향하는 힘
다. 운동 방향으로 작용하는 힘
라. 'O'에서 'Q'점으로 향하는 힘

(1) 가
(2) 가, 나
(3) 가, 다
(4) 가, 나, 다
(5) 가, 다, 라

6. 공이 관의 'R'점을 지나 마찰이 없는 책상 위를 지나갈 때, 지나가는 경로를 그림에서 고르면?

(1) 1
(2) 2
(3) 3
(4) 4
(5) 5

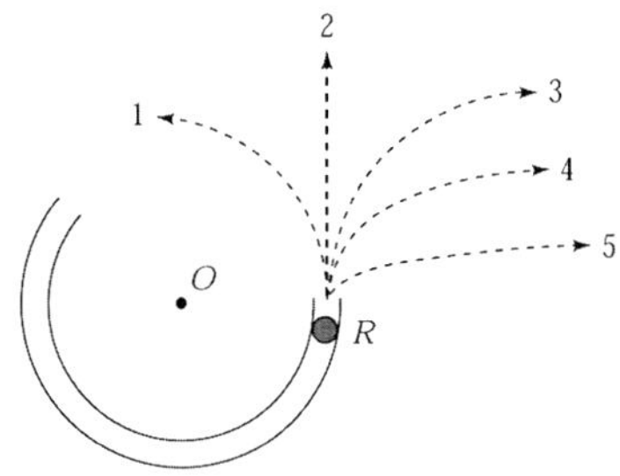

7. 그림과 같이 금속공이 줄에 묶여서 바닥과 수평하게 원모양으로 돌고 있다. 그림의 'P'점에서 공을 묶은 실이 갑자기 끊어졌다면, 공은 그림에서 어느 경로를 따라 움직일까?

(1) 1
(2) 2
(3) 3
(4) 4
(5) 5

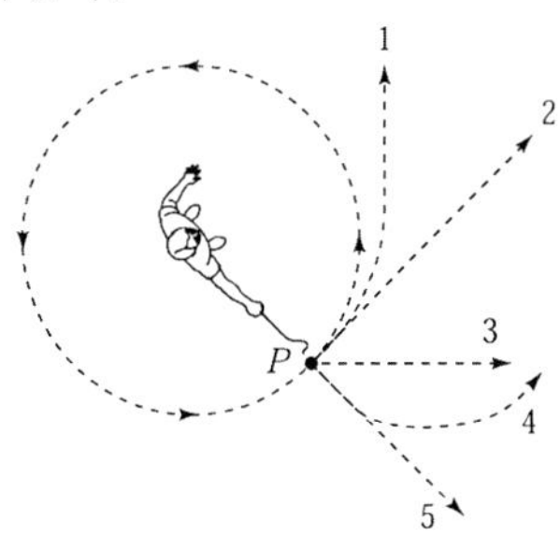

[8–11] 그림은 마찰이 없는 수평면 위의 'P'점에서 'Q'점까지의 직선을 일정한 속력 v_0 로 미끄러지는 하키 퍽을 위에서 내려다 본 것이다. 이때 공기의 저항은 무시한다. 하키 퍽이 'Q'점에 도달했을 때, 하키채로 퍽을 두꺼운 화살표 방향으로 타격했다. (퍽이 'P'점에 정지해 있다고 가정하면, 퍽은 타격을 받은 방향으로, v_k 의 속력으로 수평 이동할 것이다.)

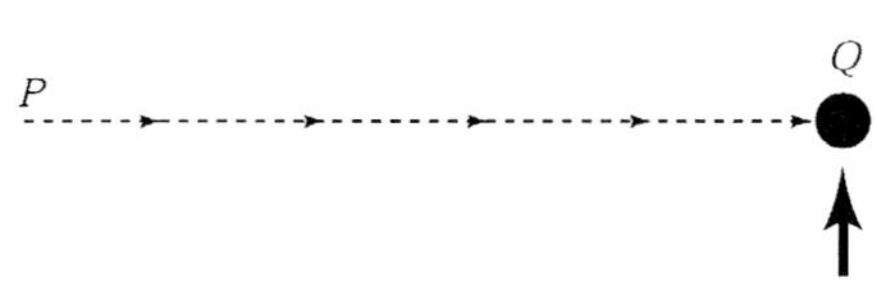

8. 타격이 가해진 후 퍽의 이동 경로는?

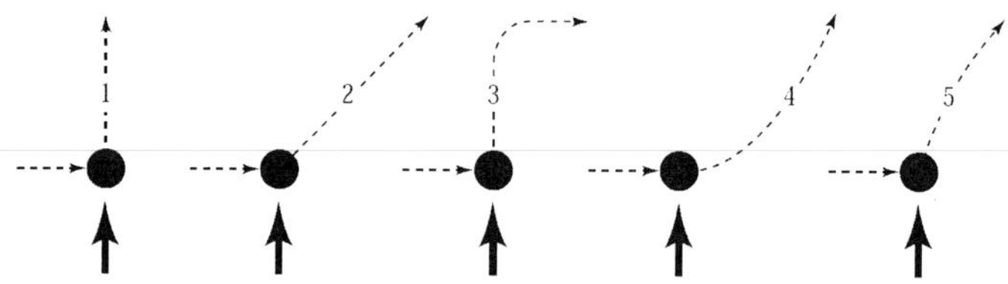

9. 타격이 가해진 직후 퍽의 속력은?
   (1) 타격이 가해지기 전의 속력 v_0와 같다.
   (2) 속력 v_0와 상관없이 타격으로 인한 속력 v_k와 같다.
   (3) 속력 v_0와 v_k의 합과 같다.
   (4) 속력 v_0나 v_k보다 작다.
   (5) 속력 v_0나 v_k보다는 크지만, 두 속력의 합보다는 작다.

10. 타격이 가해지고 나서 8번 문제에서 응답한 경로로 마찰이 없는 표면을 퍽이 움직일 때, 퍽의 속력은?
   (1) 일정하다.
   (2) 점차로 증가한다.
   (3) 점차로 감소한다.
   (4) 잠시 증가하다가 그 후 감소한다.
   (5) 잠시 일정하다가 그 후 감소한다.

11. 타격이 가해지고 나서 8번 문제에서 응답한 경로로 마찰이 없는 표면을 퍽이 움직일 때, 퍽에 작용하는 주된 힘은?
   (1) 아래 방향의 중력
   (2) 아래 방향의 중력과 운동 방향으로 작용하는 힘
   (3) 아래 방향의 중력, 수평면의 표면에 의해 위로 작용하는 힘(수직항력 : 수평면이 퍽을 위로 미는 힘), 그리고 운동 방향으로 작용하는 힘
   (4) 아래 방향의 중력과 수평면의 표면에 의해 위로 작용하는 힘
   (5) 퍽에 작용하는 힘이 없음

12. 그림과 같이 언덕 꼭대기의 대포에서 대포알이 발사되었다. 대포알이 움직이는 경로는?

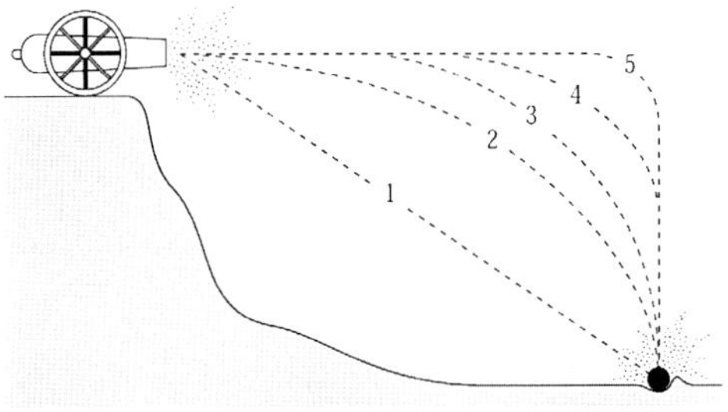

13. 한 소년이 금속 공을 위로 던져 올렸다. 공이 소년의 손을 떠난 직후부터 땅에 떨어지기 직전까지 공에 작용하는 힘은? (단, 공기의 저항은 무시한다.)

(1) 아래 방향으로 중력이 작용하고, 위 방향으로의 힘은 점차 감소한다.
(2) 공이 최고 높이에 도달할 때까지는 위 방향의 힘이 점차 감소하고, 공이 최고 높이에서 떨어질 때는 지구와 점점 가까워지므로 아래 방향의 중력이 점차 증가한다.
(3) 공이 최고 높이에 도달할 때까지는 위 방향의 힘이 점차 감소하면서 거의 일정한 중력이 아래 방향으로 작용하고, 공이 최고 높이에서 떨어질 때는 아래 방향의 중력만 일정하게 작용한다.
(4) 아래 방향의 중력만이 거의 일정하게 작용한다.
(5) 어떠한 힘도 작용하지 않는다. 공이 지구의 표면에 위치하려는 자연적 성향 때문에 공은 땅으로 떨어진다.

14. 그림과 같이 비행기가 수평으로 날아가고 있는데, 비행기의 화물칸에서 우연히 볼링공이 떨어졌다. 이 모습을 땅에 서 있는 사람이 본다면 볼링공의 경로는?

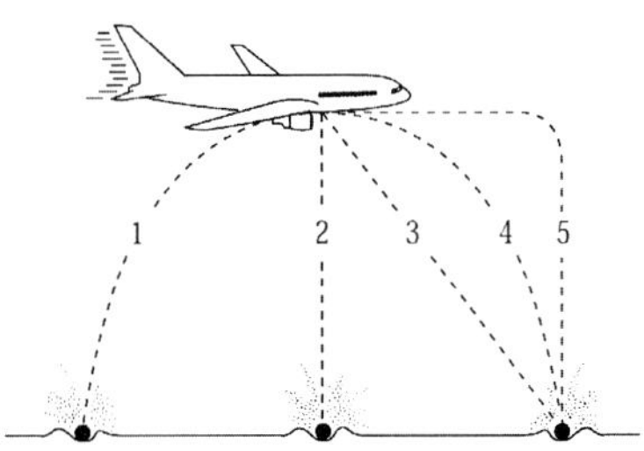

[15–16] 그림과 같이 커다란 트럭이 고장이 나서 소형차가 트럭을 밀고 있다.

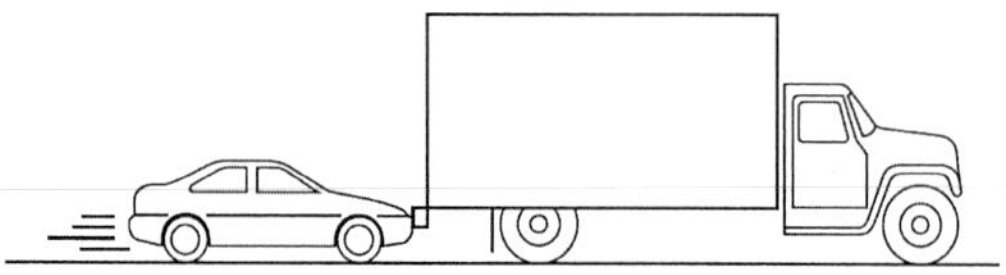

15. 트럭을 밀고 있는 소형차의 최고속력에 이르기 전까지 속력이 증가하는 동안, 두 차에 작용하는 힘은?
   (1) 소형차가 트럭을 앞으로 미는 힘과 트럭이 소형차를 뒤로 미는 힘은 같다.
   (2) 소형차가 트럭을 앞으로 미는 힘은 트럭이 소형차를 뒤로 미는 힘보다 작다.
   (3) 소형차가 트럭을 앞으로 미는 힘은 트럭이 소형차를 뒤로 미는 힘보다 크다.
   (4) 소형차의 엔진이 작동하기 때문에 소형차가 트럭을 앞으로 민다. 그러나 트럭의 엔진은 멈췄기 때문에 트럭은 소형차를 뒤로 밀 수 없다. 단지 트럭이 소형차가 가는 길에 서 있기 때문에 앞쪽으로 밀린다.
   (5) 소형차와 트럭 모두 상대에게 어떠한 힘도 작용하지 않는다. 단지 트럭이 소형차가 가는 길에 서 있기 때문에 앞쪽으로 밀린다.

16. 소형차가 최고속력에 도달하여 일정한 속력으로 트럭을 미는 동안, 두 차에 작용하는 힘은?
   (1) 소형차가 트럭을 앞으로 미는 힘과 트럭이 소형차를 뒤로 미는 힘은 같다.
   (2) 소형차가 트럭을 앞으로 미는 힘은 트럭이 소형차를 뒤로 미는 힘보다 작다.
   (3) 소형차가 트럭을 앞으로 미는 힘은 트럭이 소형차를 뒤로 미는 힘보다 크다.
   (4) 소형차의 엔진이 작동하기 때문에 소형차가 트럭을 앞으로 민다. 그러나 트럭의 엔진은 멈췄기 때문에 트럭은 소형차를 뒤로 밀 수 없다. 단지 트럭이 소형차가 가는 길에 서 있기 때문에 앞쪽으로 밀린다.

(5) 소형차와 트럭 모두 상대에게 어떠한 힘도 작용하지 않는다. 단지 트럭이 소형차가 가는 길에 서 있기 때문에 앞쪽으로 밀린다.

17. 그림과 같이 엘리베이터가 강철 케이블에 의해 일정한 속력으로 위로 올라가고 있다. 모든 마찰 효과를 무시한다면, 이 상황에서 엘리베이터에 작용하는 힘에 대한 옳은 설명은?

(1) 케이블에 의해 위로 작용하는 힘은 아래로 작용하는 중력보다 크다.
(2) 케이블에 의해 위로 작용하는 힘은 아래로 작용하는 중력과 같다.
(3) 케이블에 의해 위로 작용하는 힘은 아래로 작용하는 중력보다 작다.
(4) 케이블에 의해 위로 작용하는 힘은 아래로 작용하는 중력과 아래로 작용하는 공기에 의한 힘의 합보다 크다.
(5) 정답 없음. (엘리베이터는 케이블이 짧아지기 때문에 위로 올라가는 것이지, 케이블에 의해 위로 작용하는 힘 때문에 올라가는 것은 아니다.)

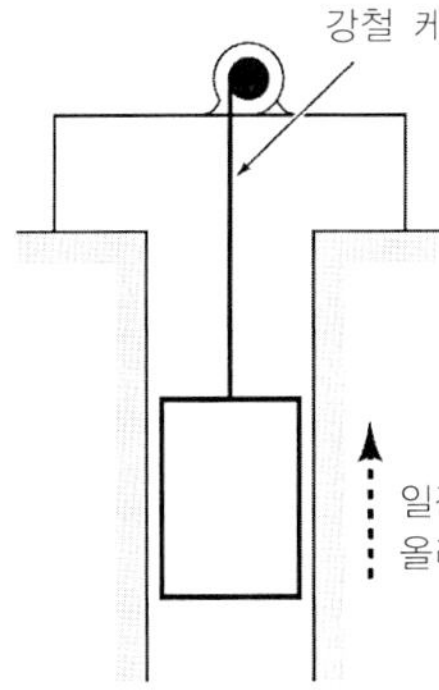

18. 그림과 같이 한 소년이 줄에 매달려 그네를 타고 있다. 이 소년은 P보다 더 높은 지점에서 그네 타기를 시작하였다.

[보 기]

가. 아래로 작용하는 중력
나. 줄에 의해 작용하는 P점에서 O점으로 향하는 힘
다. 소년의 운동 방향으로의 힘
라. O점에서 P점으로 향하는 힘

소년이 P 점에 있을 때 소년에게 작용하는 힘을 [보기]에서 모두 고르면?

(1) 가

(2) 가, 나

(3) 가, 다

(4) 가, 나, 다

(5) 가, 다, 라

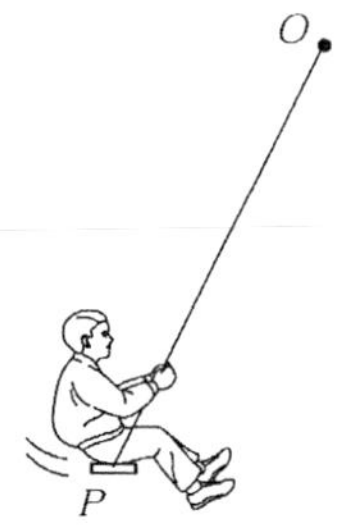

19. 그림은 두 개의 나무도막 위치를 0.20초 시간 간격으로 연속적으로 표시한 것이다. 이때 나무도막들은 오른쪽으로 움직이고 있다.

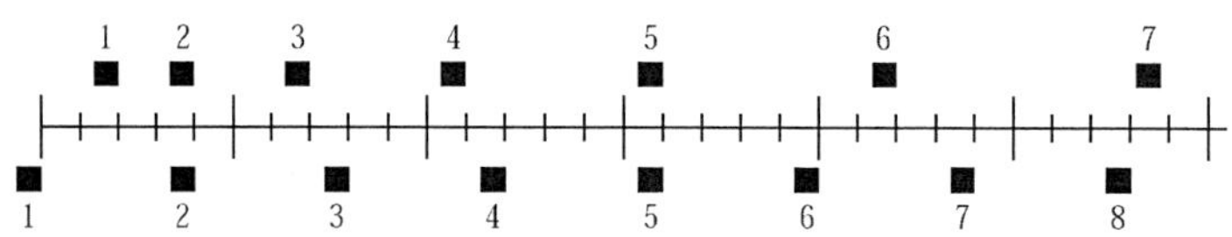

두 나무도막의 속력이 같은 경우가 있는가?

(1) 없다.

(2) 2에서 속력이 같다.

(3) 5에서 속력이 같다.

(4) 2와 5에서 속력이 같다.

(5) 3과 4사이의 어떤 시각에서 속력이 같다.

20. 그림은 두 개의 나무도막 위치를 0.20초 시간 간격으로 연속적으로 표시한 것이다. 이때 나무도막들은 오른쪽으로 움직이고 있다.

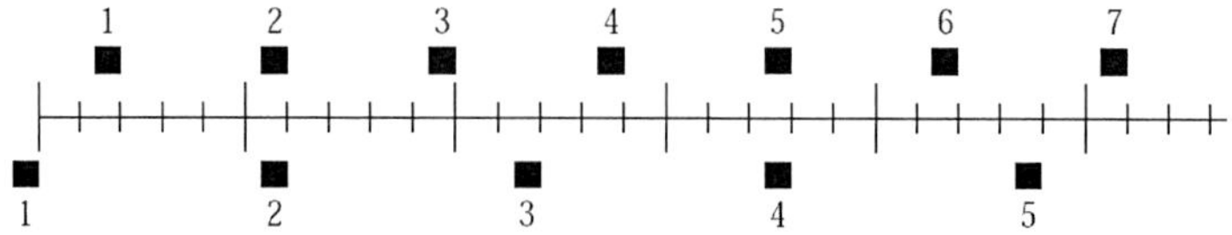

나무도막의 가속도에 대한 설명으로 옳은 것은?

(1) 나무도막 A의 가속도는 나무도막 B의 가속도보다 크다.

(2) 나무도막 A와 나무도막 B의 가속도는 같으며, 두 가속도의 크기는 0보다 크다.

(3) 나무도막 B의 가속도는 나무도막 A의 가속도보다 크다.

(4) 나무도막 A와 나무도막 B의 가속도는 같으며, 두 가속도의 크기는 0이다.

(5) 문제에 답하기에는 주어진 정보가 충분하지 않다.

[21-24] 그림과 같이 우주 공간에서 로켓이 "P"점에서 "Q"점 쪽으로 움직이고 있다. 이때, 로켓에는 어떠한 외부의 힘도 작용하지 않는다. 로켓이 "Q"점에 도달할 때 로켓의 엔진이 가동하기 시작하여 직선 "PQ"에 수직한 방향으로 (로켓에 작용하는) 일정한 추진력을 만들었다. 로켓이 "R"점에 도달할 때까지 일정한 추진력이 지속되었다.

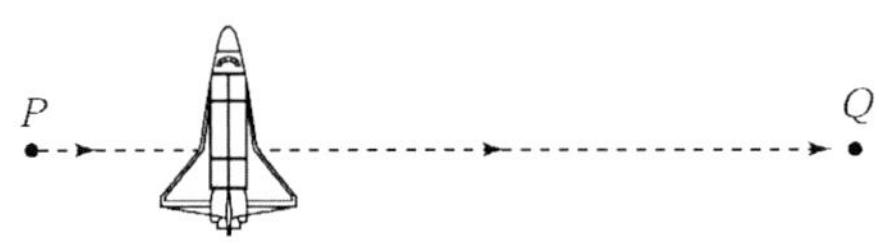

21. "Q"점과 "R"점 사이의 로켓의 경로를 가장 잘 나타낸 것은?

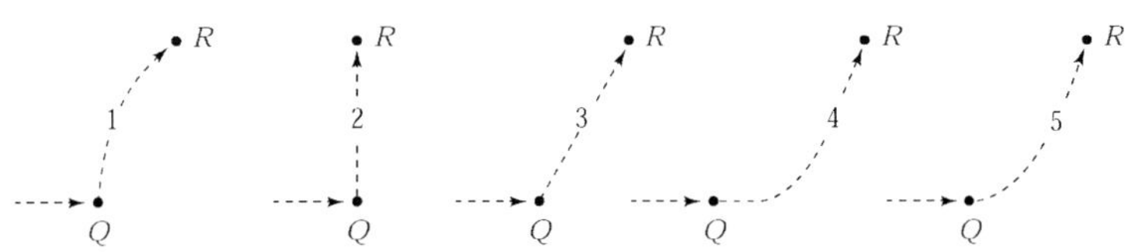

22. 로켓이 "Q"점에서 "R"점으로 움직이는 동안 로켓의 속력은?

(1) 일정하다.

(2) 계속 증가한다.

(3) 계속 감소한다.

(4) 잠시 동안 증가하다 그 후에는 일정하다.

(5) 잠시 동안 일정하다 그 후에는 감소한다.

23. "R"점에서 로켓의 엔진은 꺼지고 추진력은 그 즉시 없어졌다. "R"점을 지난 후 로켓이 움직이는 경로는?

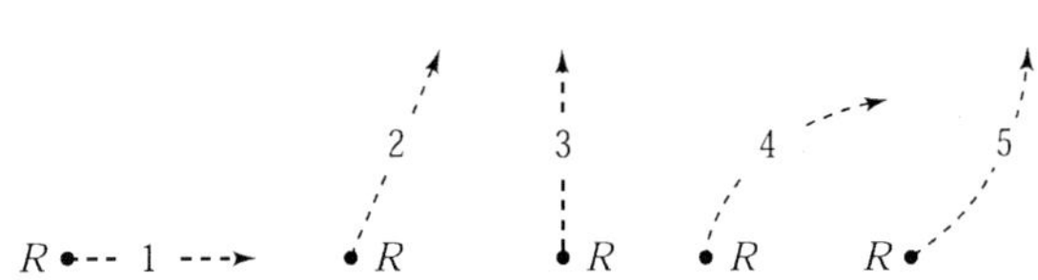

24. “R”점을 지난 후 로켓의 속력은?
   (1) 일정하다.
   (2) 계속 증가한다.
   (3) 계속 감소한다.
   (4) 잠시 동안 증가하다 그 후에는 일정하다.
   (5) 잠시 동안 일정하다 그 후에는 감소한다.

25. 영희는 커다란 상자에 수평 방향으로 크기가 일정한 힘을 작용하였다. 그 결과, 상자는 일정한 속력 “v_0”로 수평면 위를 움직였다. 영희가 상자에 작용한 힘의 크기는?
   (1) 상자의 무게와 같다.
   (2) 상자의 무게보다 크다.
   (3) 상자의 운동을 방해하는 모든 힘의 합과 같다.
   (4) 상자의 운동을 방해하는 모든 힘의 합보다 크다.
   (5) 상자의 무게나 상자의 운동을 방해하는 모든 힘의 합 중 어느 한 힘보다는 크다.

26. 25번 문제에서 영희가 같은 수평면 위에서 힘의 크기를 두 배로 하고 수평방향으로 일정하게 상자에 작용한다면, 이 상자의 운동은?
   (1) 25번 문제의 속력 “v_0”의 두 배가 되는 일정한 속력으로 움직인다.
   (2) 25번 문제의 속력 “v_0”보다 큰 일정한 속력으로 움직인다. 그러나 “v_0”의 두 배일 필요는 없다.
   (3) 한 동안은 25번 문제의 속력 “v_0”보다 큰 일정한 속력으로 움직이다가 나중에는 속력이 증가한다.
   (4) 한 동안은 속력이 증가한다가 나중에는 속력이 일정해진다.
   (5) 계속해서 속력은 증가한다.

27. 25번 문제에서 영희가 갑자기 상자에 수평 방향의 힘을 작용하는 것을 멈춘다면 상자는 어떻게 되는가?
   (1) 즉시 멈추게 될 것이다.
   (2) 잠시 동안은 일정한 속력으로 계속 움직이다가 느려지면서 멈출 것이다.

(3) 즉시 느려지기 시작하며 멈출 것이다.
(4) 일정한 속력으로 계속 움직일 것이다.
(5) 잠시 동안 속력이 증가하다가 그 후 느려지면서 멈출 것이다.

28. 그림과 같이 질량이 70kg인 학생 A와 질량이 50kg인 학생 B가 서로 마주보며 동일한 의자에 앉아 있다. 학생 A가 그림과 같이 학생 B인 무릎 위에 맨발을 올려놓고 있다가 갑자기 발을 뻗어서 두 의자들을 모두 움직이게 하였다. 두 사람이 아직 서로 몸이 닿은 채 밀고 있는 상태에 관한 설명으로 옳은 것은?

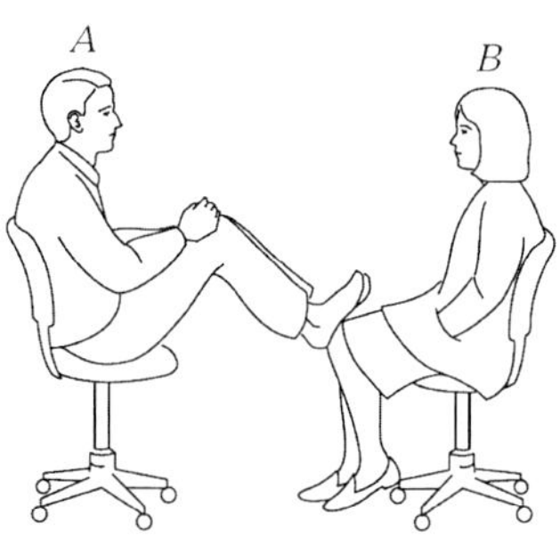

(1) 두 사람 모두 상대에게 힘을 작용하지 않는다.
(2) 학생 A는 B에게 힘을 작용하고 있지만 B는 A에게 힘을 작용하고 않는다.
(3) 두 사람 모두 상대에게 힘을 작용하지만 B가 A에 작용하는 힘이 더 크다.
(4) 두 사람 모두 상대에게 힘을 작용하지만 A가 B에게 작용하는 힘이 더 크다.
(5) 두 사람이 서로에게 같은 크기의 힘을 작용한다.

29. 빈 의자가 수평 바닥 위에 정지한 상태로 놓여 있다.
[보기]에서 의자에 작용하는 힘을 모두 고르면?

[보 기]
가. 아래로 작용하는 중력
나. 바닥으로 인해 작용하는 위방향의 힘
다. 공기로 인해 아래 방향으로 작용하는 알짜 힘

(1) 가
(2) 가, 나
(3) 나, 다
(4) 가, 나, 다
(5) 작용하는 힘은 없다. (의자는 정지해 있기 때문에 의자에 작용하는 힘은 없다.)

30. 강풍에도 불구하고 테니스 선수가 라켓으로 테니스공을 타격하여 공이 네트를 넘어 상대편 코트로 넘어가게 하였다.

[보 기]
가. 아래로 작용하는 중력
나. 타격에 의한 힘
다. 공기로 인해 작용하는 힘

테니스공이 라켓을 떠난 후 땅에 닿기 전까지 테니스공에 작용하는 힘을 [보기]에서 모두 고르면?

(1) 가
(2) 가, 나
(3) 가, 다
(4) 나, 다
(5) 가, 나, 다

힘 개념 검사지 정답

1. 3	11. 4	21. 5
2. 1	12. 2	22. 2
3. 3	13. 4	23. 2
4. 5	14. 4	24. 1
5. 2	15. 1	25. 3
6. 2	16. 1	26. 5
7. 2	17. 2	27. 3
8. 2	18. 2	28. 5
9. 5	19. 5	29. 2
10. 1	20. 4	30. 3

제 8 장 역학 기본 검사지 (MECHANICS BASELINE TEST)

다음 페이지부터 Hestenes와 Wells[1)]가 개발한 역학 기본 검사지를 제시한다. FCI 검사지와 다르게, 정량적인 계산을 요구한다. 전국적으로, 평균 점수는 30%에서 75%이다. - FCI 사후 점수 평균보다 일반적으로 약 15% 낮게 나온다.

이 검사는 학기가 끝날 무렵에 할 수 있다. 많은 교사들은 기말 시험의 일부분으로 사용한다. 나는 기말 시험 한 주 전에 이 시험을 보는 것을 선호한다. 이 검사를 할 때 나는 학생들에게 과제 점수를 부여하듯이 할 것이고, 다가올 기말 시험을 대비하여 그들의 지식을 점검할 가장 좋은 방법이라고 다시 한 번 말한다.

이 검사지는 파일로 저장하여 보관하다가 필요시 학생들에게 빔프로젝트 등을 통하여 보여 주면서 검사를 실시한다. 진단 평가 도구로서 비밀이 보장된 상태에서, 이 검사지를 프린트 하여 복사한 상태로 사용할 수 있다. 이 검사지는 많은 기관에서 사용하고 있기 때문에, 학생들에게 정답이나 문항들이 유출되는 것을 막는 것이 중요하다. 저자는 "역학 기본 검사지"의 이름으로 이 검사지를 학생들에게 말하지 말기를 바란다. 그렇게 함으로써 학생들로부터 원본을 보존하여 갈 수 있다. 학생들에게는 "진단평가"라는 용어를 사용하기를 권장한다. 또한 이 검사지 점수에 대해 너무 많은 가중치를 두지 말아야 유용하다. 너무 비중을 크게 하면 이 검사지는 유통될 수 있거나 편집될 수 있다. 문제들에 대한 정답은 77쪽에 있다.

---

1) David Hestenes and Malcolm Wells, "A Mechanics Baseline Test," Phys. Teach., 30(3), (1992), 159-166

역학 기본 검사지

※ (1~2) 처음 두 개의 질문에 답을 할 때 아래 그림을 참고하여라.

그림은 수평면 위에서 움직이는 물체의 다중섬광사진이다. 그림의 점들은 같은 시간간격으로 찍은 것이다. 첫 번째 점은 물체가 움직이기 시작할 때이고, 마지막 점은 정지했을 때이다. 물체의 운동방향은 화살표방향이다.

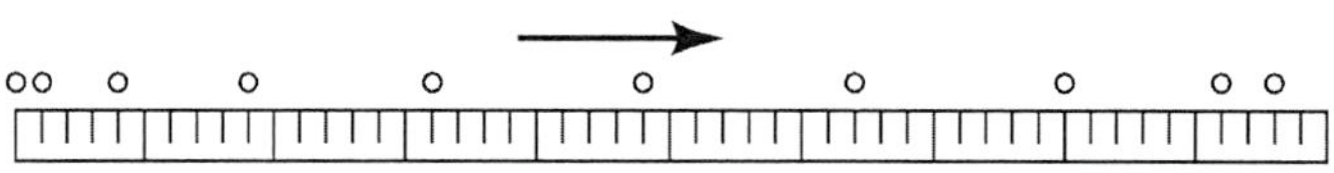

1. 아래 그래프 1-5에서 시간에 따른 물체의 속도를 가장 잘 나타낸 것은?

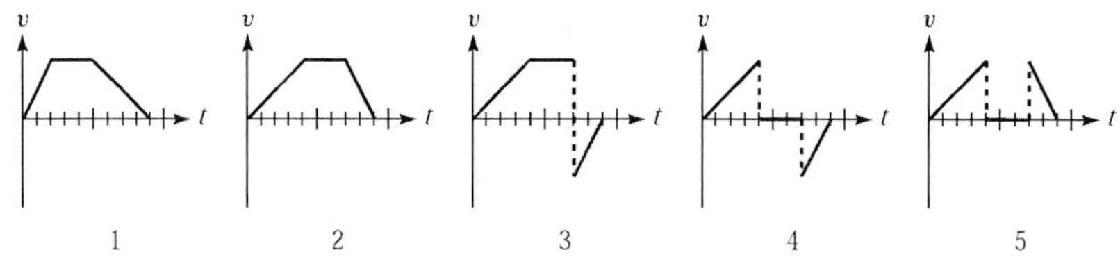

2. 아래 그래프 1-5에서 시간에 따른 물체의 가속도를 가장 잘 나타낸 것은?

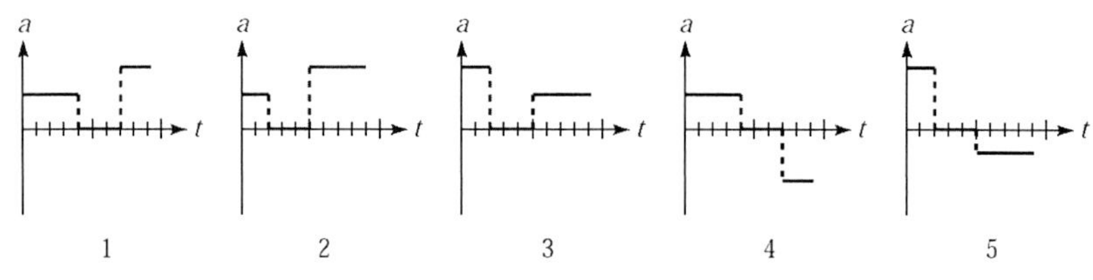

3. 그래프는 시간에 따른 속도를 나타낸 것이다.

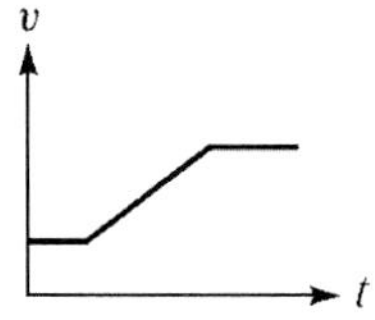

그래프 1-5에서 이 물체의 알짜 시간에 따른 힘을 가장 잘 나타내는 것은?

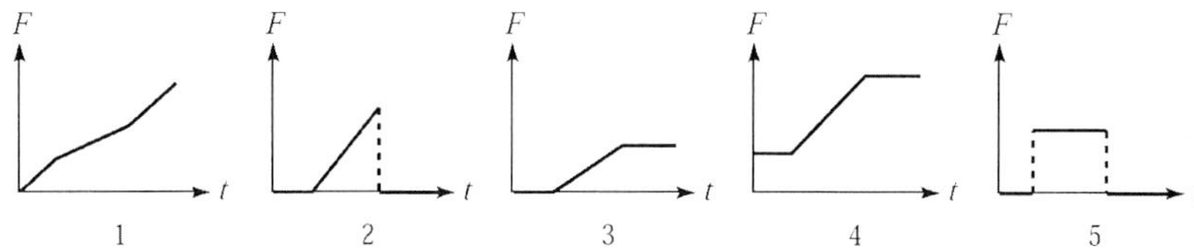

※ (4~6) 다음 세 가지 질문에 답을 할 때 다음 그림을 참고하여라.

그림은 마찰이 없는 경사로를 따라 상자가 내려오는 것을 나타낸 것이다. 문제를 풀 때 8개의 화살표의 방향 중 선택할 수 있도록 그려져 있다.

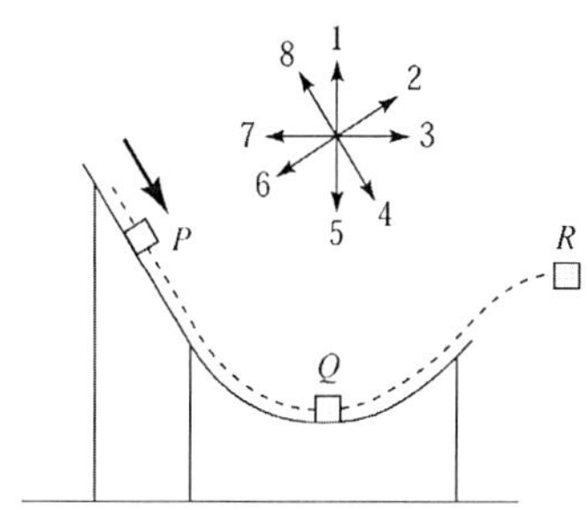

4. P 점에서 상자의 가속도 방향으로 가장 적절한 것은?
   1. 화살표 1
   2. 화살표 2
   3. 화살표 4
   4. 화살표 5
   5. 이 화살표들 중에 해당되는 것은 없고, 가속도는 0이다.

5. Q 점에서 상자의 가속도의 방향으로 가장 적절한 것은?
   1. 화살표 1
   2. 화살표 3
   3. 화살표 5
   4. 화살표 7
   5. 이 화살표들 중에 해당되는 것은 없고, 가속도는 0이다.

6. 경사로를 떠난 후 R 점에서 상자의 가속도 방향으로 가장 적절한 것은?
   1. 화살표 2
   2. 화살표 3
   3. 화살표 5
   4. 화살표 6
   5. 이 화살표들 중에 해당되는 것은 없고, 가속도는 0이다.

7. 힘 F를 주어 상자를 거친 수평면을 따라 일정한 속도로 움직이게 하였다. 아래 그림에 있는 화살표는 방향들을 나타내지만, 상자에 작용하는 다양한 힘의 크기를 나타내는 것은 아니다. W, k, N, F의 힘의 크기 사이의 관계로 옳은 것은?

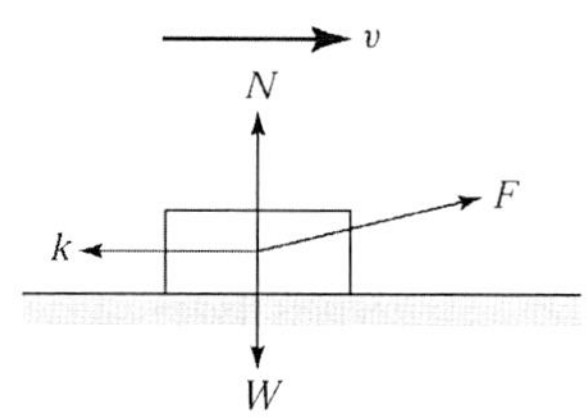

   1. $F = k$, $N = W$
   2. $F = k$, $N > W$
   3. $F > k$, $N < W$
   4. $F < k$, $N = W$
   5. 이 중에서 답이 없다.

8. 그림과 같이 원형의 회전판에 작은 금속 원통이 올려져 있고, 일정한 속도로 회전하고 있다. 그림에 표시된 원통에 작용하는 속도, 가속도, 알짜힘의 벡터를 나타낸 것으로 가장 적절한 것은?

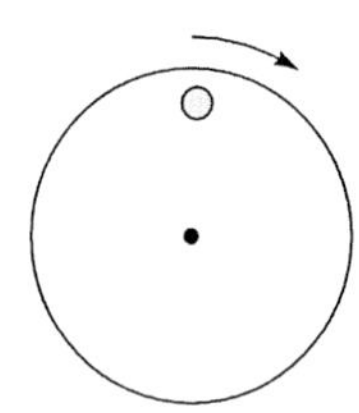

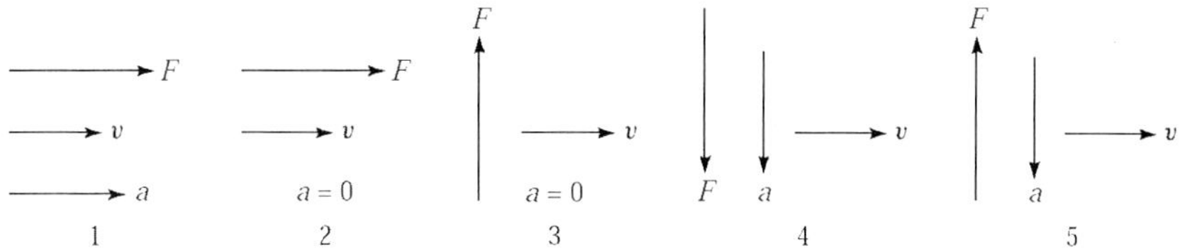

9. 8번 문제에서 금속 원통의 질량이 0.10kg이고, 원통과 표면 사이의 정지 마찰 계수가 0.12라고 가정하자. 만약 원통이 회전판의 중심으로부터 0.20m에 있다면, 원통이 회전판에서 미끄러지지 않고 회전운동을 할 수 있는 원통의 최대 속도 v로 가능한 값은?

1. $0 < v \leq 0.5\,\mathrm{m/s}$
2. $0.5 < v \leq 1.0\,\mathrm{m/s}$
3. $1.0 < v \leq 1.5\,\mathrm{m/s}$
4. $1.5 < v \leq 2.0\,\mathrm{m/s}$
5. $2.0 < v \leq 2.5\,\mathrm{m/s}$

10. 어린 소녀가 아래 그림처럼 마찰이 없는 미끄럼틀 중에서 가능한 가장 큰 속도로 바닥에 도착하기를 원한다.

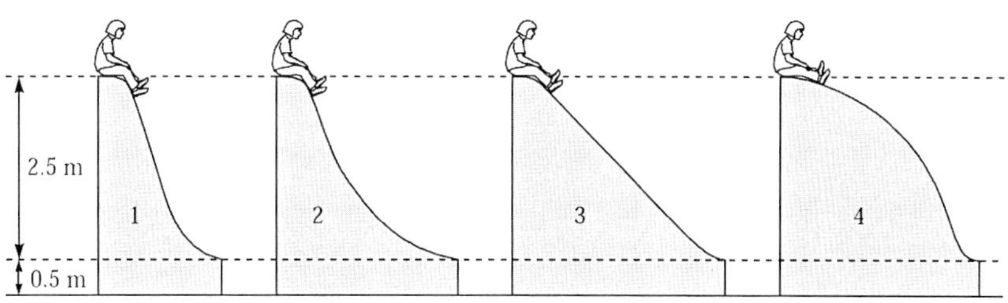

소녀는 위의 그림 중 어느 미끄럼틀을 선택해야 하는가?

1. 미끄럼틀 1
2. 미끄럼틀 2
3. 미끄럼틀 3
4. 미끄럼틀 4
5. 상관이 없이, 소녀의 속도는 모든 미끄럼틀에서 같다.

※ (11~12) 다음 문제에 답할 때 아래 그림을 참고 하여라.

50kg의 소년이 아래 그림처럼 그네를 타고 있을 때, P와 R은 가장 높은 지점이고 Q는 가장 낮은 지점이다.

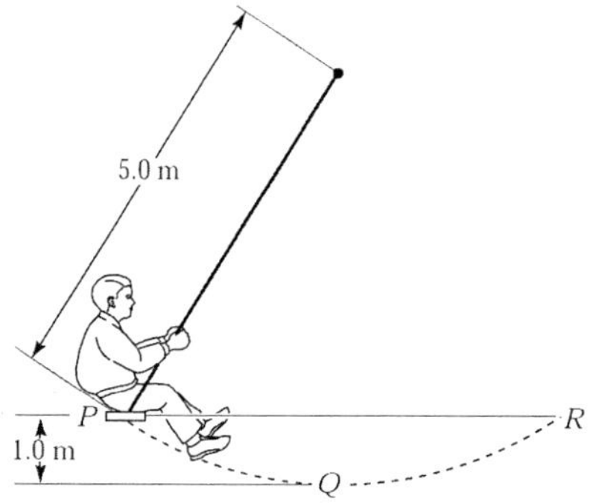

11. Q점에서 소년의 속도의 크기는?
    1. 2.5m/s
    2. 7.5m/s
    3. 10.0m/s
    4. 12.5m/s
    5. 위의 답 중에는 없다.

12. Q점에서 줄에 작용하는 장력의 크기는?
    1. 250N
    2. 525N
    3. 7×10^2N
    4. 1.1×10^3N
    5. 위의 답 중에는 없다.

※ (13~14) 다음 두 문제에 답할 때 아래 그림을 참고 하여라.

엘리베이터의 천장에 각각 질량이 1.0kg인 물체 A, B를 줄 1과 줄 2로 매달았다.

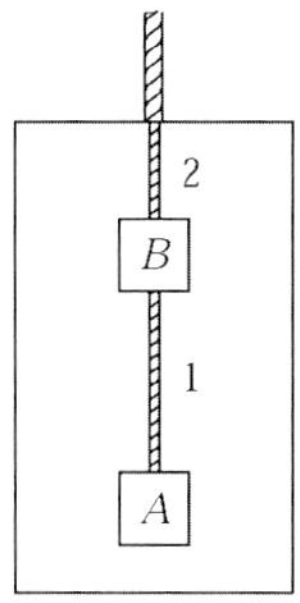

13. 엘리베이터가 2.0m/s의 일정한 속도로 위로 올라갈 때, 줄 1이 물체 A 에 작용하는 힘의 크기는?

1. 2N
2. 10N
3. 12N
4. 20N
5. 22N

14. 엘리베이터가 정지해있을 때, 줄 1이 물체 B 에 작용하는 힘의 크기는?

1. 2N
2. 10N
3. 12N
4. 20N
5. 22N

※ (15~16) 다음 두 문제에 답할 때 아래 그림을 참고 하여라.

아래 그림은 충돌한 두 개의 쇠 공 A, B의 경로를 나타낸다.

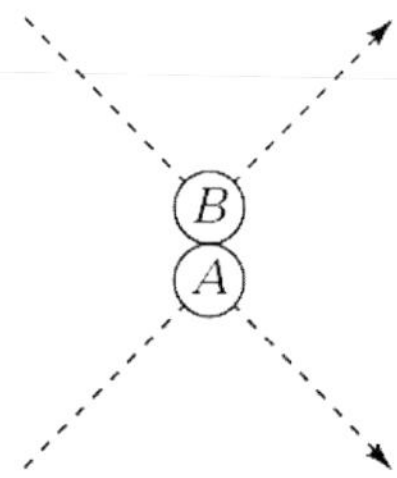

15. 각 공의 운동량 변화 방향을 화살표로 나타낼 때 가장 잘 표현한 것은?

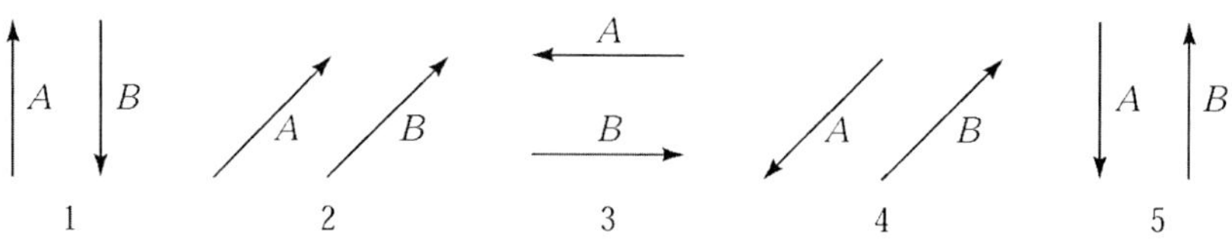

16. 충돌하는 동안 공 A가 공 B에 작용하는 충격량을 화살표로 나타낼 때 가장 잘 표현한 것은?

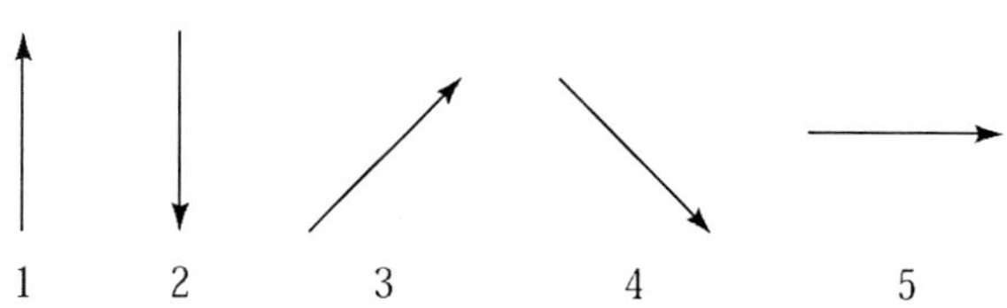

17. 차가 3.0m/s^2의 최대 가속도를 가진다. 질량이 2배인 차를 끌고 갈 때 이 차의 최대 가속도의 크기는?

1. 2.5m/s^2
2. 2.0m/s^2
3. 1.5m/s^2
4. 1.0m/s^2
5. 0.5m/s^2

18. 6.0×10^2N 무게인 여자가 1층에서 6층까지 엘리베이터를 타고 가고 있다. 엘리베이터가 6층에 도착했을 때, 위 방향의 속도가 3초 동안 8.0m/s에서 2.0m/s 로 감소한다. 이 3초 동안 엘리베이터 바닥이 여자에게 작용하는 평균 힘은 얼마인가?

1. 120N
2. 480N
3. 600N
4. 720N
5. 1200N

19. 그림은 하키 퍽이 마찰이 없는 수평면에서 점선 방향으로 움직이고 있음을 보여준다. 그림처럼 퍽에 일정한 힘 F를 가했다. 점선 방향으로 퍽에 알짜 힘을 가하려면, 1-5의 화살표방향 중 어느 방향으로 힘을 더 가해야 하는가?

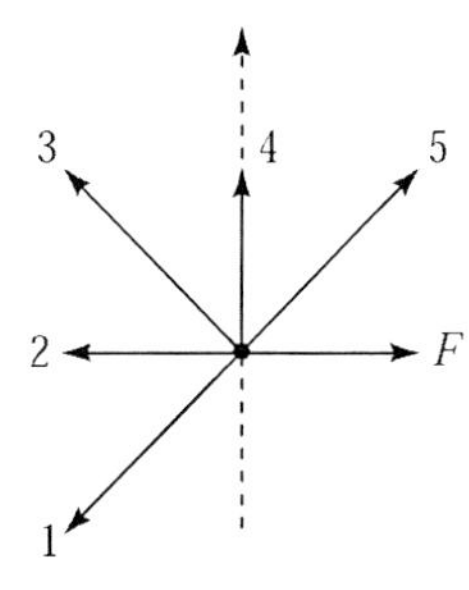

※ (20~22) 다음 세 문제에 답할 때 아래 그림을 참고 하여라.

그림은 마찰이 없는 테이블 위에 놓인 두 개의 퍽을 나타낸 것이다. 퍽 B의 질량을 퍽 A의 4배이다. 정지한 두 개의 퍽을 동일한 힘으로 테이블을 따라 밀어서 움직이게 하였다.

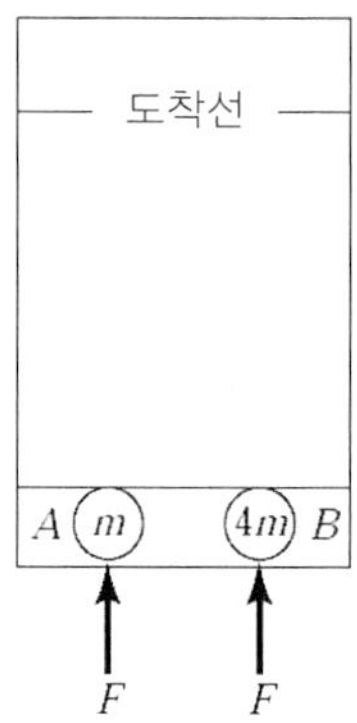

20. 도착선에 도달했을 때 어느 퍽이 더 큰 운동에너지를 가지는가?
    1. 퍽 A
    2. 퍽 B
    3. 크기가 같다.
    4. 대답하기에는 정보가 부족하다.

21. 도착선에 어느 퍽이 먼저 도달하는가?
    1. 퍽 A
    2. 퍽 B
    3. 같은 시간이 걸린다.
    4. 대답하기에는 정보가 부족하다.

22. 도착선에 도달할 때 어느 퍽이 더 큰 운동량을 가지는가?
    1. 퍽 A
    2. 퍽 B
    3. 크기가 같다.
    4. 대답하기에는 정보가 부족하다.

※ (23~25) 다음 세 문제에 답할 때 아래 그림을 참고 하여라.

그래프는 직선상에서 움직이는 물체의 속도를 시간에 따라 나타낸 것이다.

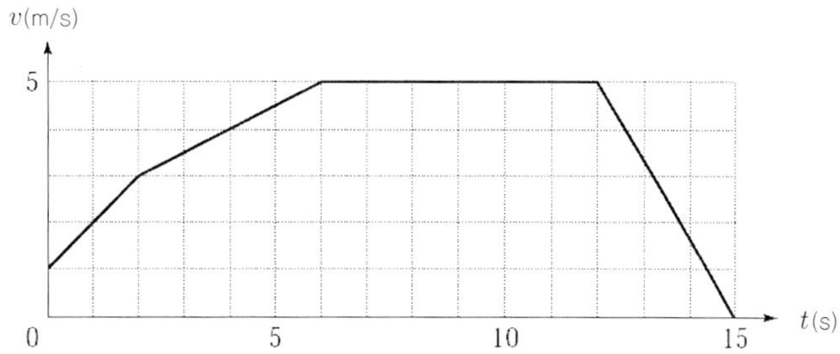

23. t=0s에서 t=6.0s 사이에 물체의 평균 가속도는 얼마인가?
   1. 3.0m/s^2
   2. 1.5m/s^2
   3. 0.83m/s^2
   4. 0.67m/s^2
   5. 위에 답 중 해당되는 것이 없다.

24. t=0s에서 t=6.0s 사이에 물체가 이동한 거리는 얼마인가?
   1. 20.0m
   2. 8.0m
   3. 6.0m
   4. 1.5m
   5. 위에 답 중 해당되는 것이 없다.

25. 처음 6.0s 동안 물체의 평균 속도는 얼마인가?
   1. 3.3m/s
   2. 3.0m/s
   3. 1.8m/s
   4. 1.3m/s
   5. 위에 답 중 해당되는 것이 없다.

26. 아래 그림은 용수철이 작은 공을 위를 향해 직선으로 쏘아 올렸을 때 다중섬광사진을 표현한 것이다. 꼭대기에 공이 올려져 있는 용수철을 처음에 P 지점 만큼 압축시켰다가 다시 놓는다. 공은 Q 지점에서 용수철은 떠나, 최고높이인 R 지점에 도달한다.

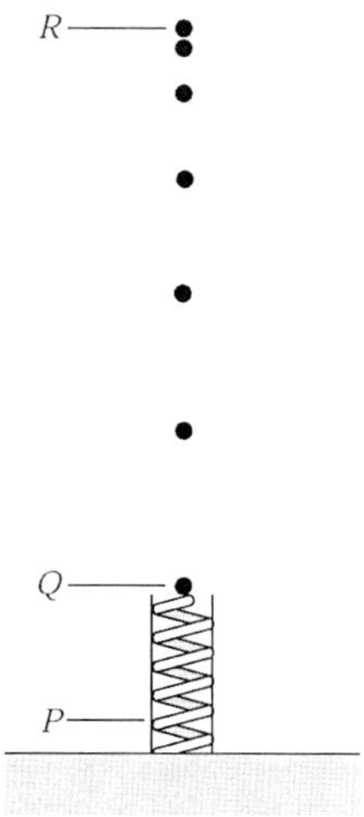

공기저항을 무시한다고 가정하자: 공기저항을 무시하였을 때 옳은 설명은?

1. 공의 가속도는 Q 지점에 도달하기 전에 가장 크다. (여전히 용수철에 접촉해있다.)
2. 공의 가속도는 Q 지점에서 R 지점까지 갈 때 감속하고 있다.
3. 공의 가속도는 R 지점에서 0이다.
4. 위의 모든 답이 정답이다.
5. 공의 가속도는 Q 지점에서 R 지점까지 궤도의 모든 지점에서 같다.

역학 기본 검사지 정답

1. 2
2. 4
3. 5
4. 3
5. 1
6. 3
7. 3
8. 4
9. 1
10. 5
11. 5
12. 3
13. 2
14. 2
15. 5
16. 1
17. 4
18. 2
19. 3
20. 3
21. 1
22. 2
23. 4
24. 1
25. 1
26. 5

설문 결과

이 장에서는 24-25쪽에 있는 설문지에 대해 학생들이 작성한 글을 논의하고자 한다. 이 응답은 매년 조금씩 다르지만 매우 전형적이다. 나는 보통 두 번째 강의에서 결과를 발표하고, 몇 분 동안 그에 대해 논의를 하고, 특별히 강의와 교과서의 역할을 강조한다.

입문 과정 설문 결과

1. 당신은 이 강의에서 무엇을 배우기를 바라나요?

나는 내가 가르치기 위해 계획한 것을 많은 사람이 정확하게 파악하고 있는 것을 알게 되어 매우 흥분되어있다. 그러나 그 밖에 다른 것을 배우고자 하는 이들을 위해서 나의 목표를 분명하게 하고자 한다. 나는 물리의 근본적인 법칙(확실하게 말하면, 운동학, 보존법칙, 역학, 유체, 파동과 광학)을 가르칠 계획이다. 아울러 이 과정을 통하여

1. 물리란 무엇인지를 가르칠 것이고
2. 분석적으로 생각하는 기술을 향상시키기 위한 기회를 제공할 것이며
3. 당신의 호기심과 세계에 대한 흥미를 불러일으키고, 질문을 유발하고, 기존의 습관적인 생각들에 이의를 제기할 수 있게 할 것이다.

나는 물리에 관한 주제가 너무 많기 때문에 모든 내용을 다룰 시간이 없다. 따라서 앞으로 공부를 할 때 부딪히는 주제들을 이해할 수 있게 하는 기술을 여러분들에게 줄 수 있기를 바란다.

2. 여러분은 새롭게 배운 지식으로 무엇 하기를 바라나요?

이 질문에 많은 흥미로운 답이 있었다. 많은 사람들이 그들이 관심 있어 하는 분야에서 이 수업으로 얻은 지식과 기술을 사용하기를 바란다고 대답한 것

에 나는 매우 기쁘다. 이것이 정확하게 수업을 통해서 내가 이루고자 하는 것이다. 나는 내가 수업한 내용이 시험을 넘어서 여러분에게 유용했기를 바란다. 나는 단지 친숙한 문제뿐 아니라 비전형적인 새로운 문제나 질문과 씨름할 수 있는 좋은 비평가나 분석적 사고자가 되기를 바란다. 방정식에 숫자를 넣는 것이 아니라 새로운 모델이나 이론으로 발전시키거나, 수준 높은 가정을 만들고, 이 모델과 가정들을 사용하여 과학과 기술에서 새로운 지평을 열 수 있기를 바란다.

3. 당신은 당신을 위해서 강의가 무엇을 해주기를 기대하나요?

이 질문에 대해 매우 생각해 볼만한 대답들이 있었지만, 나는 많은 학생들이 강의에 관해 잘못된 생각을 하고 있음을 알게 되었다. 내가 알게 된 강의에 대한 가장 심각한 오해는 '강의는 기본적인 개념을 제시하고 설명해 줄 것이고, 교재는 강의에서 제시된 생각을 명백하게 해 준다'는 것이다. 이러한 일은 강의에서 결코 일어나지 않는다. 여러분은 수업에 들어오기 전에 관련된 내용을 읽어야한다. 교과서는 기본적인 전문용어와 정의에 대해 설명이 나와 있는데 이 내용들을 읽을 때 질문거리들이 생기거나 때로 당신을 조금 혼란에 빠뜨릴 것이다("이상하다고 생각하는 것은 이해하기 시작한 것이다"). 강의는 당신의 생각에 대해 이의를 제기할 수 있도록 하는 것에 목표를 두고 있으며, 그렇게 함으로써 당신이 읽어온 개념을 점검하도록 도와주고 더 나아가, 이 개념에 대해 이해가 더 깊어지고 당신을 자극할 것이고 격려할 것이고 당신의 생각이 "딱 맞아떨어지는지"를 보여줄 것이다. 교과서는 더 많은 참고가 될 것이다. 게다가 질문이나 문제의 자원이 될 것이다.

당신들 중 일부는 강의에서 문제풀이(problem-solving) 연습 하기를 기대할 것이지만, 문제풀이는 이 수업에서 주된 초점이 아니다. 당신이 상황을 이해하기를 바라는 것이지, 계산식에 넣는 방법(plug and chug)을 알 수 있게 하려는 것이 아니다. 이러한 과정은 점수에 명백하게 반영할 것이다. 강의계획서의 뒷면에 시험에 대해서 살펴보아라. 시험을 볼 때 마다 절반 정도는 당신이 전에 본 적이 있는 전통적이고 양적인 질문이 아니다. 이러한 많은 문항들에 대한 답은 하나의 방정식을 이용하여 풀 수 없을 것이다. 교과서 각 장의 끝에 있는 문항들과 별도의 숙제들을 통하여 전통적인 문제풀이 기술을 향상시키기에 충분한 기회가 될 것이라는 것을 확신해도 된다. 강의는 당신의 사고를 활성화시키고, 더 나아가 당신의 기본적인 이해를 발전시키는데 도움이 될 것이다. 나는 개념을 잘 이해한다면 문제 푸는 능력을 향상시키지만,

반면에 역은 반드시 성립하지는 않는다고 생각한다.

아래 표는 이 설문에 대하여 학생들의 답변들 중 강의 목적에 부합하는 것과 아닌 것으로 분류한 것이다.

강의 목적인 것	강의 목적이 아닌 것
용기를 북돋아주는/관심을 불러일으키는 것	알기를 원하는 모든 주제를 다룰 것
교과서 내용을 명백하게 하라	문제 풀이 연습
혼란을 주는 주제를 설명하라	구체적으로 물리 개념을 설명할 것
비판적인 생각을 하게 하라	
많이 생각하게 하라	
개념에 관한 더 깊은 흥미를 유발하여라	

4. 교재가 당신을 위해 무엇을 해주기를 기대하나요?

다음 대답은 교과서와 강의에 대한 나의 생각을 가장 잘 보여준다. : "교과서는 기본적인 내용을 다루는 것이고, 논의하게 될 주제들을 구체화하는 역할을 하는데 반하여, 강의는 이 내용을 통하여 시험이나 이 교재에 나오지 않는 어떤 문제를 총명하게 검토할 수 있을 방법을 다룰 것이다."

아래 표는 이 설문에 대하여 학생들의 답변들 중 교과서의 목적인 것과 아닌 것으로 분류한 것이다.

교과서의 목적인 것	교과서의 목적 아닌 것
강의의 배경지식을 제공한다.	강의 내용을 명백하게 한다.
상세한 설명을 위한 자원이다.	
참고와 학습 가이드를 제공한다.	
연습 문제를 제공한다.	
문제 풀이를 가르친다.	

5. 이 수업에서 당신이 필요한 것을 모두 배우는데 매주 얼마나 많은 시간이 걸리나요?

강의와 연습문제풀이 시간을 포함하면, 학생들은 주 당 10-15 시간 범위의 시간이 걸린다고 대답하였다. 이 보다 시간을 적게 투자하면, 좋은 성적을 올릴 수 있는 가능성이 감소할 것이다.

제 10 장 읽기 퀴즈

3장에서 언급한 것처럼, 나는 학생들이 그들의 독서 과제를 수행했는지를 보기 위해서 적시 교수법(Just-in-Time)을 사용할 것을 현재 강하게 장려하고 있다. 만약 당신이 그렇게 준비할 수 없는 상황이라면, 이 장에서 제시한 주제별로 개발된, 쉬운 입문 물리 과정의 읽기 퀴즈를 사용하기를 바란다. 문항에서 깊이 있는 이해 정도를 물어보는 것이 아니라 대부분 정의에 대한 지식을 묻고 있음을 주목하라. 정답은 118페이지에 있다.

운동학

1. 입자의 운동에서 위치 – 시간, 그래프에서 곡선의 기울기는?
   1. 입자의 속도
   2. 입자의 가속도
   3. 입자의 평균 속도
   4. 입자의 순간 속도
   5. 독서 과제로 알 수 없다.

2. 어떤 순간에 물체의 순간 속도와 순간 가속도가 반대 방향의 부호가 되는 것이 가능한가?
   1. 가능하다.
   2. 가능하지 않다.
   3. 더 많은 정보가 필요하다.

3. 공기저항이 없다면, 일정한 속도로 직선으로 날아가는 비행기로부터 떨어뜨린 물체는?
   1. 비행기 뒤로 빠르게 떨어진다.
   2. 비행기 아래 수직으로 떨어진다.
   3. 비행기 앞으로 떨어진다.
   4. 독서 과제로 알 수 없다.

4. 타워의 꼭대기로부터 공이 떨어진다. 떨어뜨린 후, 공의 아래 방향의 가속도는? (g : 중력가속도이다.)
   1. g보다 더 크다.
   2. 정확히 g와 같다.
   3. g보다 작다.
   4. 독서 과제로 알 수 없다.

뉴턴의 법칙

1. 다음 법칙 중 뉴턴의 법칙의 하나가 아닌 것은?
   1. 작용과 반작용
   2. $F = ma$
   3. 모든 물체는 동일한 가속도로 떨어진다.
   4. 정지한 물체는 정지한 상태로 있다.

2. 관성의 법칙은?
   1. 독서 과제로 알 수 없다.
   2. 그들의 운동 상태를 유지하기 위한 물체의 경향성을 표현한 것
   3. 뉴턴의 제 3법칙

3. 충격량은?
   1. 독서과제로 알 수 없다.
   2. 또 다른 이름의 힘
   3. 또 다른 이름의 가속도

힘

1. 정지 마찰력은?
   1. 운동 마찰력보다 더 크다.
   2. 운동 마찰력과 같다.
   3. 운동 마찰력보다 더 작다.
   4. 독서 과제로 알 수 없다.

2. 달에 있는 우주 비행사는 더 높은 곳으로 뛸 수 있다. 이유는?
   1. 지구보다 그들의 무게가 더 적게 나가기 때문이다.
   2. 지구보다 그들의 질량은 더 적게 나가기 때문이다.
   3. 달에는 대기가 없기 때문이다.

3. 몸에 작용하는 수직항력은 무게와 항상 같은가?
   1. 그렇다.
   2. 아니다.
   3. 독서 과제로 알 수 없다.

일

1. 여자는 고정된 위치에서 볼링공을 들었다. 그녀가 공에 한 일은?
   1. 공의 무게와 관계있다.
   2. 더 많은 정보 없이 계산할 수 없다.
   3. 0과 같다.

2. 남자가 매우 무거운 짐을 수평바닥으로 밀었다. 중력에 대해 짐에 한 일은?
   1. 짐의 무게와 관계있다.
   2. 더 많은 정보 없이 계산할 수 없다.
   3. 0과 같다.

3. 입자에 양의 일을 해주었을 때, 그 입자의 운동에너지는?
   1. 증가한다.
   2. 감소한다.
   3. 같다.
   4. 일을 한 방법에 대한 정보가 더 필요하다.

4. 두 개의 당구 공 사이의 충돌에서
   1. 완전 탄성 충돌이 아니라면 에너지는 보존되지 않는다.
   2. 비탄성 충돌이라면 운동량은 보존되지 않는다.
   3. 독서 과제로 알 수 없다.

보존력

1. 지구의 표면 위에 높이 z에서 입자의 중력 포텐셜 에너지는?
   1. 높이 z에 관계있다.
   2. z로 입자를 가져오기 위해 가져온 경로에 관계있다.
   3. 1번과 2번 둘 다
   4. 독서 과제로 알 수 없다.

2. 다음 중 보존력이 아닌 것은?
   1. 1차원에서 스프링에 의해 입자에 작용하는 힘
   2. 마찰에 의한 힘
   3. 중력에 의한 힘
   4. 독서 과제로 알 수 없다.

3. 다음 중 독서 과제에서 논의되지 않은 주제는?
   1. 역학적 에너지 보존
   2. 도르래 장치
   3. 일률
   4. 위에는 답이 없다.

포텐셜 에너지

1. 포텐셜 에너지 작용이 힘에 대응된다고 가정해라. 힘을 측정하는 것이 항상 가능한가?
   1. 가능하다.
   2. 만약 힘이 비보존력이라면 가능하다.
   3. 독서 과제로 알 수 없다.

2. 스프링에 의한 포텐셜 에너지는?
   1. 스프링을 늘어난 거리에 비례한다.
   2. 스프링을 늘어난 거리의 제곱에 비례한다.
   3. 독서 과제로 알 수 없다.

3. 차가 공기 저항력으로 느려진다. 어느 것이 사실인가?
   1. 차의 운동에너지가 감소한다.
   2. 열이 발생한다.
   3. 차, 길, 공기 계 전체의 에너지가 일정하다.
   4. 위의 답 모두
   5. 위에 답이 없다.

중력

1. 어느 것이 사실인가? 두 입자 사이에 작용하는 중력은?
   1. 두 물체 사이에 물체가 있다면 방해를 받을 수 있다.
   2. 입자 사이에 거리에 반비례한다.
   3. 중첩의 법칙을 따른다.
   4. 입자 사이 거리와 관계없다.

2. 중력 상수 G는?
   1. 지구 표면에서의 g와 같다.
   2. 지구와 달에서 다르다.
   3. 질량이 서로 다른 물체를 떨어뜨렸을 때 속도를 측정해서 얻을 수 있다.
   4. 위에는 답이 없다.

3. 어느 것이 케플러의 법칙인가?
   1. 지구와 태양사이의 인력에 의해 구심방향의 가속도가 생겨 지구가 공전한다.
   2. 중력 질량과 관성질량이 같다.
   3. 행성과 태양을 연결한 직선은 같은 시간에 같은 면적을 지나간다.

운동량

1. 계의 전체 운동량 보존은 어느 것이 사실인가?
   1. 역학적 에너지가 보존될 때에만 성립한다.
   2. 어떤 계든 성립한다.
   3. 뉴턴의 2법칙을 따른다.
   4. 뉴턴의 3법칙과 동일하다.

2. 어떤 모양을 가진 강체의 질량 중심은?
   1. 항상 물체 안쪽에 있다.
   2. 물체 밖에 있을 수 있다.
   3. 물체의 운동에 따라 다르다.
   4. 물체의 기준틀(좌표계)에 따라 다르다.

3. 질량 중심(CM)과 운동 에너지를 비교할 때, 계의 전체 운동에너지는?
   1. 질량 중심의 운동에너지보다 항상 작다.
   2. 질량 중심의 운동에너지와 항상 같다.
   3. 질량 중심의 운동에너지와 같거나 더 크다.
   4. 특정한 계에 따라 다르다.

4. 로켓이 가스를 방출하면서 높은 속력으로 나아가게 한다. 앞으로 나가는 운동은?
   1. 에너지 보존의 결과이다.
   2. 운동량 보존의 결과이다.
   3. 위의 둘 다 해당된다.
   4. 위의 둘 다 아니다.

충돌

1. 힘에 의해 물체에 전달되는 충격량은?
   1. 단지 짧은 시간 동안의 상호작용으로 정의된다.
   2. 물체의 운동량의 변화와 같다.
   3. F와 x그래프의 아래 면적과 같다.
   4. 단지 탄성충돌로 정의된다.

2. 탄성충돌에서
   1. 에너지는 보존된다.
   2. 운동량은 보존된다.
   3. 상대 속도의 크기는 보존된다.
   4. 위의 모든 것이 보존된다.

3. 비탄성충돌에서
   1. 에너지와 운동량 모두 보존된다.
   2. 에너지는 보존된다.
   3. 운동량은 보존된다.
   4. 아무것도 보존되지 않는다.

4. 2차원 탄성 충돌에서, 보존의 법칙은?
   1. 우리가 마지막 운동을 알 수 있게 해준다.
   2. 가능한 마지막 운동을 제한한다.
   3. 마지막 운동에 대해 아무것도 알려주지 않는다.
   4. 독서 과제로 알 수 없다.

회전운동학 I

1. 물체가 세로축 90°에 대해 회전한 후 수평축 180°에 대해 회전했다. 만약 우리가 반대 순서로 회전을 수행하는 경우 물체의 방향은?
   1. 전과 같을 것이다.
   2. 전과 다를 것이다.
   3. 물체의 형태(모양)에 따라 달라진다.
   4. 위 지시문으로 알 수 없다.

2. 원반이 그것의 중심을 통과하는 수직축을 기준으로 일정한 비율로 회전하고 있다. 회전 중심축으로부터 점 Q는 점 P보다 2배 멀리 떨어져 있다. 주어진 시간의 Q의 각속도는?
   1. P의 두 배 크다.
   2. P와 같다.
   3. P의 절반 크기이다.
   4. 위의 어느 것도 아니다.

3. 원반은 중심을 통과하는 수직축에 대해 일정한 속도로 반시계방향으로 회전할 때, 테두리의 한 지점의 접선가속도는?
   1. 양
   2. 0
   3. 음
   4. 더 많은 정보 없이 결정하는 것은 불가능하다.

회전운동학 II

1. 강체의 회전관성은?
   1. 회전 운동의 변화에 저항을 측정하는 것이다.
   2. 회전축의 위치에 따라 달라진다.
   3. 물체질량의 대부분이 회전축으로부터 멀리 떨어져 있다면 크다
   4. 위의 모든 것이다.
   5. 위의 모두 아니다.

2. 입자의 각운동량은?
   1. 좌표의 특정한 원점과 관계없다.
   2. 그것의 위치와 운동량 벡터가 평행일 때 0이다.
   3. 그것의 위치와 운동량 벡터가 수직일 때 0이다.
   4. 독서 과제로 알 수 없다.

3. 어떤 용어가 오늘의 과제를 읽을 때 소개되지 않았는가?
   1. 회전축
   2. 회전 운동에너지

3. 자이로스코프
4. 관성모멘트

회전 역학 I

1. 힘 F가 물체에 작용할 때, 좌표의 원점과 힘 F의 작용선 사이에 수직 거리를 (   )라 부른다. (모멘트를 일으키는 힘과 모멘트의 중심과의 수직 거리)
   1. 토크
   2. 모멘트의 팔
   3. 각 운동량

2. 회전 하는 물체에 대한 운동방정식은 $\tau = dL/dt$,
   1. 물리학의 새로운 법칙이다.
   2. 뉴턴의 법칙으로부터 유도할 수 있다.
   3. 뉴턴의 법칙이 아닌 다른 것으로부터 유도할 수 있다.

3. 바퀴가 수평 표면을 따라 미끄러지지 않고 구른다. 바퀴의 중심은 이동 속력 v를 가진다. 바퀴의 가장 낮은 점의 총 앞쪽 방향 속도는
   1. $2v$
   2. v
   3. 0
   4. 더 정보가 필요하다.

회전 역학 II

1. 질량중심을 통과하는 고정 축에 대한 강체의 관성모멘트는 I이다. 이 고정축으로부터 평행하게 떨어진 축에서 물체의 관성모멘트는 항상
   1. I보다 작다.
   2. I와 같다.
   3. I보다 크다.
   4. 그것이 더 크거나 더 작은지 축의 선택에 따라 달라진다.

2. 원반이 수평 평면 위에서 미끄러지지 않고 구르고 있다. 원반 중심의 이동 속력이 v이다. 원반의 가장 위쪽 테두리 점의 이동 속력은?
   1. 0
   2. v
   3. $2v$
   4. 더 많은 정보가 필요하다.

3. 아이스 스케이팅 선수가 그녀의 팔을 벌려 수직의 축에 대해 돌고 있다. 그녀가 팔을 몸 중심으로 모아들임에 따라 각속도는?
   1. 증가한다.
   2. 감소한다.
   3. 같은 값을 유지한다.
   4. 더 많은 정보가 필요하다.

진동

1. 단진동에서 한 번의 진동을 반복하는 동안의 시간 간격을 (   )라 부른다.
   1. 진동수
   2. 주기
   3. 진폭
   4. 위상

2. 결합된 질량-용수철 진동자의 주파수는 (   )에 의존한다.
   1. 용수철 상수만의 값
   2. 질량만의 값
   3. 위의 두 가지 모두이다.
   4. 위의 어느 쪽도 아니다.

3. 마찰이 없을 때, 질량-용수철 진동자의 총에너지는?
   1. 일정하다.
   2. 진동의 진폭에 따라 달라진다.
   3. 위의 두 가지 모두이다.
   4. 읽기 과제로 알 수 없다.

4. 강제 진동과 관련이 없는 용어는?
   1. 진동
   2. 외부 구동력
   3. 도플러 효과
   4. 공명

파동

1. 횡파가 줄을 따라 전파된다. 줄의 입자는 (　　)움직인다.
   1. 전파되는 방향에 수직으로
   2. 전파되는 방향에 수평으로
   3. 초기 진동에 따라 달라진다.
   4. 읽기 과제로는 알 수 없다.

2. 줄에서 파동의 속력은 (　　)에 따라 달라진다.
   1. 파동의 진폭
   2. 줄의 재료 특성
   3. 위의 둘 다
   4. 위의 둘 다 아니다.

3. 맥놀이 현상은 두 개의 (　　)인 파동들이 중첩할 때 일어난다.
   1. 약간 다른 진폭과 동일한 진동수
   2. 약간 다른 주파수
   3. 반대의 진폭과 동일한 진동수
   4. 동일한 진폭과 진동수 하지만 서로 다른 위상

4. 배와 마디는 (　　)발생한다.
   1. 치는 동안
   2. 정상파에서
   3. 진행파에서
   4. 종파에서
   5. 위 중의 어느 하나 이상에서
   6. 위 중의 어느 것도 아닌 곳에서

소리

1. 공기 중에서 음파의 특징은?
   1. 종파이다.
   2. 복원력은 공기 압력에 의해 발생한다.
   3. 공기 분자의 밀도는 공간에서 진동한다.
   4. 1 and 2
   5. 1 and 3
   6. 1, 2 and 3

2. 한쪽 끝이 열린 관에서 정상파의 변위는?
   1. 닫힌 끝은 배이고 열린 끝은 마디
   2. 닫힌 끝과 열린 끝 모두 배
   3. 닫힌 끝은 마디이고 열린 끝은 배
   4. 닫힌 끝과 열린 끝 모두 마디

3. 당신은 철도역 플랫폼에 있다. 기차가 기적을 울리며 플랫폼에 접근하고 있다. 기차가 당신을 지나 멀어져갈 때 기적소리의 진동수는?
   1. 증가한다.
   2. 감소한다.
   3. 동일하게 유지된다.
   4. 소리의 진폭에 따라 다르다.

4. 지진파는 음파와 비교하여 어떠한 점에서 다른가?
   1. 지구의 탄성력에 의해 복원력이 생긴다.
   2. 횡파 형태로 전파한다.
   3. 위의 둘 다
   4. 위의 둘 다 아니다.

유체 정역학

1. 다음 중 어느 진술이 옳지 않은가? 비압축성 유체의 안정된 흐름은?
   1. 한 점에서의 흐름 속도는 그 점을 통한 흐름선에 접하는 방향이다.
   2. 유체의 밀도는 흐름선들의 밀도에 비례한다.
   3. 흐름선들은 서로 교차할 수 없다.
   4. 흐름선들의 간격이 넓을수록 흐름속도는 작다.

2. 유체는 (   ) 이다.
   1. 액체
   2. 기체
   3. 흐르는 그 무엇
   4. 형체를 바꾸게 만들 수 있는 무엇

3. 용기속의 담긴 유체에는 표면에 대기압과 지구의 중력이 모두 작용한다. 용기의 아랫부분의 압력은?
   1. 유체 기둥의 높이에 따라 다르다.
   2. 용기의 모양에 따라 다르다.
   3. 대기압과 같다.

4. 잠긴 물체의 부력은 (   ) 와 같은 크기를 갖는다.
   1. 물체의 무게
   2. 물체에 의해 밀려난 유체의 무게
   3. 물체의 무게와 밀려난 유체의 무게 차이
   4. 유체의 평균압력과 물체의 표면적의 곱

유체 역학

1. 연속방정식은 관 속의 유체 흐름의 속도가 단면적에 반비례한다고 말한다.
   1. 비압축성 유체에 대해서만
   2. 수평 파이프에서만
   3. 위의 둘 다
   4. 항상

2. 베르누이 정리는 (   )보존 법칙이다.
   1. 운동량
   2. 에너지
   3. 질량
   4. 흐름선들

3. 베르누이 정리로 설명할 수 없는 상황은?
   1. 아래쪽에 작은 구멍을 가진 탱크로부터 나오는 물의 흐름
   2. 소방 호스 속의 물의 안정된 흐름
   3. 날개 표면 (표면 자체가 아닌) 바로 위쪽 근처의 공기 속도에 의한 안정 압력 분포
   4. 피스톤이 장착된 펌프를 통한 유체 흐름

4. 유체의 흐름 속도가 증가할 때, 압력은 줄어든다. 이 관계를 (   )라 표현한다.
   1. 파스칼의 원리
   2. 연속방정식
   3. 베르누이의 정리
   4. 위에 없음

정전기학 I

1. 전기력에 대한 설명으로 옳지 않은 것은?
   1. 두 대전 입자 사이의 거리의 제곱의 역수로 감소한다.
   2. 전자와 양성자 사이에 전기력이 그들 사이의 중력보다 강하다.
   3. 거리 d만큼 떨어져 있는 두 개의 양성자 사이의 전기력은 같은 거리 d만큼 떨어져 있는 두 전자사이의 전기력보다 크다.
   4. 인력이거나 척력일 수 있다.

2. 내부를 통해 전하가 이동할 수 있는 물질(재료)을 (   )이라 부른다.
   1. 절연체
   2. 도체

3. 축전기
4. 인덕터

3. 두 개의 하전 입자의 전하가 각 각 2배가 되면, 그들 사이의 전기력은
   1. 2배
   2. 4배
   3. 같다
   4. 위 보기에 없음

4. 하전 입자가 갖고 있는 총 전하는 어떠한 작용이 일어나기 전과 후에 같다. 이러한 관계를 (   )라 부른다.
   1. 전하의 양자화
   2. 전하량의 보존
   3. 유도의 법칙
   4. 위 자료로는 알 수 없다.

정전기학 II

1. 다음 중 옳지 않은 설명은?
   1. 전기장은 중첩의 원리를 따른다.
   2. 어느 점에서 전기력선의 접선 방향은 그 지점에서의 전기장의 방향이다.
   3. 전기력선의 밀도는 전기장의 세기에 비례한다.
   4. 전기력선은 음전하에서 나와 양전하에서 끝난다.

2. 균일한 전기장에서 전기 쌍극자는 (   ) 경험한다.
   1. 총 외력만
   2. 단지 토크만
   3. 총 외력과 토크 둘 다
   4. 총 외력과 토크 둘 다 아니다.
   5. 장의 세기에 따라 달라진다.

3. 다음 중 옳은 설명은?
   1. 알짜 전하량 Q인 닫힌 표면을 통과하는 전기력선속은 전하량 Q와 표면적에 의존한다.
   2. 정지해 있는 전하에 대해 쿨롱 법칙과 가우스 법칙은 동일하다.
   3. 1, 2 둘 다
   4. 1도 2 아니다.

4. 다음 중 옳은 설명은? 도체에 전하 분포가 평형상태에 도달했을 때
   1. 도체 내부의 전기장은 0이다.
   2. 모든 전하는 도체의 표면에 분포한다.
   3. 표면에서 전기장은 표면에 대해 수직이다.
   4. 위의 설명 모두
   5. 위의 설명 중 두 가지
   6. 위 설명에 없음

전위 I

1. 전하 q는 원점으로부터 거리 r만큼 떨어진 거리에 놓여있고, 전하 $2q$는 원점으로부터 거리 $2r$ 떨어진 곳에 놓여 있고, 원점에는 전하 Q가 있다. 만약 모두 양전하라면 전위가 더 높은 것은 어느 것인가?
   1. q
   2. $2q$
   3. 두 전하는 같은 전위를 갖는다.

2. 문제 1에서 정전기적 위치에너지가 더 높은 전하는 어느 것인가?
   1. q
   2. $2q$
   3. 두 전하는 위치에너지가 같다.

3. 속이 빈 금속구 표면에 양전하가 균일하게 분포하고 있다. 금속구 표면의 전위가 같다. 다음 중 옳은 설명은?
   1. 전위는 금속구의 중심에서 가장 높다.
   2. 전위는 금속구의 중심에서 가장 낮다.
   3. 전위는 금속구의 표면과 중심에서 같다.

전위 II

1. 전하분포의 전기적 위치에너지는 어느 설명이 옳은 것인가?
   1. 처음에 전하들이 매우 멀리 떨어져 있었다면, 마지막 위치로 전하를 가져오는데 필요한 일의 양과 같다.
   2. 전하에 의해 생성된 전기장의 제곱에 비례한다.
   3. 위의 둘 다
   4. 위의 둘 다 아니다.

2. 점전하를 모으는데 필요한 에너지의 양을 전하의 (   )라 부른다.
   1. 전기 용량
   2. 자기(self) 에너지
   3. 장의 세기
   4. 읽기자료로 충분하지 않다.

3. 두 개의 고립된 금속 구는 각각 표면에 알짜 전하 Q가 균일하게 분포되어 있다. 한 쪽 구는 반경 r이고 다른 구는 반경 R이다. (여기서 $R>r$) 어느 전하 분포가 전기적 에너지가 더 많은가?
   1. 반경 r의 금속구
   2. 반경 R의 금속구
   3. 더 많은 정보가 필요하다.

정전용량

1. 두 개의 동일한 콘덴서를 처음에는 병렬로 그 다음에는 직렬로 연결하였다. 어떤 연결이 더 큰 용량을 가지는가?
   1. 병렬 연결 쌍
   2. 직렬 연결 쌍
   3. 두 연결은 같은 용량을 갖는다.

2. 다음 중 옳은 설명은? 전기장 속에 놓여있는 유전체에서 (   )될 때, 쌍극자 모멘트가 만들어진다.
   1. 유전체를 이루는 물질의 원자 또는 분자가 분극

2. 임의의 방향으로 있던 영구 쌍극자들 재배열
3. 1, 2 모두이다. (재질에 따라 방식은 다를 수 있지만)
4. 위의 모두 아님.

3. 작용하고 있는 주위의 전기장과 비교하여 선형 유전체 내부의 전기장은?
1. 작다
2. 크다
3. 유전체에 따라 달라진다.

4. 외부에서 전원을 연결하여 평행판 축전기에 충전 에너지를 증가시키기 위해서, (   ) 해야 한다.
1. 평행판의 면적을 증가시킨다.
2. 평행판 사이의 간격을 증가시킨다.
3. 평행판 사이에 유전체를 삽입시킨다.
4. 위의 모든 것
5. 위의 두 가지
6. 위의 내용에 없음

옴의 법칙

1. 어느 것이 옳은가? 일정한 단면적의 긴 도선이 전지의 극에 연결되어 있을 때 전기장은?
1. 유도체의 단면에 균일하게 분포한다.
2. 도선의 내부에는 일정한 크기로, 도선과 평행한 방향이다.
3. 위의 둘 다
4. 위의 둘 다 아니다.

2. 어느 것이 옳은가? 옴의 법칙은?
1. 도선에 흐르는 전류는 도선의 저항에 비례한다.
2. 뉴턴의 법칙과 가우스의 법칙처럼 자연의 일반 법칙이다.
3. 어떤 도체 물질의 전기적 특성을 설명한다.
4. 위의 모두
5. 위의 두 가지

3. 읽기 과제에서 정의하지 않은 용어는 어느 것인가?
    1. 유동 속도
    2. 임피던스
    3. 초전도
    4. 고유저항

4. 두 개의 동일한 저항을 처음에는 직렬로 그리고 그 다음은 병렬로 연결하였다. 어느 연결의 총 저항이 더 큰 가?
    1. 직렬 연결
    2. 병렬 연결
    3. 두 연결법은 같은 저항을 갖는다.

직류 회로

1. 어느 것이 옳은가? 전원의 전기적 위치에너지는?
    1. 1C의 양전하가 전원으로부터 받은 전기 에너지의 양은 이 양전하가 전원의 낮은 전위전극에서 높은 전위전극을 통과할 때의 전기 에너지양과 같다.
    2. 전원의 전극을 외부 회로로 연결하였을 때의 전위 변화량과 같다.
    3. 위의 둘 다
    4. 위의 둘 다 아니다

2. 어느 것이 옳은가? 키르히호프의 2법칙은?
    1. 닫힌회로 고리 전체의 전위차와 모든 저항과 회로 요소들 마다의 전위차들 사이의 관계이다.
    2. 전기회로에서 에너지의 보존을 뜻한다.
    3. 회로의 분기점에서 들어오는 전류와 나가는 전류에 관계이다.
    4. 위의 모두
    5. 위의 두 가지
    6. 위에 없음

3. 휘트스톤 브리지는 (   )을 측정하는 데 사용되는 장치이다.
   1. 전류
   2. 퍼텐셜
   3. 저항
   4. 줄 - 열 손실

4. 저항과 처음에 충전되지 않은 축전기가 전원에 직렬로 연결되어 있다. $t=0$일 때, 회로의 전류는?
   1. 전원이 일정하게 공급해주는 기전력 때문에 일정하다.
   2. 시간에 따라 기하 급수적으로 줄어든다.
   3. 시간에 따라 기하 급수적으로 증가한다.
   4. 전자가 축전기의 평행판의 간격 사이를 지나갈 수 없기 때문에 전류가 흐르지 않는다.

정자기학

1. 고정 기준좌표계에서 속도를 가진 두 전화 q와 Q가 움직인다. Q에 의해 q에 미치는 자기력은
   1. Q의 속도에만 의존하고 q의 속도에 수직하다.
   2. Q와 q의 속도 둘 다에 의존하고 q의 속도에 수직이다.
   3. q의 속도에만 의존하고 Q의 속도에 수직하다.
   4. Q와 q의 속도 둘 다에 의존하고 Q의 속도에 수직이다.

2. 어느 것이 옳은가?
   1. 움직이는 전하에 의해 형성된 자기력선들은 닫힌 고리들 형태이다.
   2. 자기장은 중첩의 원리를 따른다.
   3. 닫힌 표면을 통과하는 자기선속은 표면에 의해 둘러쌓인 자극들의 총수에 비례한다.
   4. 위의 모두
   5. 위의 두 가지
   6. 위에 없음

3. 긴 직선 도선이 x축을 따라 놓여있고, $+x$방향으로 움직이는 전자의 흐름이 있다. 음의 y축의 한 점 P에 이 흐름 때문에 생기는 자기장의 방향은?
   1. $+x$
   2. $-x$
   3. $+y$
   4. $-y$
   5. $+z$
   6. $-z$

4. 어느 것이 옳은가? 전류 루프의 자기 쌍극자모멘트는?
   1. 루프에 의해 둘러싸인 면적에 비례한다.
   2. 루프에 흐르는 전류에 비례한다.
   3. 관찰자가 루프에서 멀리 떨어진 경우에만 잘 정의된다.
   4. 위의 모두
   5. 위의 두 가지
   6. 위에 없음

암페어의 법칙

1. 암페어의 법칙으로 전류 분포에 의해 만들어진 자기장을 구할 수 있다. 어떤 조건 (들)을 만족해야 하는가?
   1. 전류의 분포가 안정되어야 한다.
   2. 해결하기 위해서는 분포가 충분히 대칭적이어야 한다.
   3. 위의 두 가지
   4. 위에 없음

2. 어느 것이 옳은가? 솔레노이드 내부 자기장은?
   1. 솔레노이드의 축에 평행이다.
   2. 축을 중심으로 원형의 자기력선을 갖는다.
   3. 자기장의 세기는 코일의 감은 수에 비례한다.
   4. 위의 모두
   5. 위의 두 가지

홀효과

1. 홀 효과는
   1. 금속에서 전하 운반자가 음전하라는 것의 실험적 증거를 제공한다.
   2. 금속에서 자유전자의 밀도를 결정하는 데 사용할 수 있다.
   3. 위의 두 가지 모두
   4. 위의 두 가지 모두 아니다.

2. 균일한 자기장 속에 작은 평면 전류 고리가 놓여 있다. 이 고리에서 토크의 최대크기는 (   )이다.
   1. 고리의 평면이 장의 방향과 평행할 때
   2. 고리의 평면이 장의 방향에 수직일 때
   3. 고리의 평면과 장의 방향 사이의 각도가 0°에서 90°사이에 있을 때
   4. 토크는 고리의 평면과 자기장 사이의 각도와는 무관함

자기 유도

1. 어느 것이 사실인가?
   1. 유도된 전기력선은 폐 고리를 형성한다.
   2. 유도 전기장이 보존장이다.
   3. 위의 둘 다
   4. 위의 둘 다 아니다

2. 인덕터에 저장된 자기 에너지는 (   ) 이다.
   1. 인덕터를 흐르는 전류의 제곱에 비례.
   2. 인덕터의 자기장의 제곱에 비례.
   3. 위의 둘 다
   4. 위의 둘 다 아니다.

⁘ 상호 유도

1. 두 개의 전류가 흐르는 코일이 서로 가까이 있다. 우리는 이 두 코일의 (　　)에 의해 상호유도를 변화시킬 수 있다.
   1. 코일의 상대 위치 변화
   2. 전류 변화
   3. 코일 중 하나의 감은 횟수를 증가
   4. 위의 모두
   5. 위의 두 가지

2. 저항 R과 인덕터 L이 전원에 직렬로 연결되어 있고 스위치를 켤 때 시간 $t=0$이다. 회로에 흐르는 전류는 시간에 따라 변한다. 만약 $5R$의 저항으로 시간을 일정하게 하고 실험을 반복한다면, 시상수는?
   1. 5배 감소한다.
   2. 5배 증가한다.
   3. 변하지 않는다.

⁘ 교류 전류 I

1. 전압이 진동하는 전원(교류전원)에 저항을 연결한 회로에서, 전류의 위상은?
   1. 기전력보다 앞선다.
   2. 기전력보다 뒤쳐진다.
   3. 기전력과 같은 위상이다.
   4. 결과는 전원에 따라 달라진다.

2. 축전기가 진동하는 전원에 연결되어 있다. 전원의 진동수를 증가시키면, 용량리액턴스는?
   1. 증가한다.
   2. 감소한다.
   3. 변하지 않는다.
   4. 전류의 방향에 의존한다.

3. 전원의 진동수가 0인 직류 회로에서, 전하의 흐름에 가장 큰 “저항”으로 역할을 하는 회로 소자는?
   1. 축전기 C
   2. 인덕터 L
   3. 저항 R
   4. 결과는 C, L 그리고 R의 상대적 값에 따라 다르다

4. 교류 회로에서 전류는 위상자(phasor)로 표현할 수 있다. 어떤 시간 t에 전류의 값은 (　)에 의해 주어진다.
   1. 위상자(phasor)의 길이
   2. 위상자와 가로 축사이의 각도의 라디안단위의 값
   3. 수직 축에 위상자의 투영
   4. 수평 축에 위상자의 투영

교류 전류 II

1. 처음에 전하 Q로 충전된 축전기가 인덕터와 저항기에 직렬로 연결되어 있다. 축전기에 전하가 (　) 있을 때 인덕터의 에너지는 최댓값이다.
   1. Q
   2. 1/2 Q
   3. 0
   4. 에너지는 전하에 의존하지 않는다

2. 처음에 전하 Q로 충전된 축전기가 인덕터와 저항기가 직렬로 연결되어 있다. 시간에 따른 축전기의 전하는?
   1. 사인곡선으로 진동
   2. 진폭이 지수 함수적으로 줄어들면서 사인곡선으로 진동
   3. 전원이 연결되어 있지 않기 때문에 시간에 따라 변하지 않는다.
   4. 읽기 과제로는 알 수 없다.

3. 외부 전원이 연결된 RLC 회로를 설명하기 위하여 읽기 과제로 소개된 용어는 어떤 것인가?
   1. 공명
   2. 임피던스
   3. 대역폭
   4. 위의 모두

4. 발전소에서 소비자에게 전기를 보내는데 변압기는 다음 어떤 작업에 활용하는가?
   1. 발전소의 출력 전압을 단계적으로 증대시킨다.
   2. 소비자에 도달하기 직전에 전압을 단계적으로 낮게 해준다.
   3. 위의 둘 다
   4. 위의 둘 다 아니다.

맥스웰방정식

1. 축전기에 일정한 전압 V로 충전이 완료되었다. 충전이 마쳐진 후에 축전기 극판들 사이에 흐르는 변위 전류는?
   1. 축전기 충전에 필요한 전류의 크기와 같다
   2. 암페어 법칙을 적용하기 위해 선택한 면에 따라 다르다
   3. 0
   4. 자기장을 발생 시킨다.

2. 자기장 값을 구하는데 사용하는 암페어 법칙에 대하여 맥스웰이 수정한 법칙은 다음의 어느 법칙과 유사한가?
   1. 전기장과 전하에 대한 가우스의 법칙
   2. 자기장과 자극에 대한 가우스의 법칙
   3. 로렌츠 방정식
   4. 패러데이 법칙

전자기파 I

1. $+y$방향으로 편극된 전자기파가 $-z$축 방향으로 전파한다. 자기장의 방향은?
   1. $+x$
   2. $-y$
   3. $-x$
   4. $+z$

2. 평면 조화파에서, 자기장은 전기장이 언제 일 때 최대가 되는가?
   1. 전기장이 최대일 때
   2. 전기장이 최소일 때
   3. 전기장이 중간 값일 때
   4. 전기장과 자기장의 상관관계는 평면파에 따른다.

전자기파 II

1. 어느 것이 참인가? 진공 내에서 전자기파에 의해 운반된 에너지는?
   1. 빛의 속도로 나아간다.
   2. 전기장과 자기장에 같은 크기의 에너지가 저장되어 전파 된다
   3. 전기장의 방향을 따라서 나아간다.
   4. 위의 모두 다
   5. 위의 두 가지

2. 행성들 사이에 있는 먼지 입자는 태양에 의한 중력을 받는다. 만일 그 입자가 태양 이외의 영향들이 없다면, 이 입자가 태양으로부터 멀어지는 것이 가능한가?
   1. 예, 이 입자가 충분히 크고 빛을 잘 흡수할 수 있다면
   2. 예, 이 입자가 충분히 작고 빛을 잘 흡수할 수 있다면
   3. 아니오, 태양의 중력장은 항상 입자를 태양으로 끌어당긴다.

기하 광학 I

1. 스넬의 법칙은?
   1. 호이겐스 작도
   2. 확대
   3. 반사
   4. 굴절

2. 분산 현상은 언제 일어나는가?
   1. 전반사할 때
   2. 굴절률이 파장에 관계될 때
   3. 가상의 이미지가 있을 때
   4. 입사광이 반사되었을 때

3. 임계각보다 큰 입사각으로 고굴절률의 매개체로부터 저굴절률 쪽으로 입사될 때 빛은?
   1. 완전히 반사되었다.
   2. 분산되었다.
   3. 완전히 굴절되었다.
   4. 거의 분극되었다.

4. 빛이 두 개의 편광판들을 연속해서 지나가고 있다. 편광들의 투과축이 서로 수직일 때 두번째 편광판을 통과한 후에 빛의 세기는?
   1. 100%
   2. 입사광의 주파수에 따라 달라진다.
   3. 입사광의 세기에 따라 달라진다.
   4. 0

기하 광학 II

1. 물체에서 산란된 빛이 거울을 향하여 가다가 반사되었다. 반사한 후에 광선들이 모였다가 퍼져나가고 있다. 이것은 ( )과 관계가 있다.
   1. 허상
   2. 실상
   3. 구면 수차
   4. 초점

2. 다음 중 구면거울의 주광선이 아닌 것은?
   1. 구의 중심을 통과하는 광선
   2. 축과 평행하게 거울로 접근하는 광선
   3. 거울로 가는 도중에 초점을 통과하는 광선
   4. 거울축과 거울이 만나는 점을 향하는 광선

3. 양(positive)의 배율을 만드는 렌즈에서, 상은?
   1. 허상이면서 정립
   2. 허상이면서 도립(뒤집힌 상)
   3. 실상이면서 정립
   4. 실상이면서 도립

4. 두 개의 구면으로 만든 얇은 렌즈에 대해, 렌즈 메이커 공식에 의해 주어진 초점 거리는 다음 사항에 따라 달라진다.
   1. 렌즈의 굴절율과 관계있다.
   2. 두 구면의 반지름과 관계있다.
   3. 축 가까이의 입사되는 광선들(근축 광선들)
   4. 렌즈의 배율
   5. 위의 모두 다
   6. 1과 2
   7. 1, 2와 3

물리광학 I

1. 간섭은 어떤 파동들에서 발생하는가?
   1. 광파
   2. 음파
   3. 물결파
   4. 위의 모두
   5. 위에 해당사항 없음

2. 관측 가능한 간섭효과를 얻기 위해서는?
   1. 빛의 파장은 슬릿 폭과 비슷하여야 한다.
   2. 빛의 세기는 충분히 높아야 한다.
   3. 파동들 간의 위상 관계는 중요하지 않다.
   4. 빛의 파장은 슬릿 폭보다 많이 작아야 한다.

3. 만일 두 광원에 의해 만들어진 간섭무늬가 공간에서 일정한 상태를 유지하려면, 그 광원은 반드시 (　　　　)이다.
   1. 다른 주파수와 임의의 위상 차이
   2. 같은 주파수와 임의의 위상 차이
   3. 다른 주파수와 시간에 따라 변하지 않는 위상 차이
   4. 같은 주파수와 시간에 따라 변하지 않는 위상 차이

4. 간섭무늬에 대해 논의할 때 등장하지 않는 용어는?
   1. 결맞는 광원
   2. 프라운호퍼 근사
   3. 배율
   4. 주요 최대점

⁘ 물리광학 II

1. 장애물 뒤로 빛의 휘어짐은 어떻게 불리는가?
   1. 간섭
   2. 분해능
   3. 회절
   4. 결합

2. 단일 슬릿에 입사한 빛은 뚜렷한 회절이 생기지 않았다. 이 때 빛의 파장은?
   1. 슬릿 폭보다 훨씬 짧다.
   2. 슬릿 폭보다 훨씬 길다.
   3. 슬릿 폭 정도의 크기
   4. 파장에 대해 아무것도 이야기 할 수 없다.

⁘ 회절

1. 단일 슬릿에 의해 생성된 회절무늬는 (   )을 사용하여 구성될 수 있다.
   1. 프레넬 근사
   2. 호이겐스-프레넬 원리
   3. 호이겐스 해석
   4. 레일리 기준

2. 점광원과 같이 작은 두 광원으로부터 광파들이 망원경의 원형 가늠구멍에 동시에 입사되고 있다. 이때 다음 중 어느 조건이 만족되면 망원경은 두 개의 광원을 구별할 수 있는가?
   1. 프레넬 근사
   2. 프라운호퍼 근사
   3. 호이겐스-프레넬 원리 해석
   4. 레일리 기준

∷∷ 현대물리학에 대한 간단한 역사

1. 흑체의 분광 특성은 (　　)에 의해 결정된다.
   1. 흑체가 어떤 재질로 만들어 졌는지
   2. 흑체 표면의 특성
   3. 흑체의 온도
   4. 위의 모두 다

2. 고전적으로 계산하면, 흑체의 분광 스펙트럼에서 짧은 파장에서 빛의 세기가 무한히 커져야 한다. 이 결과는 (　　)로 알려져 있다.
   1. 스테판-볼츠만의 법칙
   2. 자외선 파탄
   3. 콤프턴 효과
   4. 빈의 법칙

3. 금속표면으로부터 방출될 수 있는 광전자는 (　　)에 결정된다.
   1. 입사광의 주파수
   2. 금속의 일함수
   3. 위의 둘 다
   4. 모두 아님

4. 금속표면에 입사된 빛의 파장이 짧아짐에 따라 표면으로부터 방출된 광전자의 운동에너지는?
   1. 증가한다.
   2. 감소한다.
   3. 동일하다.
   4. 정보가 더 필요하다.

파동 - 입자의 이중성/불확실성

1. 콤프턴 효과는?
   1. 빛의 파동성
   2. 빛이 비추어진 금속표면으로부터 전자 방출
   3. 빛의 입자성
   4. 물질파의 확률적 특성

2. 콤프턴 실험에서 산란된 빛의 파장은?
   1. 입사광의 파장보다 길다.
   2. 입사광 파장과 같다.
   3. 입사광 파장보다 짧다.

3. 어느 주어진 지점에서 광자를 발견할 확률은?
   1. 빛의 파장이 줄어들수록 커진다.
   2. 빛의 세기에 비례한다.
   3. 전기장의 크기에 비례한다.
   4. 전기장의 크기와는 관계없다.

4. 광자의 운동량은 오차 없이 정확하게(불확정도는 0) 결정되었다고 하자. 동시에 광자의 위치를 측정하다면 위치 불확정도는?
   1. 역시 거의 0
   2. 무한대
   3. 중간 정도의 값
   4. 결정될 수 없다.

스펙트럼선

1. 백색광을 나트륨증기에 통과 시킨 뒤 프리즘으로 분석했다. 스펙트럼 결과는?
   1. 연속적이다.
   2. 선 스펙트럼으로 구성되어 있다.
   3. 연속적이고 흡수선을 포함하고 있다.
   4. 위와 무관

2. 수소의 스펙트럼선 간격에서 규칙적인 패턴은 ( )의 실험공식과 잘 맞는다.
   1. 발머
   2. 드 브로이
   3. 보어
   4. 러더포드

3. 러더포드의 알파입자/금박 실험은 ( )에 대한 증거를 확인한 실험이다.
   1. 물질파의 존재
   2. 리드버그-리츠 결합원리
   3. 원자의 플럼푸딩(건포도 빵) 모델
   4. 원자핵

보어원자

1. 보어원자에서 어떤 양들이 양자화되었는가?
   1. 전자궤도
   2. 전자에너지
   3. 전자 각운동량
   4. 위의 모두
   5. 위의 두 가지

2. 보어 원자에서 고전 역학은 ( )에 적용한다.
   1. 정상상태 내에서 전자의 궤도 운동
   2. 장상상태들 사이에서 전이 하는 동안 전자의 운동
   3. 위의 모두
   4. 위의 모두 아님

3. 보어 원자에서 전자는 언제 방출되는가?
   1. 핵 주위의 궤도에서 가속될 때
   2. 궤도 사이에서 전이되는 동안
   3. 위의 모두
   4. 위의 모두 아님

4. 물질입자의 파동성을 누가 가정하였는가?
   1. 보어
   2. 슈뢰딩거
   3. 하이젠베르그
   4. 드 브로이

읽기 퀴즈를 위한 답 키

주의: 주제는 질문 번호들과 상응하는 답들이 이어진다.

1.운동학: 1-4, 2-1, 3-2, 4-2
2.뉴턴의 법칙: 1-3, 2-2, 3-1
3.힘: 1-4, 2-1, 3-2
4.일: 1-3, 2-3, 3-1, 4-3
5.보존되는 힘: 1-1, 2-2, 3-4
6.위치에너지: 1-1, 2-2, 3-4
7.중력: 1-3, 2-4, 3-3, 4-4
8.운동량: 1-4, 2-2, 3-3, 4-2
9.충돌: 1-2, 2-4, 3-3, 4-2
10.회전운동학 I: 1-2, 2-2, 3-2
11.회전운동학 II: 1-4, 2-2, 3-3
12.회전 역학 I: 1-2, 2-2, 3-3
13.회전역학 II: 1-3, 2-3, 3-1
14.진동: 1-2, 2-3, 3-3, 4-3
15.파동: 1-1, 2-2, 3-2, 4-2
16.소리: 1-5, 2-3, 3-2, 4-3
17.유체정역학: 1-2, 2-3, 3-1, 4-2
18.유체역학: 1-1, 2-2, 3-4, 4-3
19.정전기학 I: 1-3, 2-2, 3-2, 4-2
20.정전기학 II: 1-4, 2-2, 3-2, 4-4
21.전위 I: 1-1, 2-3, 3-3
22.전위 II: 1-3, 2-2, 3-1
23.정전용량: 1-1, 2-3, 3-1, 4-5
24.옴의 법칙: 1-3, 2-3, 3-2, 4-1
25.직류회로: 1-3, 2-5, 3-3, 4-2
26.정자기학: 1-2, 2-5, 3-5,4-2
27.암페어의 법칙: 1-3, 2-5
28.홀 효과: 1-3, 2-1
29.자기유도: 1-1, 2-3
30.상호유도: 1-5, 2-1
31.교류회로 I: 1-3, 2-2, 3-1, 4-3
32.교류회로 II: 1-3, 2-2, 3-4,4-3
33.맥스웰 방정식: 1-3, 2-4
34.전자기파 I: 1-1, 2-1
35.전자기파 II: 1-5, 2-2
36.기하광학 I: 1-4, 2-2, 3-1, 4-4
37.기하광학 II: 1-2, 2-4, 3-1, 4-7
38.물리광학 I: 1-4, 2-1, 3-4, 4-3
39.물리광학 II: 1-3, 2-1
40.회절: 1-2, 2-4
41.현대물리학에 대한 역사적 소개
: 1-3, 2-2, 3-3, 4-1
42.파동입자의 이중성/불확실성
: 1-3, 2-1, 3-2, 4-2
43.스펙트럼선: 1-3, 2-1, 3-4
44.보어원자: 1-4, 2-1, 3-2, 4-4

제 11 장

개념 검사 문항(Conceptests)

다음 페이지부터 1년 간 이용할 수 있는 일반 물리용 개념 검사지를 제시하였다. 각 질문 다음에는 답과 함께 해당 개념에 대해 간단하게 설명하였다. 이러한 설명을 추가한 이유는 올바른 답을 설명하기 위하여 사용할 논의를 요약하기 위한 것이다.

확인: 이 장에서 제시된 문항들의 경우에 숫자로 제시된 선택형 문항들에 대해서는 하나의 답만 선택하는 것이고, 알파벳으로 제시된 선택형 문항들은 가능한 모든 답을 고르는 것이다.

∷ 운동(Kinematics)

1. 한 사람이 그림에서 처음에 P지점에 잠시 동안 서 있다가 축을 따라 Q까지 가서 그곳에 잠시 머물렀다. 다음에 R까지 빨리 뛰어간 후에 잠시 머물렀다가 P지점으로 천천히 돌아왔다. 위의 운동에 대하여 시간-위치 그래프로 옳게 나타낸 것은?

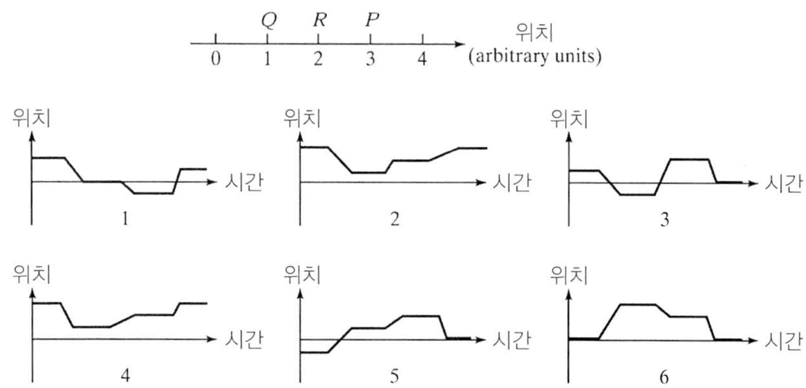

답: 2

2. 한 물체가 우주의 한 지점에서 다른 지점으로 가고 있다. 이 물체가 목적지에 도달한 후에 그 물체의 변위는 그 물체가 비행한 거리보다?
   1. 크거나 같다
   2. 항상 크다
   3. 항상 같다
   4. 작거나 같다
   5. 항상 작다
   6. 작거나 크다

답: 4. 변위는 마지막 위치에서 처음 위치까지 벡터이다(음의 값이 가능하다). 비행한 거리는 지나간 경로를 따라 이동한 거리이다. 이 값은 항상 양수이며 변위보다 클 수 있다.

3. 마라톤 선수가 시속 15km/hr의 속력으로 달리고 있다. 선수가 결승선으로부터 7.5km를 남겨 놓았을 때 한 마리 새가 선수가 있는 지점에서 결승선까지 30km/hr의 속력으로 날기 시작하였다. 새가 결승선에 도달

하고 나서 다시 선수를 향하여 날아가고 선수한테 도착해서는 다시 결승선을 향하여 날아가고 하는 것을 계속해서 왕복하기를 선수가 결승선에 도달할 때까지 하였다. 새가 날아다닌 총거리는 얼마인가?

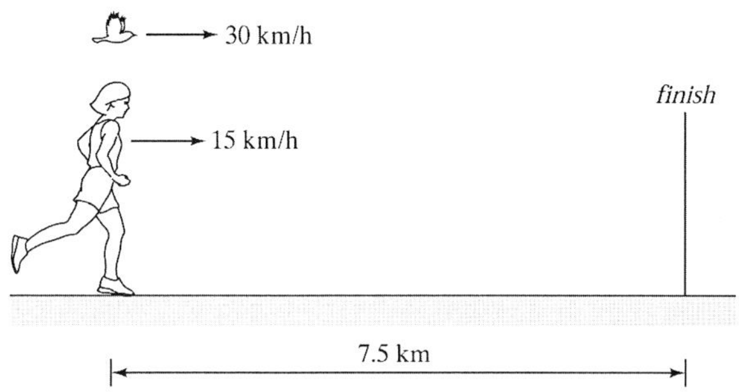

1. 10km
2. 15km
3. 20km
4. 30km

답: 2. 선수가 결승선에 도달하기 위하여 필요한 시간이 30분이므로 이 시간 동안 새는 날아다닌다.

4. 저항이 없는 공간에서 어떤 물체를 떨어뜨리면 그것은 9.8m/sec^{2}으로 아래 방향을 향하여 가속 운동한다. 그것을 위쪽을 향하여 던지면 손을 떠난 후에 아래 방향을 향하는 가속도는
   1. 9.8m/s^{2}보다 작다
   2. 9.8m/s^2
   3. 9.8m/s^{2}보다 크다

   답: 2. 중력 가속도는 초기 속도에 무관하게 상수이다.

5. 절벽 끝에서 서있는 사람이 공을 똑바로 위를 향하여 던지고 다른 하나는 같은 초기 속도로 아래 방향을 향하여 던졌다. 공기의 저항을 무시할 때 더 큰 속도로 바닥에 도달하는 공은 처음에 던져진 방향이
   1. 위쪽으로 던진 공
   2. 아래쪽으로 던진 공

3. 둘다 같은 속도로 떨어진다.

답: 3. 위쪽 방향을 향하여 던져진 공의 초기 속도가 v라면 던져진 지점에 돌아올 때는 정확하게 $-v$이다.

6. 기차가 매우 긴 직선 철로 위를 달리고 있다. 그래프는 시간에 따른 위치를 나타낸 것이다. 이 그래프는 기차가 어떤 운동을 하고 있다고 나타내는가?

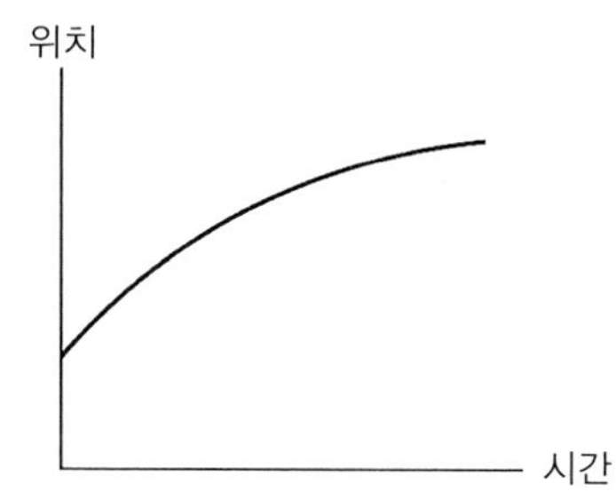

1. 계속 속력이 빨라진다.
2. 계속 속력이 느려진다.
3. 어느 시간 동안은 빨라지고 나머지 시간 동안은 느려진다.
4. 일정한 속도로 움직인다.

답: 2. 곡선의 기울기가 시간이 증가함에 따라 줄어든다.

7. 그래프는 두 개의 나란한 선로 위를 달리는 기차들의 시간에 따른 위치를 나타낸 것이다. 이에 대한 옳은 설명은?

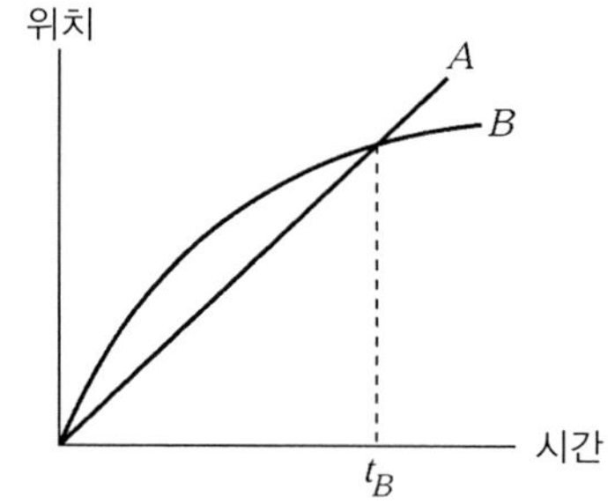

1. 시간 t_B일 때 두 기차는 같은 속도를 갖는다.

2. 두 기차는 계속 속력이 빨라진다.
3. 두 기차는 t_B 앞의 어떤 시간에 같은 속도를 갖는다.
4. 그래프 상의 어느 지점에서 두 기차는 같은 가속도를 갖는다.

답: 3. 곡선 B의 기울기는 $t < t_B$ 인 어떤 시간에 직선 A와 나란하다.

8. 공을 똑바로 위를 향하여 던지고 있다. 가장 높은 지점에서 공의
1. 속도와 가속도의 크기는 0 이다.
2. 속도의 크기는 0이 아니지만 가속도의 크기는 0 이다.
3. 가속도의 크기는 0이 아니지만 속도의 크기는 0 이다.
4. 속도와 가속도의 크기는 모두 0 이 아니다.

답: 3. 공은 속도가 영이 될 때 가장 높은 지점에 도달하고 중력 가속도는 결코 0 이 될 수 없다.

9. 롤러코스터 위에 있는 차가 아래 그림과 같이 굴러 내려가고 있다. 차가 그림에서 앞쪽으로 굴러감에 따라 그것의 움직이는 방향에서의 속력과 가속도는 어떻게 되겠는가?

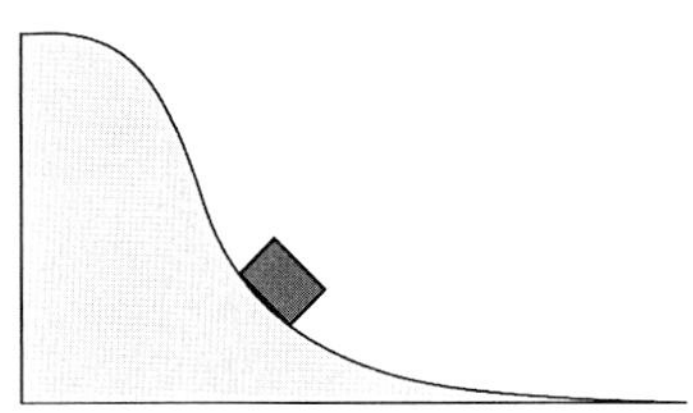

1. 둘 다 감소한다.
2. 속력은 감소하지만 가속도는 증가한다.
3. 둘 다 상수이다.
4. 속력은 증가하지만 가속도는 감소한다.
5. 둘 다 증가한다.
6. 답이 없다.

답: 4. 트랙의 높이는 계속 감소하기 때문에 차는 계속 가속운동하며 속력은 증가한다. 곡선의 기울기가 높이가 줄어듦에 따라 감소하기 때문에 가속도는 감소한다.

10. 공을 수직 위로 던졌더니, 공의 속도가 중력의 영향으로 느려지고 있다. 이 때 다음과 같은 상황을 생각해 보도록 하자. (a) 이 운동을 촬영하여 나중에 테이프를 거꾸로 돌려본다. (테이프는 공의 최고점에서 시작되고 처음 던져진 지점에서 끝이 난다.) (b) 공의 초기 속도로 위로 올라가는 계에서 공의 운동을 관찰한다. (a), (b) 중 이 공은 아래 방향의 가속도 g를 갖는 상황은?

1. (a)와 (b)
2. (a)에서만
3. (b)에서만
4. (a), (b) 어디에도 해당되지 않는다.

답: 1. 좌표계 (a)와 (b) 둘 다 관성계이기 때문에 속도 변화는 지구를 좌표계로 한 경우와 같다.

11. 아래에 그려놓은 상황을 생각해보자. 건물의 배수통에 매달려 있는 흉악한 범죄자를 직접 총을 겨냥하고 있다. 목표물은 총알의 사정범위에 들어있다. 총알이 발사된 순간, 총알은 속도 v_o로 움직이고, 범죄자는 땅으로 떨어졌다. 무슨 일이 벌어질까?

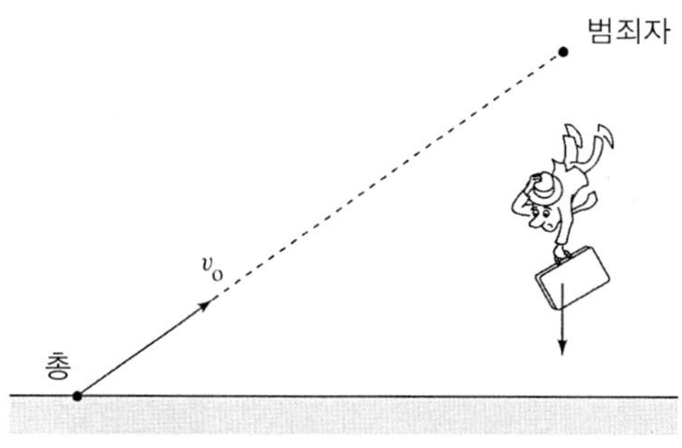

1. 총알은 v_0 크기에 관계없이 범죄자를 맞출 것이다.
2. 총알은 v_0 가 충분히 크다면 범죄자를 맞출 것이다.
3. 범죄자를 놓칠 것이다.

답: 1. 총알과 범죄자의 아래 방향 가속도는 같다. 그래서 총알은 속도에 관계없이 목표물을 맞출 것이다. 총알과 범죄자는 같은 거리를 "낙하한다."

12. 전함에서 동시에 적군 함선들을 향해 포탄을 쏘았다. 만약 포탄이 그림과 같이 포물선 궤적을 그린다면, 어느 배가 먼저 맞을까?

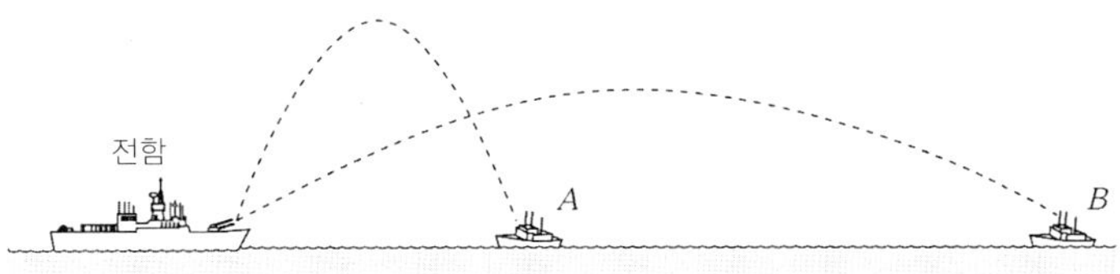

1. A
2. 둘 다 같다.
3. B
4. 다른 정보가 더 필요하다.

답: 3. 투사체가 공중에서 보내는 시간은 투사체가 최고 높이에서 떨어지는데 걸리는 시간의 두 배이다. A를 향한 포탄이 B보다 더 높은 고도에 도달하기 때문에, A를 향한 포탄이 수면으로 돌아오는데 더 오랜 시간이 걸린다.

힘

1. 에어트랙* 위에 처음에 정지해 있던 카트에 일정한 힘을 가하였다. 힘을 짧은 시간 작용하여, 카트가 최종 속도에 도달하였다. 카트와 트랙 사이의 마찰은 무시한다.

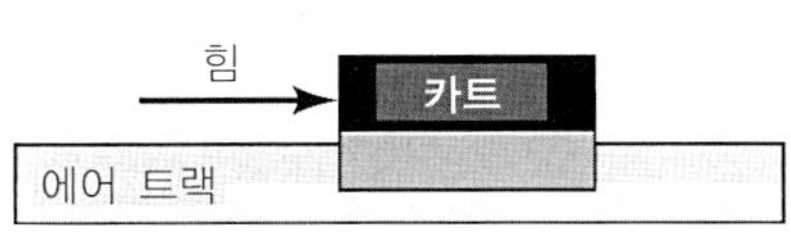

절반의 힘만으로 같은 최종 속도에 도달하게 하고자 할 때, 힘은 (　　　　) 시간동안 카트에 가해져야만 한다.

1. 4배 긴
2. 2배 긴
3. 같은
4. 1/2 짧은
5. 1/4 짧은

답: 2. 최종 속도는 카트의 가속도와 작용 시간에 비례한다.

*압축 공기를 수많은 작은 구멍을 통하여 분출시켜 활차(glider)를 뜨게 함으로써 활차가 마찰이 없이 움직이게 만들어 주는 실험 장치

2. 에어트랙 위에 처음에 정지해 있던 카트에 일정한 힘을 일정시간 동안 가하였다. 카트는 특정 최종 속도에 도달한다.

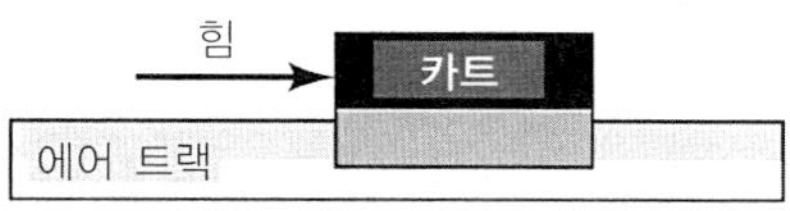

이 카트의 질량을 두 배로 하고, 앞의 경우와 같은 힘을 같은 시간 동안 가하였다. 더 무거운 카트의 최종 속도는 가벼운 카트의/와 (　　)이다.

1. 1/4
2. 4배
3. 1/2
4. 2배
5. 같은 속도

답: 3. 최종 속도는 카트에 가해진 힘과 작용 시간에 비례하며, 카트의 질량에 반비례한다.

3. 에어트랙 위에 처음에 정지해 있던 카트에 일정한 힘을 일정 시간 동안 가하였다. 카트는 특정 최종 속도에 도달한다.

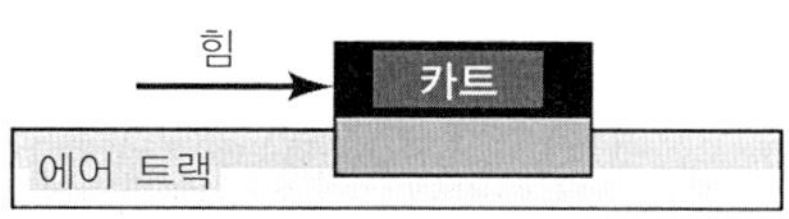

정지 상태에서 출발하는 것이 아니라, 우리가 힘을 가하려고 하는 순간에 힘을 가하고자 했던 방향으로 카트가 이미 일정한 속도로 움직이고 있다고 가정하자. 이 카트에 같은 크기의 일정한 힘을 같은 시간 동안 가한 후, 카트의 속도의 증가량은?

1. 처음 속도의 2배와 같다.
2. 처음 속도의 제곱과 같다.

3. 처음 속도의 4배와 같다.
4. 정지 상태에서 출발했을 때와 같다.
5. 위에 주어진 정보로는 단정할 수 없다.

답: 4. 속도의 증가량은 카트에 가해진 힘과 작용 시간에 비례한다.

4. 위로 가속되는 엘리베이터에 사람이 서 있다. 엘리베이터 바닥에 의해 사람에게 가해지는 위 방향의 수직(항)력 N은 아래 방향의 사람의 무게 W와 비교하였을 때, (　　　　　　).

1. 수직(항)력 N은 사람의 무게 W보다 크다.
2. 수직(항)력 N은 사람의 무게 W와 같다.
3. 수직(항)력 N은 사람의 무게 W보다 작다.

답: 1. 사람이 위로 가속되기 위해서는, 엘리베이터 바닥에 의해 사람에게 가해지는 수직(항)력은 사람의 무게를 초과해야만 한다.

5. 사람이 바닥에 놓여 있는 상자를 당기고 있다. 이 상황에 대한 바른 분석은 어느 것인가?

1. 상자가 사람을 뒤쪽으로 당기는 것보다 사람이 상자를 앞쪽으로 약간 더 세게 당기기 때문에 상자는 앞으로 움직인다.
2. 작용은 항상 반작용과 같기 때문에, 사람은 상자를 끌 수 없다. 즉, 사람이 앞쪽으로 당기는 것과 같은 크기로 상자가 뒤로 당기므로, 움직임이 없다.
3. 상자가 사람에게 가한 힘보다 사람이 상자를 순간적으로 더 큰 힘으로 당겨 상자가 움직인다.
4. 사람이 상자에 가하는 힘은 상자가 사람에 가하는 힘과 같으나, 사람에게 작용하는 마찰력은 앞쪽을 향하며 큰 반면에 뒤쪽 방향을 향하는 상자에 작용하는 마찰력은 작다.
5. 사람의 몸무게가 상자보다 더 무거운 경우에만 상자를 앞쪽으로 끌 수 있다.

답: 4. 사람에 의해 상자에 가해진 힘은 상자에 의해 사람에 가해진 힘과 같다. 사람은 바닥에 의해 가해진 앞쪽 방향의 마찰력 때문에 앞으로 움직인다. 바닥에 의해 상자에 가해진 마찰력은 훨씬 작다.

6. 자동차가 일정한 속도를 유지하면서 커브를 그리며 돌고 있다. 커브를 돌 때 자동차에 가해지는 알짜힘이 있는가?

1. 없다. 즉, 자동차의 속도는 일정하다.
2. 있다.
3. 커브면의 급격한 정도와 자동차의 속도에 따라 달라진다.

답: 2. 가속도는 속도의 변화와 물체의 방향 둘 다 또는 둘 중 하나가 있을 때 0이 아니다. 자동차의 방향이 변하고 있으므로 자동차는 가속된 것이며, 힘이 자동차에 가해져야 가속 운동이 가능하다.

7. 17세기, 마그데부르크의 물리학자, 오토 폰 게리케는 두 개의 속이 빈 청동 반구를 붙이고 펌프로 내부의 공기를 제거하였다. 8마리 말 두 팀(16마리)이 끌어당겼는데, 공기가 반만 있을 때와 공기를 다시 주입하였을 때에는 반구가 떨어졌으나, 공기를 모두 제거한 반구는 떨어뜨릴 수 없었다. 폰 게리케가 두 팀의 말을 한 쪽 면에 모두 묶고 다른 한 쪽 면은 무거운 나무기둥에 고정시켰다고 가정하자. 이 경우, 반구에 가해지는 장력은 원래의 마그데부르크의 실험과 비교할 때에 비하여, (　　　)이다.

1. 2배
2. 정확히 같은 크기
3. 1/2

답: 1. 만약 두 팀이 모두 한 쪽 면에서 두 배의 힘으로 끌어당기고 반구의 다른 쪽 면이 나무기둥에 고정되어 반구가 정지 상태인 것이 된다면, 나무는 반구에 크기가 같고 방향이 반대인 힘을 가해야만 한다. 그러므로 장력은 두 배이다.

8. 당신은 마룻바닥에 놓인 나무토막을 일정한 속도로 밀고 있다. 나무토막이 바닥에 접촉한 표면적이 절반이 되도록 나무토막을 세운 후 밀었을 경우, 같은 바닥에서 같은 속도로 같은 나무토막을 밀기 위해, 당신

은 나무토막의 상황을 바꾸기 전에 들였던 힘에 비해 (　　) 힘을 들여야 할 것이다.

1. 4배 더 큰
2. 2배 더 큰
3. 같은 크기의
4. 1/2 크기의
5. 1/4 크기의

답: 3. 힘은 운동 마찰계수와 나무토막의 무게에 비례한다. 바닥에 접촉한 면적에 따라 달라지는 것이 아니다.

9. 물체가 경사면에서 마찰에 의해 정지해 있다. 경사면의 각도를 증가시켰더니 물체가 움직이기 시작하였다. 물체가 움직이기 시작한 각도의 경사면에서 물체는 (　　　　　　　　).

1. 느려진다.
2. 일정한 속도로 움직인다.
3. 빨라진다.
4. 위 중 어느 것도 아니다.

답: 3. 표면의 경사각도가 증가함에 따라 물체는 미끄러지기 시작한다. 그 어떤 각도에 도달할 때까지, 물체는 정지 상태에 있으며, 물체에 가해지는 알짜힘은 0이다. 물체가 정지 상태에서 미끄러지기 시작하기 위해서는, 물체에 가해지는 알짜힘이 있어야만 하며, 만약 알짜힘이 더 이상 0이 아니라면, 물체는 가속될 것이다.

10. 당신은 자동차 안에 있으며 안전벨트를 착용하지 않았다. 자동차 속도의 증가 또는 감소 없이, 자동차가 급격한 좌회전을 할 때, 오른쪽 문과 충돌하였다. 이 상황에 대한 바른 분석은 어느 것인가?

1. 충돌 전과 후에, 오른쪽 문을 향해 당신을 미는 오른쪽 방향의 힘이 있다.
2. 충돌이 시작될 당시에, 오른쪽 문이 당신에게 왼쪽 방향의 힘을 가한다.
3. 위의 두 가지 모두이다.
4. 위 중 어느 것도 아니다.

답: 2. 관성의 법칙으로 인해, 몸은 직선으로 운동을 계속하려는 경향을 가진다. 몸은 직선으로 운동을 계속하려 하고, 자동차의 일부분인 문이

왼쪽 방향으로 꺾기 시작한 것으로 인해, 몸이 문에 충돌한 것이다. 이 접촉은 몸이 회전 방향인 왼쪽으로 가도록 힘을 작용한다.

11. 마차를 끌고 있는 말을 생각해 보자. 다음 진술은 옳은가?
    말의 무게와 지면이 말에 가하는 수직(항)력은 항상 같은 크기의 상호 작용적 쌍을 이루며, 뉴턴의 제 3법칙에 따라 반대방향이다.
    1. 옳다.
    2. 그르다.

    답: 2. 수직(항)력은 지면과 말 사이의 반발 접촉력이다. 무게는 지면이 말에 가하는 중력이다. 이들 두 힘은 근원이 다르며 상호작용힘 쌍이 아니다.

12. 정지해 있는 자동차를 생각해 보자. 자동차에는 아래 방향으로 지구 중력과 위 방향의 수직항력이 작용하는데 (   ) 때문에 크기가 같고 방향이 반대이다.
    1. 두 힘이 상호작용힘 쌍을 이루기
    2. 자동차에 가해지는 알짜 힘이 0이기
    3. 위의 둘 다 아니다.

    답: 2. 이들 두 힘은 같은 물체에 작용하는 힘들이기 때문에 상호작용힘 쌍이 될 수 없다.

에너지, 일, 그리고 에너지의 보존

1. 볼링장에 설치된 볼 공급기는 1m 길이의 경사로를 따라 볼링공을 위로 밀어 올리기 위해 힘을 가한다. 경사로는 바닥으로부터 0.5m 위에 있다. 5kg의 볼링공에는 대략 어느 정도의 힘이 가해져야만 하는가?

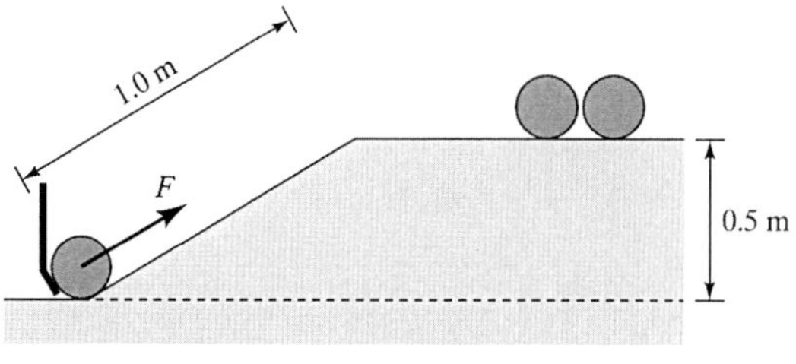

1. 200N
2. 50N
3. 25N
4. 5.0N
5. 단정 짓는 것은 불가능하다.

답: 3. 장치에 의해 가해진 힘과 그 힘이 가해진 거리 1.0m 곱이 공의 위치에너지의 변화량과 같아야 한다.

2. 두 개의 구슬–둘 중 하나는 다른 것보다 2배 무겁다 – 을 건물 옥상에서 지면으로 떨어뜨렸다. 지면에 부딪히기 직전에, 더 무거운 구슬은 (   ).

1. 가벼운 구슬과 같은 양의 운동에너지를 가진다.
2. 가벼운 구슬의 2배의 운동에너지를 가진다.
3. 가벼운 구슬의 1/2의 운동에너지를 가진다.
4. 가벼운 구슬의 4배의 운동에너지를 가진다.
5. 단정 짓는 것은 불가능하다.

답: 2. 운동에너지는 질량에 비례한다.

3. 당신은 가파른 언덕을 산악자전거로 올라가려고 한다. 바닥에서 정상에 이르는 두 개의 길이 있는데, 하나는 다른 하나보다 2배 길다. 짧은 길로 갈 때 드는 평균적 힘 F_{av}와 비교할 때, 먼 길로 갈 때 드는 평균적 힘은 (   )이다.

1. $F_{av}/4$
2. $F_{av}/3$
3. $F_{av}/2$
4. F_{av}
5. 주어진 시간에 따라 다르므로 불확실하다.

답: 3. 얻게 되는 중력 위치에너지는 두 경우 같으며, 오르는 데 든 평균적 힘과 이동 거리를 곱한 값과 같다.

4. 피아노를 옮기는 사람이 마찰이 없는 시스템을 사용하여 일정한 속도로 다음 그림과 같이 100kg의 피아노를 올리고 있다. 줄을 당기는 데에 힘

은 얼마나 필요한가? 마찰은 무시하고 g=10m/s^{2}으로 가정한다.

1. 2,000N
2. 1,500N
3. 1,000N
4. 750N
5. 500N
6. 200N
7. 50N
8. 단정 짓는 것은 불가능하다.

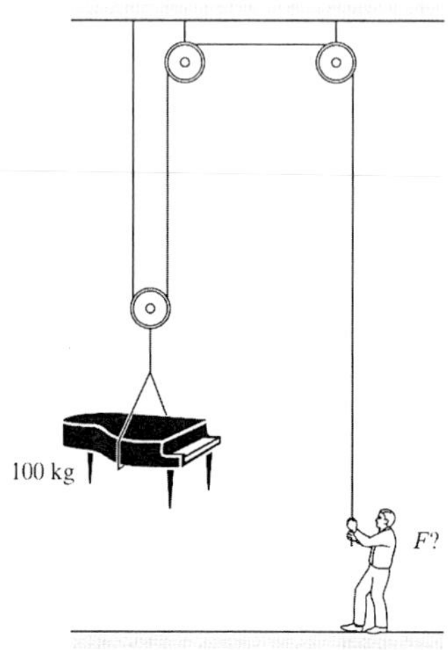

답: 5. 줄의 장력은 일정하며, 피아노는 일정한 속도로 움직이므로 피아노의 무게는 장력의 2배와 같아야 한다.

5. 50kg의 사람이 25kg의 플랫폼 위에 서 있다. 그는 아래 그림과 같이 마찰이 없는 도르래를 통해 플랫폼에 고정된 줄을 당긴다. 일정한 속도로 플랫폼이 상승하도록 당기려면, 줄을 당기는 데에 힘은 얼마나 필요한가? 마찰은 무시하고 g=10m/s^{2}으로 가정한다.

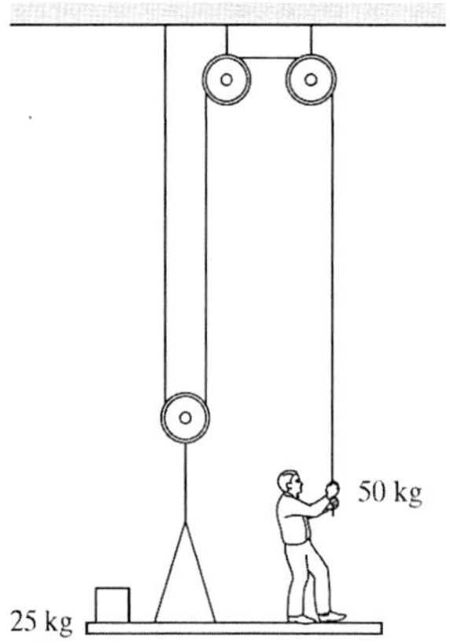

1. 750N
2. 625N
3. 500N
4. 250N
5. 75N
6. 50N
7. 25N
8. 단정 짓는 것은 불가능하다.

답: 4. 줄의 장력은 일정하다. 도르래의 구성으로 인해, 플랫폼과 사람의 무게의 합이 장력의 3배와 같아야 한다.

6. 처음에 정지 상태에 있던 블록이 마찰이 없는 경사로에서 아래로 미끄러져 바닥에 도달했을 때 속도 v를 갖게 되었다. 바닥에 도달했을 때의 속도를 2v가 되게 하기 위해서는 경사로는 몇 배 높아져야 하는가?

   1. 1배
   2. 2배
   3. 3배
   4. 4배
   5. 5배
   6. 6배

   답: 4. 경사로 바닥에서의 블록 속도의 제곱에 비례하는 운동에너지 증가량은 위치에너지의 감소량과 같다. 즉, 이것(제곱)이 경사로의 높이에 비례하는 것이다.

7. 용수철 완구인 다트 총으로 다트를 수직 위 방향으로 쏘았더니 다트는 최대 높이 24m에 도달하였다. 같은 다트를 같은 총으로 두 번째 쏘기 위하여, 이번에는 용수철을 이 전의 반만 압축하였다. 마찰을 무시하고 이상적 용수철을 가정하였을 때, 다트가 도달한 높이는 얼마인가?

   1. 96m
   2. 48m
   3. 24m
   4. 12m
   5. 6m
   6. 3m
   7. 단정 짓는 것은 불가능하다.

   답: 5. 용수철의 위치에너지는 용수철을 압축한 길이의 제곱에 비례한다. 용수철의 위치에너지 전부가 중력 위치에너지로 변환된다.

8. 스포츠카가 1.5초 동안 0에서 30mph (시간당 마일)로 가속한다. 엔진의 일률은 속도와 무관하다고 가정하고 마찰을 무시할 때, 0에서 60mph로 가속하는 데 걸리는 시간은 얼마인가?

1. 2초
2. 3초
3. 4.5초
4. 6초
5. 9초
6. 12초

답: 4. 마찰이 없을 때, 엔진의 일률은 자동차의 운동에너지를 얻는 데 걸린 시간으로 나눈 값과 같다.

9. 에어트랙 위의 카트가 0.5m/s로 이동하고 있었다. 공기를 갑자기 껐을 때, 카트는 1m를 이동한 후에 멈췄다. 1m/s로 이동하고 있던 카트는 얼마만큼을 이동한 후 멈추게 될까?
   1. 1m
   2. 2m
   3. 3m
   4. 4m
   5. 5m
   6. 단정 짓는 것은 불가능하다.

   답: 4. 카트의 운동에너지 전부를 마찰로 잃었을 때 카트는 멈추게 된다. 마찰력과 멈춘 지점까지의 이동거리의 곱이 카트의 초기 운동에너지와 같다.

10. 당신이 지상 5m의 높이에서 1kg의 바위를 떨어뜨린다고 가정하자. 바위가 바닥에 부딪힐 때 바위는 지면에 얼마나 큰 힘을 가하는가?
   1. 0.2N
   2. 5N
   3. 50N
   4. 100N
   5. 단정 짓는 것은 불가능하다.

   답: 5. 이 문항에 답하기 위해서는, 바위가 멈추게 되기 전에 지면이 얼마나 압축되는지 알 필요가 있다.

11. 사람이 지면을 따라 일정한 속도로 상자를 끌고 있다. 계를 지구+상자로 간주한다면, 계에 가해지는 알짜 외력에 대해 어떻게 설명할 수 있는가?

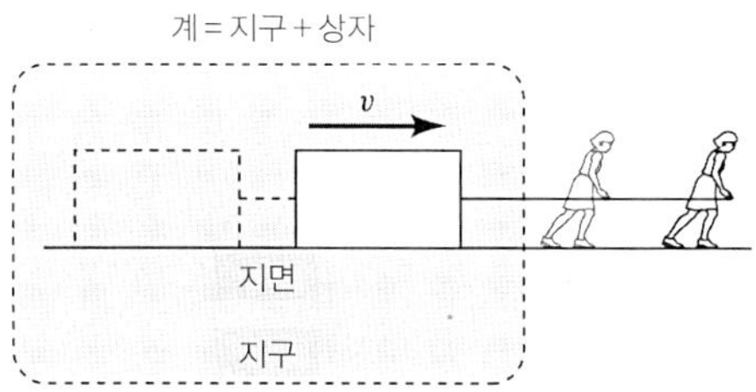

1. 계는 고립되어 있기 때문에 알짜 외력은 0이다.
2. 계는 고립되어 있지 않기 때문에 알짜 외력은 0이 아니다.
3. 계가 고립되어 있지 않지만 알짜 외력은 0이다.
4. 계가 고립되어 있다 해도 알짜 외력은 0이 아니다.
5. 위 중 어느 것도 아니다.

답: 3. 지구+상자 계는, 상자를 끌어당기는 사람이 상자(상자를 당기고 있다)와 지구(전진하기 위해 지면을 밀어야 한다) 모두에 힘을 가하는 것이기 때문에 고립되어 있지 않다. 지구는 정지 상태이고 상자와 사람은 모두 일정한 속도로 움직이므로, 알짜 외력은 0이다.

12. 사람이 지면을 따라 일정한 속도로 상자를 끌고 있다. 계를 지구+상자로 간주한다면, 사람이 계에 가하는 알짜힘은 (　　　　　).

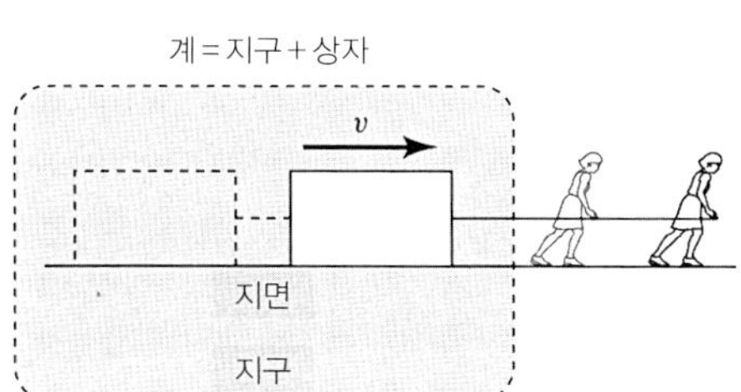

1. 0이다.
2. 0이 아니다.

답: 1. 아래는 상자, 사람, 지구의 자유물체도이다. (F_{pb}=사람이 박스에 가하는 힘, 등.)

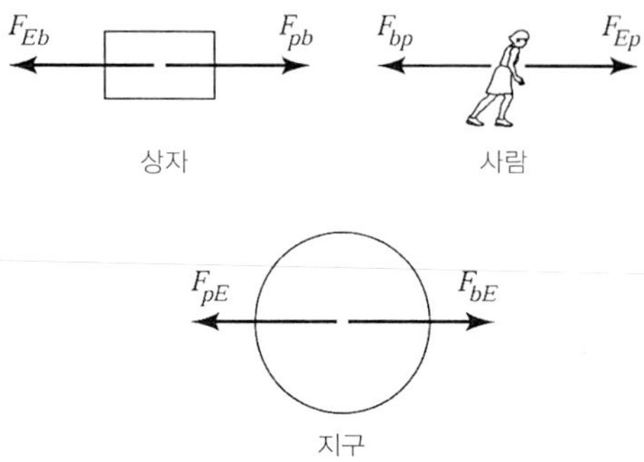

뉴턴의 제 2법칙과 제 3법칙에 의해 도식의 모든 힘들은 같은 크기를 가진다: $F_{Eb} = F_{pb} = F_{bp} = F_{Ep} = F_{bE} = F_{pE}$. 사람이 지구에 가하는 힘 F_{pE}는 사람이 상자에 가하는 힘 F_{pb}와 반대 방향이므로, 계(상자+지구)에 가하는 알짜힘은 0이다.

13. 사람이 지면을 따라 일정한 속도로 상자를 끌고 있다. 계를 지구+상자로 간주한다면, 사람이 계에 한 일은 (　　　　　).

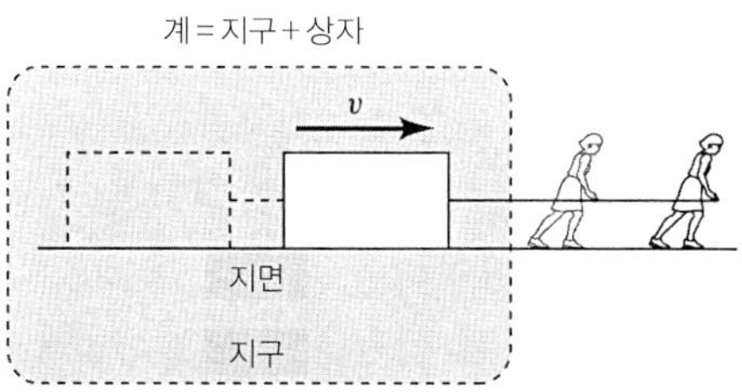

1. 0이다.
2. 0이 아니다.

답: 2. 지구의 변위는 0이며, 따라서 사람이 지구에 한 일은 0이다. 그러나 상자의 변위는 0이 아니므로, 사람은 상자에 일을 한 것이 된다. 상자에 한 일과 지구에 한 일의 합은, 그러므로, 0이 아니다.

14. 돌을 공중으로 던졌다. 중력을 받으면서, 돌은 공기의 저항으로 인해 마찰력의 영향도 받는다. 돌이 맨 꼭대기에 도달하는 데 걸리는 시간은 꼭대기에서 원위치로 돌아오는 데 걸리는 시간에 비해 (　　　　).
1. 더 길다.

2. 같다.
3. 더 짧다.

답: 3. 마찰이 없다면, 위치에너지와 운동에너지의 합은 일정해야만 할 것이다. 그래서 돌이 올라감에 따라 돌의 위치에너지는 증가하고 운동에너지는 감소할 것이다. 내려올 때, 위치에너지는 경로의 각 지점에서 그랬던 대로 다시 감소할 것이며, 공은 올라갈 때와 같은 만큼의 운동에너지를 갖게 될 것이다. 그러나 마찰이 있기 때문에, 총 에너지는 소진된다. 결과적으로, 공은 내려오는 경로의 각 지점에서 더 적은 운동에너지를 가진다. 이것은 올라갈 때보다 내려오는 데 더 긴 시간이 걸림을 의미한다.

중력

1. 물체의 중력질량 대신에 관성질량을 사용해야 하는 상황은 다음 중 어느 것인가?
   1. 특정 높이에서 물체가 떨어지는 데 걸리는 시간
   2. 욕실형 용수철저울로 잰 물체의 무게
   3. 압축된 용수철에 의해 물체에 주어진 가속도
   4. 보통의 저울(천칭)로 잰 물체의 무게

   답: 3. 나머지 실험들은 물체의 중력질량을 측정한다.

2. 같은 질량의 두 개의 위성 A, B가 동심 궤도로 지구 주위를 돌고 있다. 위성 B의 지구 중심으로부터의 거리는 위성 A의 지구 중심으로부터의 거리의(생략) 2배이다. A에 작용하는 구심력은 B에 작용하는 구심력의 몇 배인가?
   1. 1/8
   2. 1/4
   3. 1/2
   4. $\sqrt{1/2}$
   5. 1

   답: 2. 각 위성의 구심력은 위성과 지구간의 중력에 의해 주어진다.

3. 같은 질량의 두 개의 위성 A, B가 동심 궤도로 지구 주위를 돌고 있다. 위성 B의 지구 중심으로부터의 거리는 위성 A의 지구 중심으로부터의 거리의(생략) 2배이다. A의 접선속도는 B의 접선속도의 몇 배인가?

1. 1/2
2. $\sqrt{1/2}$
3. 1
4. $\sqrt{2}$
5. 2

답: 2. 각 위성에서, 구심력은 위성과 지구간의 중력과 같으며, 접선속도의 제곱과 거리의 역수에 비례한다.

4. 지구에 대기가 없으며, 에베레스트 꼭대기로부터 지면에 접선 방향으로 공이 발사되었다고 가정하자. 초기 속도가 공이 지구 둘레를 원형 궤도로 돌 만큼 충분히 컸다면, 공의 가속도는 (   ).

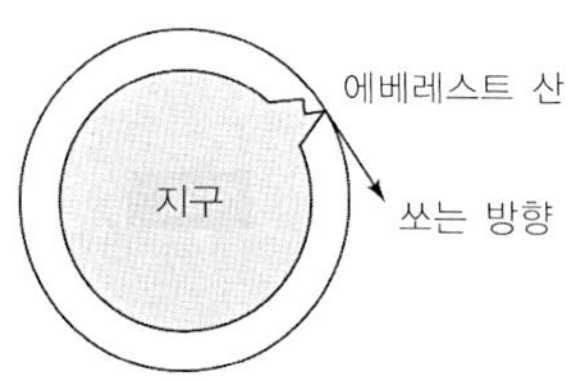

1. g보다 훨씬 작을 것이다.
2. 대략 g일 것이다.
3. 공의 속도에 따라 다를 것이다.

답: 2. 공의 가속도는 공에 가해진 힘인 중력에 의해서만 기인된다. 지구 표면 가까이에서, 이 가속도 값은 g이다
(에베레스트의 고도 때문에 아마도 약간 작을 것).

5. 지구를 기준으로 초기에 정지 상태이고 무한히 먼 거리에 있던 바위가 지구를 향해 가속되고 있다. 지구를 향해 똑바로 떨어지는 바위를 관찰하기 위해 전망대를 지구 반지름의 3배 ($3r$) 높이로 지었다. 마찰을 무시할 때, 지면에 부딪힐 때 바위의 속도는 전망대 꼭대기를 지날 때 바위 속도의 (   )이다.

1. 2배
2. 3배
3. 4배
4. 6배
5. 8배
6. 9배
7. 16배

답: 1. 어떤 지점에서의 바위의 운동에너지 증가는 그 지점에서의 중력 위치에너지 감소분과 같다. 전망대의 꼭대기는 지구 중심으로부터 지구 반지름($4r$)의 4배 거리에 있다.

6. 달은 지구로 떨어지지 않는데, 그 이유는 (   ).

1. 달이 지구의 중력장 내에 있기 때문이다.
2. 달에 가해지는 알짜힘이 0이기 때문이다.
3. 달은 지구 중력권 밖에 있기 때문이다.
4. 달은 지구뿐만 아니라 태양과 행성들에 의해서도 당겨지고 있기 때문이다.
5. 위 모두이다.
6. 위 중 어느 것도 아니다.

답: 6. 달은 지구와 달 사이의 중력에 의한 인력 때문에 지구를 향해 가속하고 있다. 이 인력은 달이 궤도를 유지하는 데 필요한 구심력을 공급한다.

7. 북반구의 한 지점에 진자가 긴 장대에 매달려 있다. 진자가 정지 상태에 있을 때, 중력과 지구의 자전의 복합 작용은 진자를 (   ) 만든다.

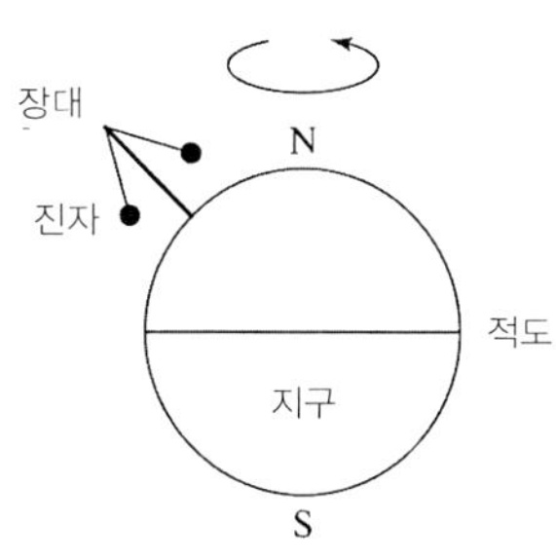

1. 지구 중심을 향해 곧장 아래를 가리키게
2. 동쪽을 향해 편향되게
3. 서쪽을 향해 편향되게
4. 북쪽을 향해 편향되게
5. 남쪽을 향해 편향되게
6. 위 중 어느 것도 아니다.

답: 5. 만약 지구가 자전하지 않는다면, 진자는 지구 중심을 곧장 향하게 가리킬 것이다. 지구의 자전은, 줄의 장력을 증가시키기 위해 진자가 남쪽으로 편향될 필요가 있으며, 그래서 진자의 구심가속도를 보정하여 사용한다.

관성질량, 운동량, 충돌

1. 무중력 궤도상에 우주 비행사는 철로 이루어진 큰 물체를 빠르게 앞뒤로 흔드는 실험을 하고 있다. 그녀는 지구에 있는 사람들에게 ( )라는 결과를 보고한다.
   1. 우주에서 물체는 관성질량을 갖지 않기 때문에 아무런 에너지를 소비하지 않는다.
   2. 좀 힘이 들지만, 지구에서 보다는 현저히 적다
   3. 무중력상태이지만 물체의 관성 질량은 지구에서와 같다.

   답: 3 관성질량은 어떤 물체의 고유한 특성이다. 그것은 가속되는 것에 대한 물체의 저항을 양적으로 나타내는 값이다. 반면에, 무게는 물체를 당기는 지구의 중력의 크기이다. 물체들은 자유 낙하하는 궤도에서는 무게가 없지만 그 물체들은 지구에 의해 가속되고 있는 것에 정확하게 저항한다.

2. 당신에게 두 개의 수레 A와 B가 있다. 그들은 겉모양이 같고, 동일한 소재로 만들어졌다. 공기 트랙 위에 A를 정지해 놓고, B를 A와 탄성 충돌할 수 있도록 오른쪽 방향으로 일정한 속도가 되도록 밀었다. 충돌 후 두 수레는 충돌 전 B의 속도보다 적은 속도로 오른쪽으로 이동한다. 당신은 어떤 결론을 낼 수 있는가?
   1. A 수레가 속이 비어있다.

2. 두 수레는 모두 동일하다.
3. B 수레가 속이 비어있다.
4. 더 많은 정보가 필요하다.

답: 1. B는 충돌 후 속도가 느려졌음에도 불구하고 원래 운동 방향으로 이동을 계속하고 있기 때문에 B의 관성질량은 A보다 커야한다. 그들은 같은 재료와 같은 모양으로 만들어졌기 때문에 질량이 작기 위해서는 A의 속이 비어있어야 한다.

3. 다음 시스템 중 어느 것이 고립계인가?
A. 얼음 판위에서 미끄러지는 두 자동차가 완전 비탄성 충돌한다. 계 : 두 대의 차를 고려한 계
B. A와 같은 상황. 계 : 미끄러지는 한 대의 차만을 고려한 계
C. 한 개의 자동차가 얼음 판 위에서 미끄러진다. 계 : 차
D. 자동차가 도로에서 비상 정지를 한다. 계 : 차
E. 공이 지구를 향하여 떨어지고 있다. 계 : 공
F. 당구공이 당구대 위에서 다른 당구공과 탄성 충돌한다. 계 : 두 개의 공으로 이루어진 계

답: A, C, 그리고 F.
A. 얼음판은 마찰이 없는 것으로 간주할 수 있다. 두 차는 외부의 영향을 받지 않는다.
B. 미끄러지는 차는 다른 차와 상호작용한다.
C. A와 동일하게 하나의 차는 외부의 영향을 받지 않는다.
D. 자동차 바퀴와 길 사이의 상호작용이 차의 속도를 낮춘다.
E. 지구와의 상호 작용은 공을 아래로 가속시킨다.
F. 당구대와 공의 마찰을 무시하면, 두 개의 당구공은 외부의 영향으로부터 고립된다.

주의 : 엄밀히 말하자면 위의 어느 것도 고립계가 될 수 없다. (미약한) 상호 작용들은 무시해야 한다

4. 멈춰있던 자동차가 가속된다. 가속하는 동안 자동차의 운동량의 크기가 일정하게 변하면, 지구의 운동량의 절대값 크기 변화는?
1. 더 크게 변한다.

2. 같게 변한다.
3. 더 작게 변한다.
4. 둘 사이의 상호작용에 따라 다르다.

답: 2. 운동량은 힘과 작용한 시간의 곱이다. 지구에 의해 차에 가해지는 힘과 차에 의해 지구에 가해지는 힘은 크기는 같고 방향은 반대이며, 힘이 가해지는 동안의 시간은 같다.

5. 멈춰있던 자동차가 가속된다. 자동차가 일정한 크기의 운동에너지를 얻는다면 지구는?
   1. 더 큰 운동에너지를 얻는다.
   2. 같은 크기의 운동에너지를 얻는다.
   3. 더 작은 운동에너지를 얻는다.
   4. 자동차가 얻은 만큼 운동에너지를 잃는다.

   답: 3. 일-에너지 정리에서 보면 운동에너지는 힘과 움직인 거리의 곱이다. 지구에 의해 차에 가해지는 힘과 차에 의해 지구에 가해지는 힘은 크기는 같고 방향은 반대이다. 그러나 힘이 작용한 거리는 같지 않다. 지구는 자동차가 움직인 거리에 비하면 무시해도 될 정도의 크기만큼 움직인다.

6. 전 세계 인구가 한 장소에 모여서 약속된 신호가 들릴 때 모두가 점프한다고 가정하자. 모든 사람들이 공중에 있을 때, 지구는 반대 방향으로 운동량을 얻을까?
   1. 아니다; 지구의 관성 질량이 매우 커서 움직임의 변화는 감지할 수 없을 정도로 작다.
   2. 그렇다; 지구의 관성 질량이 훨씬 더 크기 때문이다. 하지만 지구의 운동량의 변화는 점프한 사람들의 운동량의 변화보다 매우 작다.
   3. 그렇다; 권총에서 총알이 발사될 때처럼 지구도 사람들의 운동량의 변화량과 크기는 같고 같은 크기이고 방향은 반대인 반동이 생긴다.
   4. 경우에 따라 다르다.

   답: 3. 만약 지구가 분리된 계에 있다고 가정하면(사람들이 점프하는 짧은 시간동안 이런 접근이 적절하다) 운동량은 보존되어야 한다. 그래서

지구의 운동량은 점프한 사람들의 운동량과 크기는 같고 방향은 반대가 되어야 한다. 그러나 지구의 관성질량이 크기 때문에 감지할 수 있을 정도로 움직이지는 않는다.

7. 전 세계 인구가 한 장소에 모여서 약속된 신호가 들릴 때 모두가 점프한다고 가정하자. 약 1초 후에 50억 명이 땅에 착지했다. 사람들이 착지한 후에 지구의 운동량은?
   1. 사람들이 점프하기 전과 같다.
   2. 사람들이 점프하기 전과 다르다.

   답: 1. 계의 내부로부터 분리된 계의 운동량이 변하는 것은 불가능하다.

8. 마찰을 무시할 만한 직선 수평 트랙을 따라 움직이는 카트 안에 빗방울이 수직으로 떨어지고 있다고 가정하자. 물이 늘어날수록 카드의 속도는?
   1. 증가한다.
   2. 변하지 않는다.
   3. 감소한다.

   답: 3. 물이 수직으로 떨어지기 때문에 카트의 수평 운동량은 변하지 않는다. 그러나 카트의 질량이 늘어나기 때문에 카트의 속도는 감소한다.

9. 마찰을 무시할 만한 직선 수평 트랙을 따라 움직이는 카트 안에 빗방울이 수직으로 떨어지고 있다고 가정하자. 물이 늘어날수록 카드의 운동에너지는?
   1. 증가한다.
   2. 변하지 않는다.
   3. 감소한다.

   답: 3. 카트의 운동량은 변하지 않지만 속도가 감소하기 때문에 운동에너지도 역시 감소한다.

10. 다음 상황을 고려하라:

(i) 속도 v로 움직이는 공을 멈추게 한다. (ii) 멈춰 있는 공을 던져서 속도 v로 움직이게 한다. (iii) 속도 v로 움직이는 공을 멈추게 했다가 원래 속도로 뒤쪽으로 던진다.

위의 상황 중 운동량의 변화량이 가장 큰 공은?

1. (i)
2. (i), (ii)
3. (i), (ii), (iii)
4. (ii)
5. (ii), (iii)
6. (iii)

답: 6. 공이 관성질량 m과 속도 v를 가지고 있다고 하자. (i)의 경우에 운동량의 감소는 $0-mv=-mv$이다(나중 운동량에서 초기 운동량을 뺀 값). (ii)의 경우에는 $mv-0=+mv$이다. (iii)의 경우에는 공의 속도가 현재 반대 방향이 되었기 때문에 $m(-v)-mv=-2mv$이다. 그래서 변화의 크기는 세 번째 경우가 가장 크다.

11. 질량이 m과 2m인 두 카트가 에어 트랙 위에 정지해 있다. 만약 각각 같은 힘을 가해서 첫 번째 카트를 3초 동안 밀고, 다른 하나도 같은 시간 동안 민다면 가벼운 카트의 운동량은 무거운 카트의 운동량의?

1. 4배
2. 2배
3. 같다.
4. 1/2
5. 1/4

답: 3. 운동량은 힘과 시간의 곱이다. 카트에 가한 힘과 시간이 같기 때문에 두 카트의 최종 운동량은 같다.

12. 질량이 m과 2m인 두 카트가 에어 트랙 위에 정지해 있다. 만약 각각 같은 힘을 가해서 첫 번째 카트를 3초 동안 밀고, 다른 하나도 같은 시간 동안 민다면 가벼운 카트의 운동에너지는 무거운 카트의 운동에너지보다?

1. 크다.
2. 같다.
3. 작다.

답: 1. 두 카트의 운동량이 같기 때문에 가벼운 카트의 속도가 무거운 카트의 2배가 된다. 그러므로 가벼운 카트의 운동에너지는 무거운 카트의 운동에너지의 2배가 된다.

13. 탁구공과 볼링공이 당신 쪽으로 굴러온다고 가정하자. 둘은 같은 운동량을 가지고 있고, 당신은 공을 멈추기 위해 같은 힘을 가한다. 멈출 때까지 걸리는 시간을 비교하면?
1. 탁구공을 멈추는 데 걸리는 시간이 더 짧다.
2. 같다.
3. 탁구공을 멈추는 데 걸리는 시간이 더 길다.

답: 2. 힘은 운동량의 변화에 대한 시간 비율이기 때문에 두 공이 같은 비율로 운동량을 잃는다. 만약 두 공이 초기에 같은 운동량을 가지고 있다면, 멈추는 데 걸리는 시간도 같다.

14. 탁구공과 볼링공이 당신 쪽으로 굴러온다고 가정하자. 둘은 같은 운동량을 가지고 있고, 당신은 공을 멈추기 위해 같은 힘을 가한다. 멈출 때까지 필요한 거리를 비교하면?
1. 탁구공을 멈추는 데 걸리는 거리가 더 짧다.
2. 같다.
3. 탁구공을 멈추는 데 걸리는 거리가 더 길다.

답: 3. 두 공의 운동량이 같기 때문에 속도가 더 큰 공이 더 큰 운동에너지를 갖는다. 그래서 탁구공의 관성 질량이 더 작으므로 더 큰 운동에너지를 갖는다. 이것은 볼링공보다 탁구공에 일을 더 많이 해야 함을 의미한다. 일은 힘과 이동거리의 곱이기 때문에 탁구공을 멈추기 위한 거리가 더 길다.

15. 다음과 같이 정렬되어 있을 때 1번 공을 뒤로 들었다 놓으면 5번 공이 앞으로 튕긴다. 만약 1번과 2번 공을 들었다 놓으면 4번과 5번 공이 앞으로 튕긴다. 반대편으로 튕겨지는 공의 수는 같다. 왜냐하면

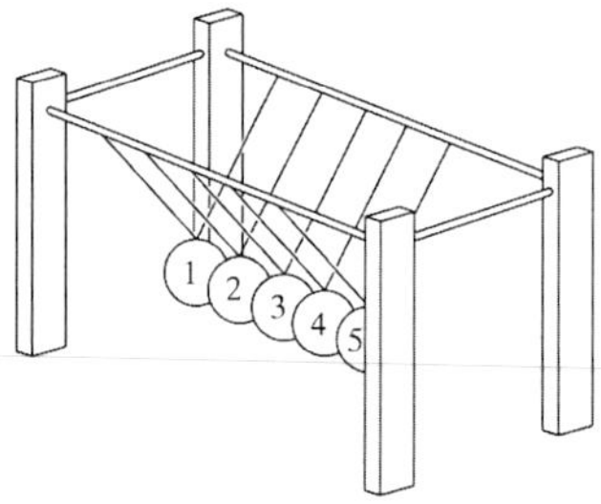

1. 운동량의 보존 때문에
2. 모두 탄성 충돌이기 때문에
3. 둘 중 아무것도 아니다.

답: 2. 운동량 보존에는 여러 가지 다른 최종 상태들이 있지만 이것은 운동에너지 또한 보존되는 유일한 상태이다. 운동에너지 보존은 "탄성 충돌"이라고 말하는 것과 같기 때문에 2번이 맞다.

16. 트랙 위에서 속도 v로 움직이는 카트가 정지된 동일한 카트에 충돌한 후 둘이 붙었다. 충돌 후 카트의 속도는?
   1. v
   2. $0.5v$
   3. 0
   4. $-0.5v$
   5. $-v$
   6. 정보가 더 필요하다.

   답: 2. 전체 운동량은 보존되어야 하기 때문에 $mv = 2mu$이고, 최종 속도 $u = 0.5v$가 된다.

17. 어떤 사람이 공을 던져서 커다란 나무 볼링 핀을 쓰러뜨리려고 한다. 그 사람은 크기와 질량이 같은 고무로 만든 공과 퍼티(접착제)로 만든 공 2개를 가지고 있다. 고무로 만든 공은 뒤로 튀기고, 퍼티로 만든 공은 핀에 붙는다. 어떤 공이 볼링핀을 넘어뜨리기 쉬울까?
   1. 고무공
   2. 퍼티공
   3. 차이 없다.

4. 정보가 더 필요하다.

답: 1. 이 상호작용에서 운동량이 보존되기 때문에 퍼티공보다 고무공 쪽에서 더 큰 운동량이 볼링 핀으로 전달된다. 그런 이유로 고무공이 볼링 핀을 더 쉽게 쓰러뜨릴 수 있다.

18. 빨리 생각하라! 당신이 25mps 속도로 편도로 난 좁은 길의 커브를 막 돌고 났더니 당신 쪽으로 25mps 속도로 똑같은 차가 오고 있는 것을 발견했다. 당신은 단지 두 가지 선택만 할 수 있다: 다른 차와 부딪히던지 거대한 콘크리트 벽으로 방향을 틀어야 한다. 충돌하기 전 아주 짧은 순간에 당신은 어떻게 결심할까?

1. 다른 차에 부딪힌다.
2. 벽에 부딪힌다.
3. 아무 것에나 부딪힌다. -차이가 없다.
4. 강의 노트를 찾는다.

답: 3. 운동량의 변화는 두 경우에 같다. 당신과 다가오는 차 사이에 얇은 철판을 들고 있다고 가정하자. 당신의 운동량과 다른 차의 운동량을 더하면 0이기 때문에 그 판은 가만히 있을 것이다(벽도 마찬가지이다).

19. 아래 그림과 같이 세 가지 충돌이 완전 비탄성 충돌이라면 어떤 것이 왼쪽의 차를 멈추게 할까?

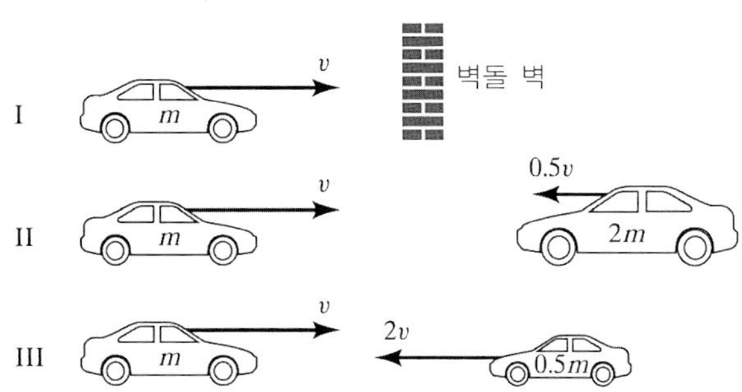

1. Ⅰ
2. Ⅱ
3. Ⅲ
4. Ⅰ, Ⅱ

5. Ⅰ, Ⅲ
6. Ⅱ, Ⅲ
7. 모두

답: 7. 운동량 보존에 따라 세 가지 충돌 모두 왼쪽 차를 멈추게 한다.

20. 아래 그림과 같이 세 가지 충돌이 완전 비탄성 충돌이라면 어떤 것이 가장 많이 부서질까?

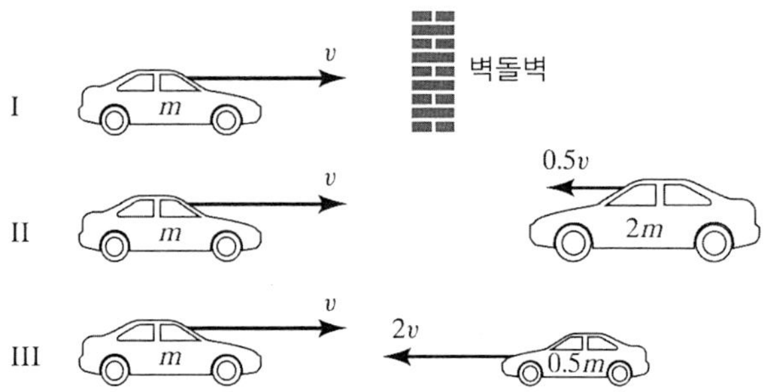

1. Ⅰ
2. Ⅱ
3. Ⅲ
4. Ⅰ, Ⅱ
5. Ⅰ, Ⅲ
6. Ⅱ, Ⅲ
7. 모두

답: 3. 세 번째의 오른쪽 차가 두 번째의 오른쪽 차나 첫 번째의 (운동에너지가 0인) 벽 보다 충돌할 때 더 많은 운동에너지를 잃는다. 잃은 운동에너지는 차를 변형시키기 때문에 세 번째 차가 가장 많이 부서진다.

21. 골프공이 멈춰있는 볼링공에 쏘아진 후 탄력적으로 뒤로 튄다. 볼링공과 비교했을 때 충돌 후 골프공은
1. 운동량은 더 크고, 운동에너지는 더 작다.
2. 운동량은 더 크고, 운동에너지도 더 크다.
3. 운동량은 더 작고, 운동에너지도 더 작다.

4. 운동량은 더 작고, 운동에너지는 더 크다.
5. 위에 답이 없다.

답: 4. 거의 움직이지 않는 볼링공과 대조적으로 골프공은 거의 입사 속도로 뒤로 튄다. 그러므로 골프공의 운동량의 변화는 거의 -2mv이고, 운동량 보존에 의해 볼링공은 +2mv의 운동량을 얻게 된다. 그러나 볼링공의 질량이 골프공보다 매우 크기 때문에 볼링공의 속도와 그에 따른 운동에너지는 골프공보다 매우 작다.

22. 골프공이 멈춰있는 볼링공에 쏘아진 후 볼링공 공에 붙는다. 볼링공과 비교했을 때 충돌 후 골프공은
1. 운동량은 더 크고, 운동에너지는 더 작다.
2. 운동량은 더 크고, 운동에너지도 더 크다.
3. 운동량은 더 작고, 운동에너지도 더 작다.
4. 운동량은 더 작고, 운동에너지는 더 크다.
5. 위에 답이 없다.

답: 3 두 공은 충돌 후 같은 속도로 움직인다. 그래서 관성 질량이 더 큰 공이 운동량도 더 크고 운동에너지도 더 크다.

23. 마찰이 거의 없는 트랙 위에 멈춰있는 카트 위에 당신이 서 있다고 가정하자. 당신이 카트 위에 튼튼하게 세워져 있는 벽 쪽으로 공을 던진다. 만약 그림처럼 공이 곧장 뒤로 튕겨진다면 카트가 움직일까?

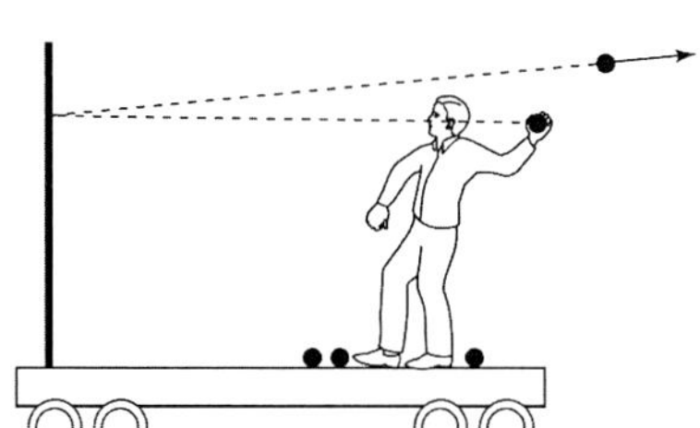

1. 그렇다, 오른쪽으로 움직인다.
2. 그렇다, 왼쪽으로 움직인다.
3. 아니다, 움직이지 않는다.

답: 2. 모든 공이 오른쪽 방향으로 뒤로 튕기기 때문에 운동량 보존에 따라 카트는 앞으로 움직인다.

24. 소형 승용차와 대형 트럭이 서로 마주보며 충돌한 후 붙었다. 어떤 것의 운동량이 더 크게 변할까?

1. 승용차
2. 트럭
3. 두 자동차의 운동량 변화는 같다.
4. 질량과 최종 속도를 알지 못하면 말할 수 없다.

답: 3. 운동량 보존에 의해 운동량의 변화를 더하면 0이다. 그래서 승용차의 운동량 변화는 트럭의 운동량 변화와 같고, 방향은 서로 반대이다.

25. 소형 승용차와 대형 트럭이 서로 마주보며 충돌한 후 붙었다. 충돌하는 동안 어떤 자동차의 가속도가 더 클까?

1. 승용차
2. 트럭
3. 두 자동차의 가속도는 같다.
4. 질량과 최종 속도를 알지 못하면 말할 수 없다.

답: 1. 승용차의 관성 질량이 m이고 트럭의 관성 질량은 $M \gg m$이라고 하자. 운동량 변화가 같기 때문에(방향이 서로 반대라는 것을 무시하면) Δv가 승용차의 속도 변화량이고 ΔV가 트럭의 속도 변화량일 때, $m\Delta v = M\Delta V$이다. $m \gg M$이기 때문에 $\Delta v \gg \Delta V$이다. 가속도는 속도의 변화에 비례하고, 두 속도의 변화는 같은 시간동안 일어난다(충돌 시간). 그러므로 승용차는 트럭보다 더 큰 가속도를 갖는다.

26. 정지상태의 물체가 움직이는 물체에 의해 충돌했을 때, 정지상태이던 물체의 충돌 후 운동량의 크기가 충돌 전 움직이는 물체의 운동량보다 커질 수 있는가?

1. 가능하다.
2. 그런 일은 운동량 보존 법칙을 위해하는 것이기 때문에 가능하지 않다.

답: 1. 매우 거대한 물체에 부딪혀 뒤로 튀는 작은 공을 생각해 보라. 만약 공이 부딪힌 속도로 뒤로 튄다면 운동량의 변화는 $2mv$가 된다. 운동량 보존에 의해 더 거대한 물체는 반대 방향으로 $2mv$의 운동량을 갖는다. 이것은 공의 처음 운동량 mv보다 큰 값이다.

상호작용

1. 관성 질량이 같은 두 카트를 트랙 위에 마주 대고 놓았다. 카트 A에는 용수철이 든 피스톤이 있고, 카트 B는 완전히 수동식이다. 피스톤을 놓으면, 카트 B를 반대로 민다. 그 다음은 어떻게 되는가?
   1. A는 움직이고, B는 그대로 있다.
   2. 두 카트 모두 움직이고, A는 B보다 속력이 더 빠르다.
   3. 두 카트 모두 같은 속력으로 움직이지만 방향은 반대이다.
   4. 두 카트 모두 움직이고, B는 A보다 속력이 더 빠르다.
   5. B는 움직이고, A는 그대로 있다.

   답: 3. 이것은 운동량 보존을 만족하는 유일한 정답이다.

2. 관성 질량이 같은 두 카트를 트랙 위에 마주 대고 놓았다. 카트 A에는 용수철이 든 피스톤이 있고, 카트 B의 관성 질량은 카트 A의 두 배이고, 완전히 수동식이다. 피스톤을 놓으면, 카트 B를 반대로 밀고 카트들은 떨어져 움직인다. 최종 운동량과 운동 에너지의 크기를 비교하면 어떠한가?
   1. $P_A > P_B,\ K_A > K_B$
   2. $P_A > P_B,\ K_A = K_B$
   3. $P_A > P_B,\ K_A < K_B$
   4. $P_A = P_B,\ K_A > K_B$
   5. $P_A = P_B,\ K_A = K_B$
   6. $P_A = P_B,\ K_A < K_B$
   7. $P_A < P_B,\ K_A > K_B$
   8. $P_A < P_B,\ K_A = K_B$
   9. $P_A < P_B,\ K_A < K_B$

답: 4. 운동량 보존은 두 카트의 운동량이 크기는 같고 방향은 반대임을 요구한다. 이 제한에 따라 4-6만 남고 모두 제거된다. B의 관성질량이 A의 두 배이기 때문에 B의 속도는 A의 절반이 되어야 한다. 운동에너지는 운동량에 속도의 1/2를 곱한 것이고, 두 카트의 운동량은 같기 때문에 더 속도가 빠른 카트(A)가 더 큰 운동에너지를 갖는다.

3. 관성 질량이 같은 두 카트를 트랙 위에 마주 대고 놓았다. 카트 A에는 용수철이 든 피스톤이 있고, 카트 B의 관성 질량은 카트 A의 두배이고, 완전히 수동식이다. 피스톤을 놓으면, 카트 B를 반대로 밀고 카트들은 떨어져 움직인다. 부호를 무시하면 피스톤이 미는 동안
   1. A의 가속도가 B보다 더 크다.
   2. 가속도는 같다.
   3. B의 가속도가 A보다 더 크다.

   답: 1. A가 B보다 더 빠른 속도를 얻는다. 두 카트는 같은 시간에 걸쳐 속도를 얻기 때문에 A의 가속도는 B보다 더 커야 한다.

4. 롤러블레이드를 탄 두 사람이 공을 서로 주고받고 있다. 몇 번 던진 후에 그들은 (마찰을 무시하면)
   1. 처음 그대로 서 있다.
   2. 서로 더 멀리 떨어져 서 있다.
   3. 서로 더 가깝게 서 있다.
   4. 서로 더 멀리 움직인다.
   5. 서로 가까운 쪽으로 움직인다.

   답: 4. 던지는 것은 충돌을 일으킨다. 두 사람 A와 B가 멈춘 상태에서 출발한다고 가정하자. A가 공을 던지면 그는 반동이 생겨서 B로부터 멀어지는 쪽으로 뒤로 움직이고, 공과 A의 전체 운동량은 보존된다. B가 공을 잡으면 그녀 역시 더 빨리 뒤로 움직인다. 그녀가 A에게 공을 던지면 그녀는 반동이 생겨서 더 빨리 뒤로 움직인다. A가 공을 잡으면 그것으로부터 좀 더 운동량을 받는다. 공을 던지는 횟수가 많아지면 A는 계속 더 빨라지게 된다. 알짜 효과는 A와 B를 각각 더 멀어지는 쪽으로 가속하는 것이다.

5. 롤러블레이드를 탄 두 사람이 공을 서로 주고받고 있다. 어떤 문장이 사실일까?

A. 공에 의해 영향을 받은 상호작용은 척력이다.

B. 만약 우리가 행동을 동영상으로 찍어서 뒤로 재생시키면 상호작용은 인력으로 나타난다.

C. 두 사람의 전체 운동량은 보존된다.

D. 두 사람의 전체 에너지는 보존된다.

답: A. 두 사람의 상호작용에 의해 각자 멀어지는 쪽으로 가속되었으므로 이 상호작용은 척력이다. B문장은 틀렸다. 왜냐하면 만약 이 사건의 동영상을 뒤로 재생하면 A와 B가 서로 가까워지는 것으로 보일 것이기 때문이다. 그러나 그들이 점점 가까워지면 속도는 점점 더 작아지게 되고, 이것은 그들의 가속도가 여전히 서로 멀어지는 쪽을 가리킨다는 것을 의미한다. 그래서 상호작용은 여전히 척력이 된다.
보존 법칙은 어떠한가? 공은 두 사람 사이에서 주고받는 운동량과 에너지를 나른다. 그러므로 그들의 운동량과 에너지는 보존될 수 없다.

6. 다음 그림처럼 10kg 추가 스프링에 의해 천정에 매달려 있다. 추와 스프링은 추의 아랫부분이 바닥 위로 약 1m떨어진 곳에서 평형을 이루고 있다. 추가 계란의 바로 위에 올 때까지 스프링을 늘린 후, 스프링을 놓으면 추는 수축되는 스프링에 의해 위로 올라갔다가 중력의 영향으로 다시 아래로 떨어진다. 아래로 내려갈 때 추는

1. 계란의 훨씬 위에서 방향을 바꾼다.
2. 계란에 거의 닿을 정도에서 방향을 바꾼다.
3. 계란에 부딪혀 깨지게 만든다.

답: 2. 추의 바닥이 계란 바로 위에 올 때까지 스프링이 늘어난 초기 상태에서 이 계의 모든 에너지는 위치에너지이다. 추를 놓아 스프링과 추가 움직일 때 위치에너지의 일부는 운동에너지로 전환된다. 그러나 추가 계란 바로 위의 위치로 돌아갈 때 이 계에서 모든 에너지는 위치에너지가 되어야 한다. 운동에너지가 없으면 추는 원래 놓였던 그 지점에서 멈춘다. 계란은 안전하다.

7. 그림의 (a)부분에서 스프링에 붙은 에어트랙 카트는 위치 $x_{평형}$에서 트랙 위에 멈춰있고, 스프링은 원래 그대로 있다. (b)에서 카트를 위치 $x_{출발점}$까지 당겨졌다가 놓았다. 그러면 그것은 약 $x_{평형}$를 진동한다. 어떤 그래프가 카트의 위치 함수에 따른 스프링의 위치에너지를 바르게 나타내는가?

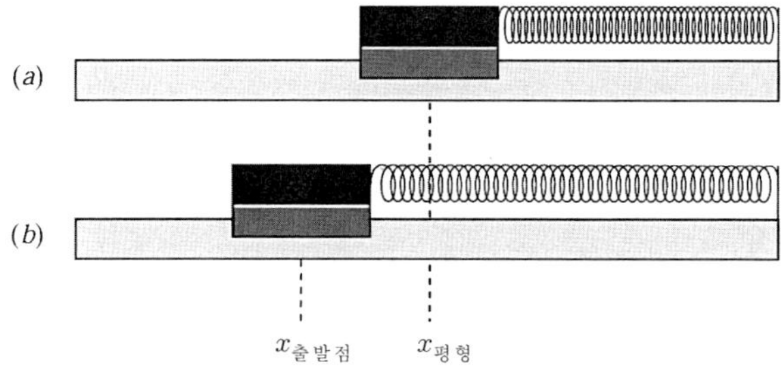

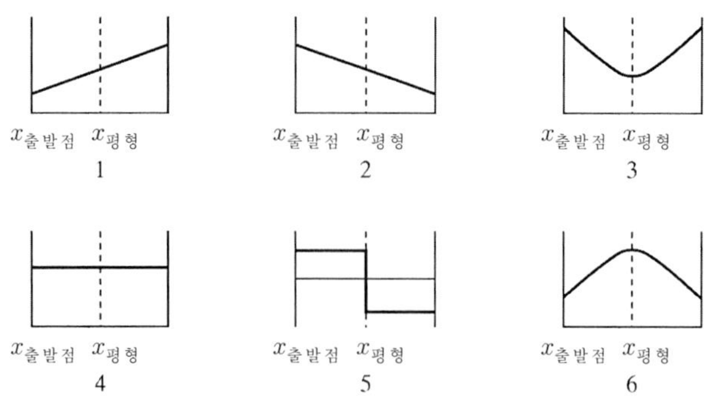

답: 3. 카트는 어떤 운동에너지도 없는 상태로 $x_{출발점}$에서 출발하고 스프링의 위치 에너지는 최대이다. 일단 놓으면 카트는 오른쪽으로 가속되고 그것의 운동에너지는 스프링의 위치에너지가 카트의 운동에너지로 전환되는 만큼 증가한다. 카트가 평형 위치를 통과하면 운동에너지는 최대가 되고, 스프링의 위치에너지는 최소가 된다. $x_{평형}$의 오른쪽에서는 카트가 스프링을 축소하는 쪽으로 출발하고, 카트는 그것의 운동에너지가 재수축되는 스프링의 위치에너지 쪽으로 전환되는 만큼 느려진다. 가장 오른쪽에 도달했을 때 카트는 방향을 바꾼다. 그 순간 카트는 운동에너지는 없고 스프링은 최대의 위치에너지를 갖는다.

8. 두 자동차가 수평 트랙 위에 멈춰있고, 한 자동차는 다른 자동차보다 2배 무겁다. 사람이 각각의 자동차를 5초 동안 민다. 마찰을 무시하고 두 차에 가해진 힘이 같다고 가정하면 민 후에 가벼운 자동차의 운동량은 무거운 자동차의 운동량에 비해 어떤가?
1. 더 작다.
2. 같다.
3. 더 크다.

답: 2. 일정한 힘에 의해 야기되는 운동량의 변화는 힘과 시간의 곱이다: $\Delta p = F\Delta t$. 시간 변화 Δt와 힘 F가 두 자동차에 대해 같기 때문에 운동량의 변화 역시 같다.

9. 두 자동차가 수평 트랙 위에 멈춰있고, 한 자동차는 다른 자동차보다 2배 무겁다. 사람이 각각의 자동차를 5초 동안 민다. 마찰을 무시하고 두 차에 가해진 힘이 같다고 가정하면 민 후에 가벼운 자동차의 운동에너지는 무거운 자동차의 운동에너지에 비해 어떤가?
1. 더 작다.
2. 같다.
3. 더 크다.

답: 3. 두 자동차의 운동량이 같기 때문에 속도가 더 빠른 자동차는 더 큰 운동에너지를 갖게 된다. 이것은 둘 중 더 가벼운 것이 될 것이다; 관성이 더 작으면 더 무거운 자동차에 비해 가속도는 더 크다.

관성계(REFERENCE FRAMES)

1. 작은 공이 멈춰 있는 더 거대한 공과 탄성 충돌할 때, 거대한 공은 그대로 움직이지 않는 경향이 있는 반면 작은 공은 거의 원래의 속도로 뒤로 튄다. 이제 관성 질량 M인 거대한 공이 속도 v로 움직여 멈춰있는 관성 질량 m의 작은 공을 친다고 생각하자. 작은 공의 운동량의 변화는?

   1. Mv
   2. $2Mv$
   3. mv
   4. $2mv$
   5. 모두 아니다.

   답: 4. 거대한 공을 따라 움직이는 관성계로부터 두 번째 충돌을 생각해 보라. 이 움직이는 계에서 거대한 공은 멈춰있고 작은 공은 거대한 공 쪽으로 속도 v로 움직인다. 그러나 이것은 거의 첫 번째 충돌과 같다. 충돌 후에 작은 공은 속도 v로 튀긴다. 지구계에서 이것은 $v+v=2v$의 속도에 해당한다. 그래서 운동량의 변화는 바로 첫 번째 충돌처럼 $2mv$가 된다.

2. 작은 고무공이 피구공 위에 놓여있고 두 공이 일정 높이에서 떨어진다. 피구공이 땅에 닿기 바로 전의 속도와 고무공이 되튀었을 때 속도를 비교하면?

   1. 같다.
   2. 두 배 크다.
   3. 세 배 크다.
   4. 네 배 크다.
   5. 모두 아니다.

   답: 3. 피구공이 땅에 닿을 때 속도는 방향을 바꾸어 v는 $-v$가 된다. 속도 $-v$로 피구공과 함께 위로 움직이는 관성계에서 피구공은 멈추고 고무공은 속도 $2v$로 다가온다. 그것이 피구공을 칠 때, 고무공의 속도가 방향을 바꾸어 $2v$는 $-2v$가 된다. 고무공의 속도에 대한 이 값은 속도 $-v$로 움직이는 계에서 타당하다; 지구계에서 작은 공의 속도는 $-2v+(-v)=-3v$가 된다.

3. 방음이 되고 창문이 없는 방에 평평한 지형 위를 움직이는 호버크래프트 위에 앉아 있다고 가정하라. 방안에서 당신이 알 수 있는 것은 다음 중 어느 것인가?

A. 자전
B. 수평 방향으로부터 이탈
C. 등속 운동
D. 가속도
E. 지면에 멈춘 상태

답: A, B, D. 등속 운동 또는 정지 상태를 발견할 수 있는 실험은 없다. 우리는 가속도를 야기하는 운동만 감지할 수 있다.

4. 에어트랙 위에 카트가 정지해있다. 압축된 스프링이 풀리면서 카트가 밀리면서 움직인다. 지구의 관성계에서 카트에 대한 시간-속도 그래프는 아래 그림과 같다. 지구에 대해 일정 속도로 움직이는 계에서 카트의 아래와 같은 변화량은 어떤 값으로 나타낼 수 있는가?

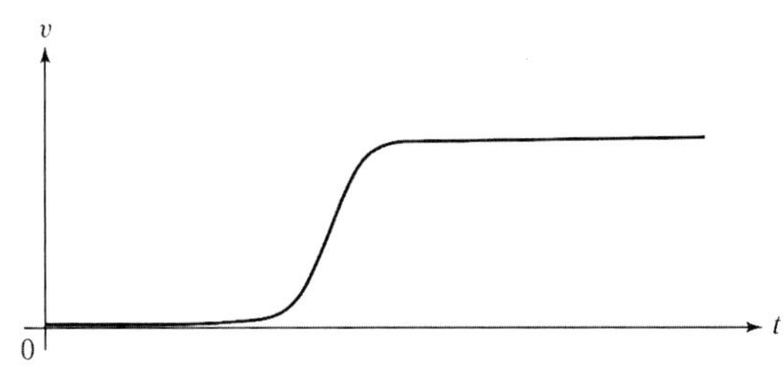

1. 속도
2. 운동량
3. 운동에너지
4. 모두 아니다.

답: 3. 속도의 변화와 운동량의 변화는 서로 관련된 일정 속도로 움직이는 두 관성계에서 같다. 그러나 운동에너지 변화량은 어떤 값도 될 수 있다.

5. 초기에 멈춰 있는 에어트랙 카트가 압축된 스프링이 풀려서 카트를 밀 때 움직인다. 지구와 카트는 분리된 계를 구성한다. 카트의 운동에너지 변화는 지구의 관성계와 지구와 관련된 일정 속도로 움직이는 계에서는

다르다. 왜냐하면 움직이는 계에서
1. 에너지의 보존이 적용하기되지 않기 때문에
2. 스프링에 의해 풀리는 에너지의 양이 다르기 때문에
3. 지구의 운동에너지의 변화가 다르기 때문에
4. 2와 3을 합한 이유 때문에
5. 모두 아니다.

답: 3. 계가 분리되어 있기 때문에 운동량 보존은 어떤 관성계에서도 성립된다. 스프링에 의해 풀리는 에너지의 양은 물리적 상태에서 변화하는 동안 측정되고 그것은 반드시 관성계에 독립적이다. 3번은 에너지 보존을 만족하는 유일한 것이다.

6. 두 물체가 비탄성 충돌을 한다. 충돌할 때 초기 운동에너지가 모두 다른 에너지 형태로 전환된다고 말할 수 있는가?
1. 그렇다. 하지만 어떤 특별한 초기 속도에 대해서 그렇다.
2. 그렇다. 제공된 물체가 충분히 부드러우면 그렇다.
3. 아니다. 이것은 기본적인 물리 법칙을 위배한다.
4. 모두 아니다.

답: 1. 만약 모든 운동에너지가 전환된다면 두 물체는 반드시 멈춘 상태여야 한다. 이것은 충돌 후 물체의 전체 운동량이 0임을 의미한다. 이것은 단지 전체 운동량이 0으로 시작될 때 일어날 수 있다.

회전

1. 무당벌레 한마리가 회전목마의 가장자리에 앉아 있고, 회전축과 그 무당벌레 사이의 거리의 절반 되는 곳에 또 다른 무당벌레가 앉아있다. 회전목마는 2초에 한바퀴 회전한다. 두 번째 무당벌레의 각속도는

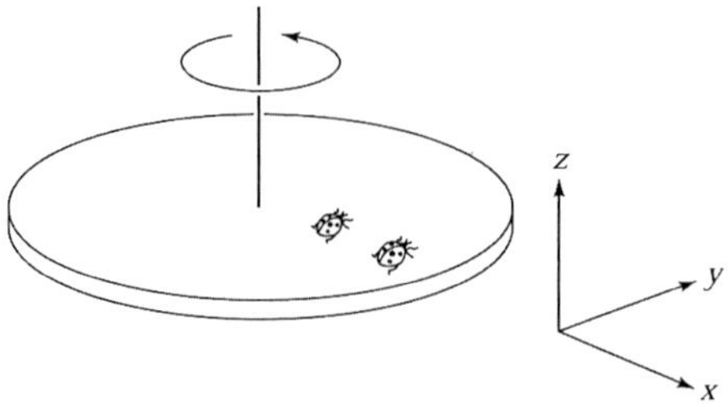

1. 첫 번째 무당벌레의 절반이다.
2. 첫 번째 무당벌레와 같다.
3. 첫 번째 무당벌레의 2배이다.
4. 알 수 없다.

답: 2. 두 마리 모두의 각속도는 1 rev/s이다.

2. 무당벌레 한마리가 천천히 멈추고 있는 회전목마의 가장자리에 앉아 있다. 그림에서 보이는 순간에 직교좌표계에서 무당벌레의 가속도의 반지름 방향의 성분은

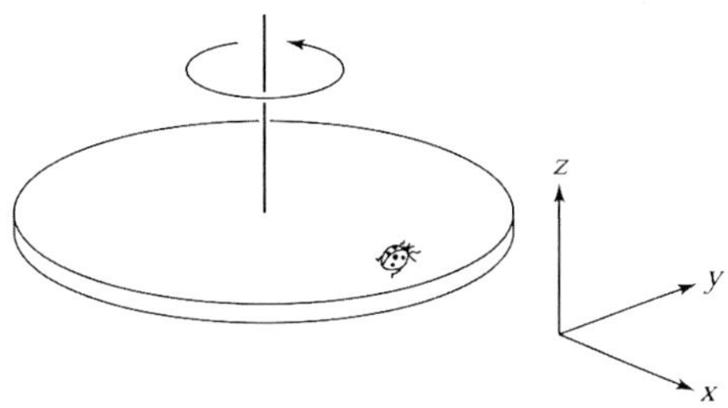

1. $+x$축 방향
2. $-x$축 방향
3. $+y$축 방향
4. $-y$축 방향
5. $+z$축 방향
6. $-z$축 방향
7. 0

답: 2. 직교좌표계에서 회전하는 물체의 가속도의 반지름 방향 성분은 회전축을 향한다.

3. 무당벌레 한마리가 천천히 멈추고 있는 회전목마의 가장자리에 앉아 있다. 직교좌표계에서 무당벌레의 가속도의 접선 성분은

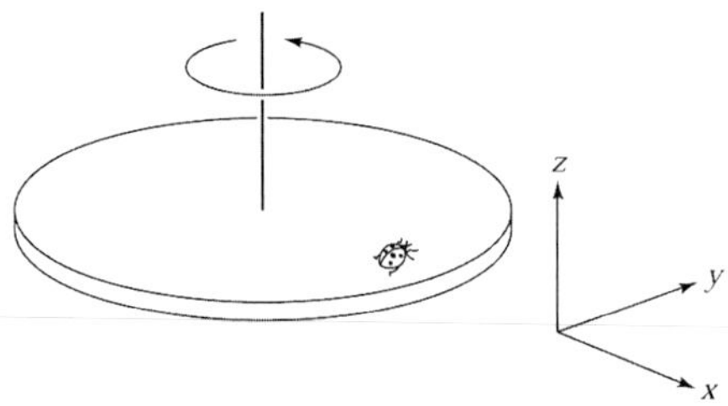

1. $+x$축 방향
2. $-x$축 방향
3. $+y$축 방향
4. $-y$축 방향
5. $+z$축 방향
6. $-z$축 방향
7. 0

답: 4. 무당벌레의 접선 속도는 $+y$방향이다. 회전목마가 감속하기 때문에 무당벌레의 접선 가속도는 $-y$축 방향이 된다.

4. 무당벌레 한마리가 천천히 멈추고 있는 회전목마의 가장자리에 앉아 있다. 무당벌레의 각속도를 나타내는 벡터는

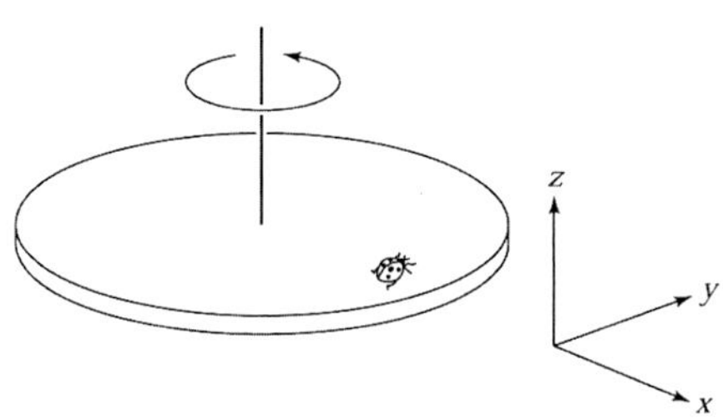

1. $+x$축 방향
2. $-x$축 방향
3. $+y$축 방향
4. $-y$축 방향
5. $+z$축 방향
6. $-z$축 방향
7. 0

답: 5. 각속도 벡터의 방향은 오른손 법칙으로 주어진다.

5. "barrel of fun"에 타고 있는 사람의 등이 벽에 붙어있다. 다음 그림 중 사람에게 작용하는 힘을 정확히 나타낸 것은?

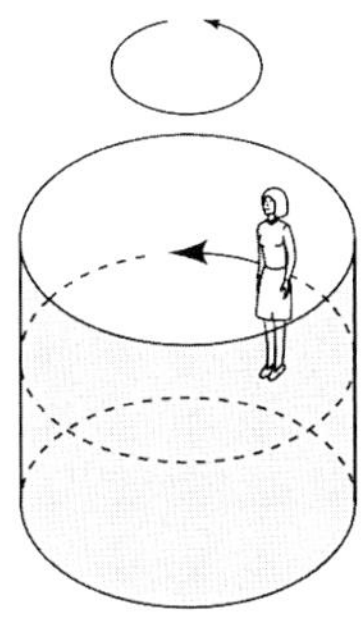

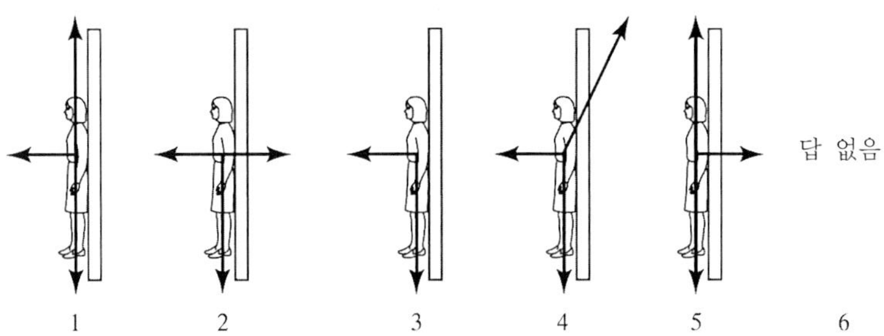

답: 1. 벽은 탑승자의 회전을 원으로 유지시키기 위한 구심 가속도를 가한다. 아래 방향으로 향하는 중력과 크기는 같고 방향은 반대인 위쪽으로 마찰력이 작용한다.

6. 회전하고 있는 회전목마의 반대쪽에 두 사람이 있다고 가정하자. 둘 중 한 명이 다른 사람에게 공을 던진다. 위에서 볼 때 공의 경로가 직선인 것은 : (a) 회전목마에서 인가? (b) 땅에서 인가?

1. (a)
2. (a)와 (b) –경로가 구부러짐에도 불구하고
3. (b)
4. 둘 다 아니다; 원운동을 하는 동안 던졌기 때문에 공은 곡선을 따라 간다.

답: 3. 틀이 관성이라면 공의 경로는 직선이어야 한다. 두 틀 중 단지(b)만 관성이고, (b)에서만 직선 경로이다.

7. 당신이 손잡이가 눌려 걸려 있는 문을 문과 수직 방향에서 열려고 한다. 당신이 손잡이에 끈을 묶고 같은 힘으로 당긴다면 당신이 가하는 토크는 증가할까?

   1. 그렇다.
   2. 아니다.

   답: 2. 당신이 작용하는 힘은 변하지 않고 작용하는 선과 중심축 사이의 수직 거리(팔 길이)도 똑같이 변하지 않기 때문에 당신이 작용하는 토크는 증가하지 않는다. (어떤 각도를 가지고 당기는 경우만이 팔 길이를 감소시킨다.)

8. 당신이 렌치를 사용해서 녹슨 너트를 풀려고 한다. 렌치를 어떻게 해야 너트를 푸는 데 가장 효과적일까? 다음의 예들을 가장 효과적인 순서대로 놓아라.

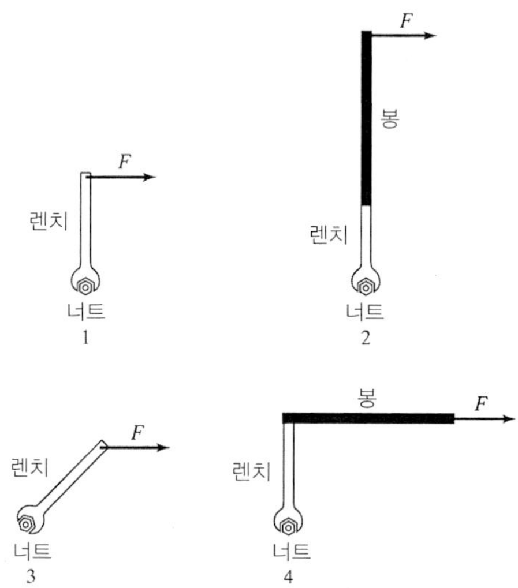

   답: 2-1-4-3. 토크를 증가시키기 위해 당신은 작용하는 힘이나 모멘트 팔을 늘릴 수 있다. 여기서 힘은 네가지 경우 모두 같다. 그러므로 이 문제에서는 모멘트 팔을 비교하면 된다.

9. 일정한 시간 Δt동안 그림 (a)와 (b)처럼 아령에 힘 F를 가했다. 다음 중 아령의 무게 중심이 더 큰 속력을 가지게 되는 경우는?

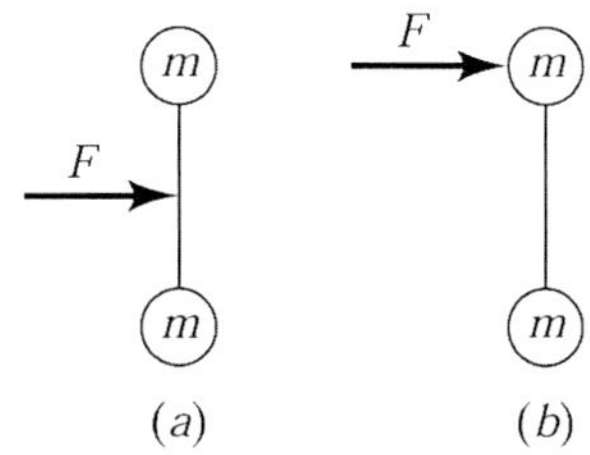

1. (a)
2. (b)
3. 차이가 없다.
4. 아령의 회전관성(관성모멘트)에 따라 답이 다르다.

답: 3. 힘은 두 경우 모두 같은 시간 작용했기 때문에, 운동량 변화량 ΔP가 같아야 한다. 그러므로 무게중심의 속도는 둘 다 같다.

10. 일정한 시간 Δt동안 그림 (a)와 (b)처럼 아령에 힘 F를 가했다. 어떤 경우에 아령이 더 큰 에너지를 얻는가?

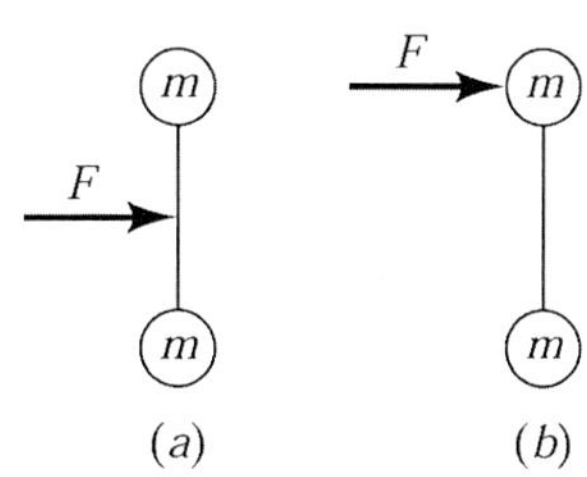

1. (a)
2. (b)
3. 차이가 없다.
4. 아령의 회전관성에 따라 답이 다르다.

답: 2. 무게 중심 속도가 같다면, 병진운동에너지는 같아야 한다. 아령 (b)는 회전도 하게 되므로 회전운동에너지도 가진다.

11. 속력 v로 움직이던 물체가 아령의 중심과 끝부분에 부딪힌 두 경우가 있다고 하자. 두 경우 아령의 중심 속력은 같은가?

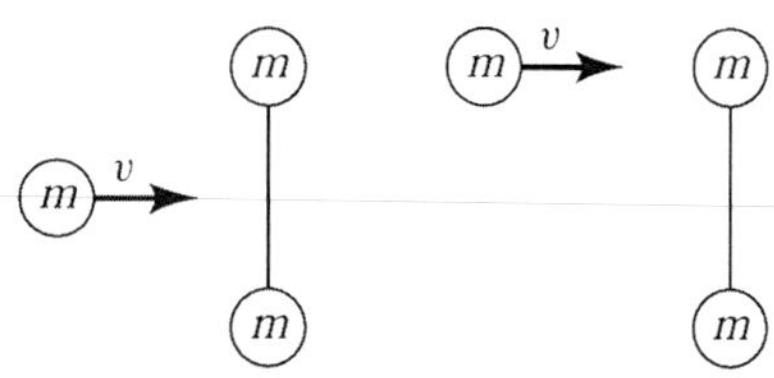

(a) (b)

1. 예
2. 아니오

답: 2. 움직이던 물체는 운동량을 가지고 있다. (a)처럼 중심에 부딪히면, 회전이 없고, 이 충돌은 관성질량 m과 관성질량 $2m$인 두 물체의 일차원 충돌과 같다. 아령의 관성질량이 더 커서 다가오던 물체는 뒤로 튕긴다.
(b)에서 아령은 회전을 한다. 다가오던 물체는 더 적은 "저항"을 겪게 되어 아령에게 더 적은 운동량이 전달된다. 그러므로 (a)보다 무게 중심의 속력은 더 작을 것이다.

12. 1kg의 바위가 1m 자의 끝에 질량을 무시할 수 있는 줄로 매달려있다. 0.25m부분에서 평형을 이룬다면 자의 질량은 얼마인가?

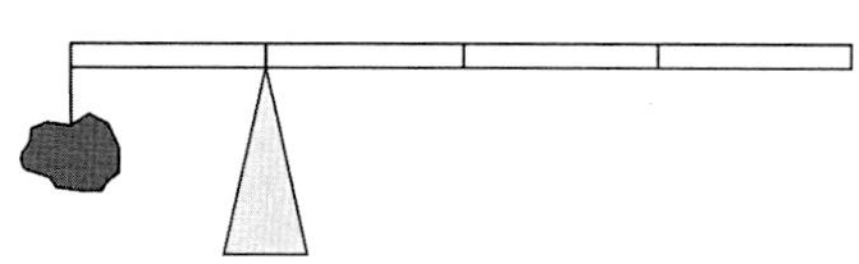

1. 0.25kg
2. 0.5kg
3. 1kg
4. 2kg
5. 4kg
6. 결정할 수 없다.

답: 3. 자는 좌우 대칭적이고 균일하므로, 0.5m부분을 질량 중심으로 잡을 수 있다. 지지대는 두 질량의 가운데에 놓을 것이고 자의 질량도 1kg일 때 평형이 된다.

13. 비탈면에 놓여 있는 상자의 점은 무게중심을 나타내는 것으로 한 가운데에서 벗어난 지점이다. 4개의 상자 중 상자의 꼭대기가 들리는 것이 있는가?

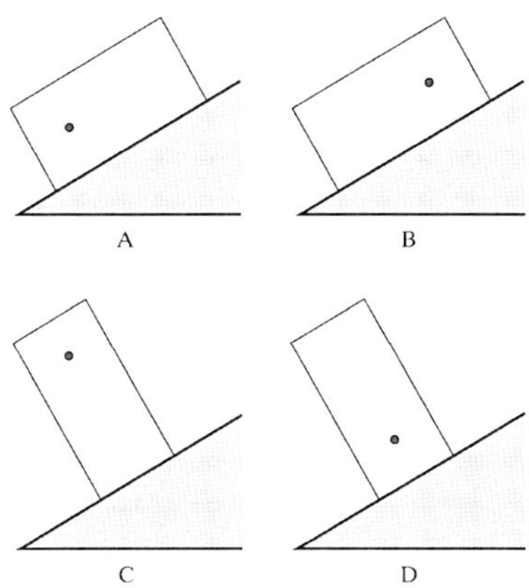

답: C만. 상자 꼭대기가 들리려면 상자가 바닥의 왼쪽 모서리로 회전해야한다. C의 경우만 (중력에 의한) 회전축의 토크로 인해 상자 꼭대기가 들리는 식으로 상자는 회전한다.

14. 아래 왼쪽 그림과 같이, 질량 m인 아이스하키의 퍽이 속력 v로 움직이다가 길이 r의 줄로 기둥에 단단히 고정되어있던 질량 m인 퍽에 부딪혔다. 충돌 후 줄에 매달려 있던 퍽은 기둥 주위를 회전하였다. 이제는 오른쪽 그림처럼 줄을 2배로 연장했다고 하자. 처음의 경우와 각속도를 비교했을 때, 새로운 각속도는?

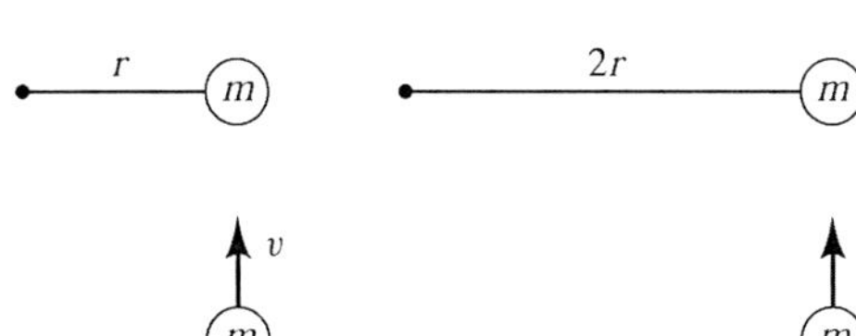

1. 두 배로 빨라진다.
2. 같다.
3. 반이 된다.
4. 위의 보기에는 답이 없다.

답: 3. 두 퍽이 충돌하는 과정에서 줄의 효과를 무시한다면, 움직이던 퍽은 정지하고 줄에 매달려 있던 퍽이 속력 v가 된다. 줄 때문에 퍽은 직선운동을 할 수 없고 원운동하게 된다. 속력이 v이므로 축 주위를 도는 주기는 $\frac{2\pi r}{v}$이다. $v=\omega r$이므로 퍽의 각속도 $\omega=\frac{v}{r}$이다.

줄이 2배로 길어지면 퍽이 도는 원은 2배로 커진다. 충돌로 같은 속력을 가지게 되므로, 주기는 2배가 된다. 그러므로 각속도$\omega=\frac{v}{2r}$이 된다.

15. 피겨스케이트 선수가 마찰이 없는 얼음판 위의 한 지점에서 팔을 길게 편 상태로 회전하였다. 자신의 몸 쪽으로 팔을 모을 때 이 선수의 회전 관성은 감소하고 각속도는 증가하여 각운동량이 보존된다. 초기 회전 운동에너지와 비교하면, 팔을 몸 쪽으로 모은 후의 회전운동에너지는 어떠한가?

1. 같다.
2. 회전이 더 빠르므로 더 크다.
3. 회전 관성이 작아졌으므로 더 작다.

답: 2. 회전운동에너지는 $\frac{1}{2}I\omega^2$이다. 각운동량 L을 $r\omega$로 대체하면, 회전 운동에너지 $K_{rot}=\frac{1}{2}L\omega$이다. 고립계에서 각운동량이 보존되므로 L은 일정하고 ω는 증가한다. 그러므로 K_{rot}는 증가해야 한다. 증가된 에너지는 선수가 팔에 모을 때 한 일에서 온 것이다. 선수는 계속 직선운동하려는 관성을 이겨서 팔을 당겨야 한다. 스케이트 선수와 팔을 하나의 계로 간주하고자 한다면, 증가된 에너지는 잠재된 에너지에서 온 것이다.

16. 크기와 질량이 같은 두 개의 원통이 경사면을 따라 굴러 내려간다. 원통 A는 무게가 대부분 바깥테두리 부위에 집중되어 있다. 한편 원통 B는 내부의 중심에 무게가 집중되어 있다. 경사면의 바닥에 어느 것이 먼저 도착할까?

1. A
2. B
3. 둘 다 동시에 도착한다.

답: 2. 원통이 경사면 아래로 굴러갈 때, 중력에 의한 위치에너지가 병진운동에너지와 회전운동에너지로 바뀐다: $mgh=\frac{1}{2}mv^2+\frac{1}{2}I\omega^2$. ω 대신 $\frac{v}{r}$를 대입하여 $mgh=\frac{1}{2}(m+\frac{I}{r^2})v^2$. 두 원형의 m과 r이 같아서, 회전관성이 더 작은 원통이 더 큰 속력을 가진다. 질량이 중심에 가깝게 집중될수록 회전 관성이 더 작다.

17. 강체 원판과 링이 경사면을 따라 굴러 내려간다. 링이 판보다 더 느린 경우는?

1. $m_{ring}=m_{disk}$인 경우 (m은 관성질량)
2. $r_{ring}=r_{disk}$인 경우 (r은 반지름)
3. $m_{ring}=m_{disk}$이고 $r_{ring}=r_{disk}$인 경우
4. m과 r에 상관없이 링이 항상 더 늦다.

답: 4. 링은 단위질량당 회전관성이 판보다 더 크다. 그러므로 굴러갈 때, 회전에서 총 운동에너지가 상대적으로 더 크다. 그래서 병진 운동에너지는 판보다 더 느리다.

판과 링이 경사면을 굴러 내려감에 따라, 경사면의 바닥과 꼭대기의 높이 차이를 h라 할 때, 각각의 위치에너지는 mgh만큼 감소한다. 이 에너지는 (병진과 회전)운동에너지로 전환된다: $mgh=\frac{1}{2}mv^2+\frac{1}{2}I\omega^2$. 회전관성 $I=cmR^2$이다. 여기서 c는 상수로 링은 1이고 판은 $\frac{1}{2}$이다. $\omega=\frac{v}{R}$이므로 $mgh=\frac{1}{2}mv^2+\frac{1}{2}cmR^2(\frac{v}{R})^2=\frac{1}{2}(1+c)mv^2$이다. c가 클수록 속력이 느리다. 링이 더 큰 관성을 가지므로 질량과 반지름에 상관없이 경사면을 내려오는데 더 오래 걸린다.

18. 질량이 1kg인 두 개의 바퀴가 축에 고정되어 있다. 정지 상태에서 그림처럼 힘이 작용하였다. 축과 살은 질량을 무시할 수 있어서 회전관성 $I = mR^2$이다. 같은 각가속도를 가지려면 힘 F_2은 얼마이어야 하는가?

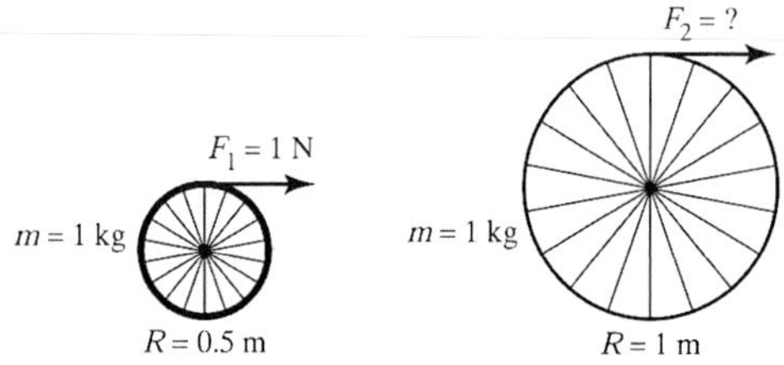

1. 0.25N
2. 0.5N
3. 1N
4. 2N
5. 4N

답: 4. 각 바퀴는 관성모멘트와 각가속도의 곱이 바퀴의 반지름과 작용한 힘의 곱과 같아야 한다. ($I\alpha = FR$)

19. 처음에 멈추어 있던 두 바퀴가 정지 상태로부터 출발하여 같은 기울기의 평면 아래로 미끄러짐 없이 똑같은 거리를 굴러내려 간다. 바퀴 B는 바퀴 A와 질량은 같지만 반지름이 두 배이다. 모든 질량은 바퀴들의 테두리에 있어서, 회전 관성은 $I = mR^2$이다. 바닥에 도달했을 때, 어느 바퀴의 병진운동에너지가 더 클까?

1. 바퀴 A
2. 바퀴 B
3. 운동에너지는 같다.
4. 더 많은 정보가 필요하다.

답: 3. 각 바퀴에 대해, 총 운동 에너지에서의 이득(병진+회전)은 중력 위치 에너지의 손실과 같다. 두 바퀴는 질량이 똑같고 같은 거리를 굴러 내려가기 때문에, 둘 다 같은 양의 위치 에너지를 잃어버린다. 또한 두 바퀴 모두 회전운동에너지에 대한 병진운동에너지의 비가 같다. 그러므로 그들의 병진운동에너지는 같다.

20. 아래 그림과 같이 일정하게 회전하고 있는 물체를 생각해보자. 만약 물체의 각속도가 임의의 벡터라면(바꾸어 말해, 공간의 특정방향을 가리킨다면), 각속도와 결부지어야 하는 특정방향이 있는가?

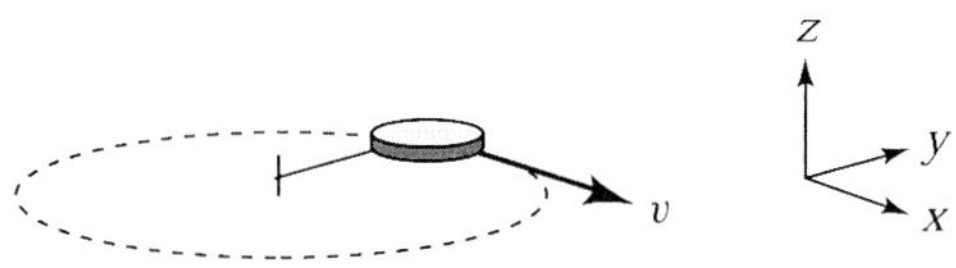

1. 그렇다. $\pm x$방향
2. 그렇다. $\pm y$방향
3. 그렇다. $\pm z$방향
4. 그렇다. 어떤 다른 방향
5. 아니다. 선택은 사실상 임의적이다(제각각이다).

답: 3. 단지 z방향–회전평면에 직각방향–이 유일하다.: x와 y 방향은 단지 물체가 움직이는 순간적인 방향을 나타낼 뿐이다(즉, 그림에 나타낸 순간에서의 움직이는 방향). z방향은 운동하는 동안에는 항상 순간 속도에 대해 동일한 관계를 가진다.

21. 어떤 사람이 수평의 원을 그리도록 테니스 공을 줄에 매달아 회전시키고 있다(그래서, 회전축은 수직이다.). 아래에 나타낸 지점에서, 공은 앞쪽 방향으로 강한 바람을 맞았다. 이것은 각운동량 ΔL을 어느 방향으로 변화시키는가?

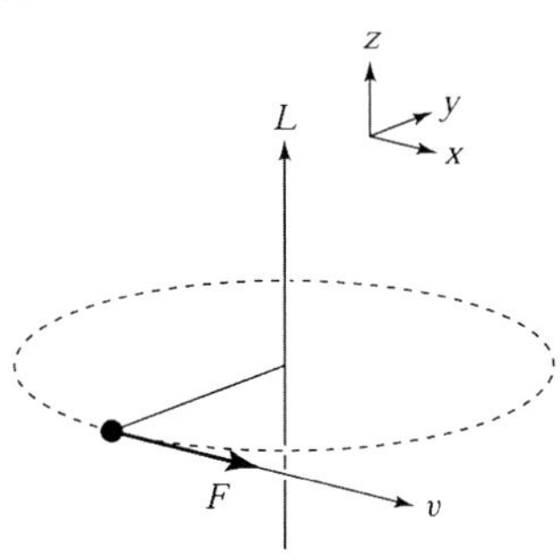

1. x방향
2. y방향
3. z방향

답: 3. 힘 F는 공이 원 주위를 전보다 더 빨리 돌도록 만든다. 그래서 공의 각운동량은 방향의 변화 없이 크기가 증가한다. 오른손 법칙에 따르면, 각속도는 $+z$방향이므로, 각운동량의 변화도 또한 $+z$방향이어야만 한다.

22. 어떤 사람이 수평의 원을 그리도록 테니스 공을 줄에 매달아 회전시키고 있다(그래서, 회전축은 수직이다.). 아래에 나타낸 지점에서, 공이 수직 아래 방향으로 강한 바람을 맞았다. 바람이 분 후에 회전축은 어느 방향으로 기울어지겠는가?

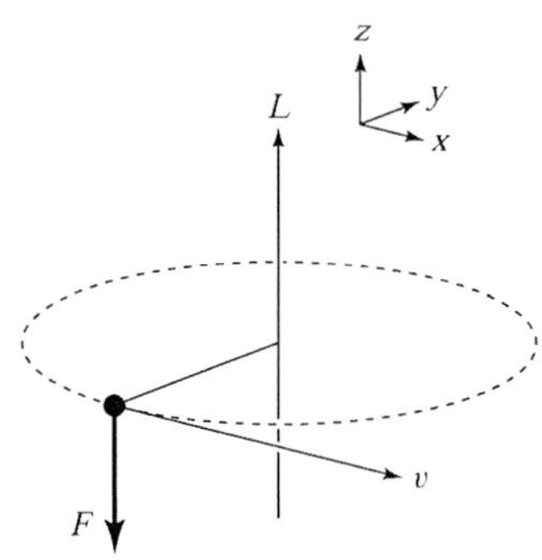

1. $+x$방향
2. $-x$방향
3. $+y$방향
4. $-y$방향
5. 여전히 같은 상태이다(그러나 각운동량의 크기는 변한다.).
6. 공은 사방으로 불안정하게 흔들린다.

답: 1. 바람을 맞았기 때문에, 공은 아래 방향으로 가속하고 공의 속도는 아래 방향 성분을 얻는다. 그러나 원 주위를 돌도록 줄에 묶여있기 때문에, 공은 바람이 분 직후에 공이 가지는 순간 속도 v에 의해 결정되는 새로운 원 궤도로 움직인다. 이 속도 v'는 앞쪽 방향으로 아래로 기우는 평면을 만든다($+x$방향). 그러므로 각운동량 또한 $+x$방향으로 앞쪽으로 기운다. 각운동량의 변화는 L과 L'을 잇는 점선 벡터이다.

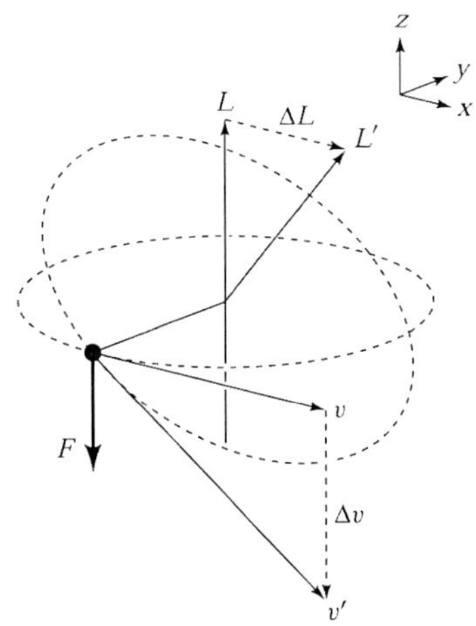

토크를 이용한 설명: 오른손 법칙에 따르면, 힘으로 인해 작용하는 토크는 앞 방향($+x$)이다. 그래서 각운동량의 변화 또한 이 방향이어야 한다.

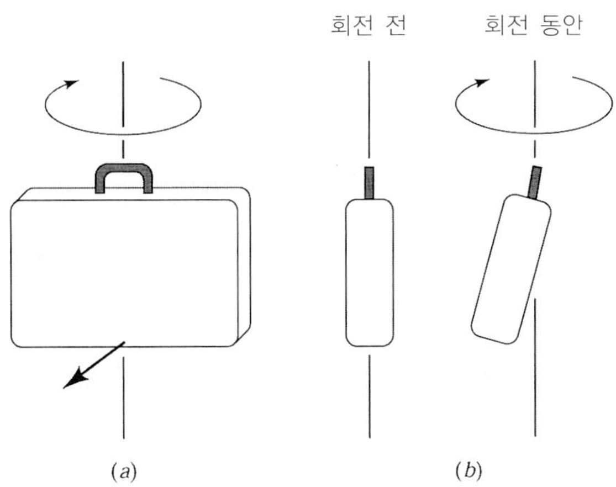

23. 회전하는 플라이휠 들어있는 여행용 가방이 그림 (a)에서와 같이 수직 축에 대해 회전하고 있다. 회전을 함에 따라, 여행용 가방의 아래쪽이 그림 (b)와 같이 바깥쪽 위로 움직인다. 이로부터, 그림 (a)에서 여행용 가방의 측면에서 바라보았을 때, 플라이휠이 어느 쪽 방향으로 회전한다고 판단할 수 있는가?

1. 시계방향
2. 반시계방향

답: 1. 나타낸 방향으로 여행용 가방을 회전시키기 위해서, 아래쪽 방향의 토크가 가방에 작용해야만 한다. 이러한 아래쪽 방향의 토크는 각운동량에 대해 아래쪽 방향의 성분을 준다. 초기에 각운동량이 종이면 안쪽으로 들어가는 방향을 가리키기 때문에, 이러한 아래쪽 방향 성분은 여행용 가방이 나타낸 것처럼 기울어지게 한다. 그러므로 플라이휠은 시계방향으로 회전하고 있는 중이어야 한다.

진동

1. 물체에 작용하는 알짜 힘과 알짜 토크가 0일 때, 물체는 평형상태에 있게 된다. 아래 진술들 중 어느 것이 관성 좌표계에 있는 물체에 대하여 참인가?

   A. 평형 상태에 있는 임의의 물체는 정지되어 있다.
   B. 평형 상태에 있는 임의의 물체는 정지되어 있을 필요가 없다.
   C. 정지 상태에 있는 임의의 물체는 평형이어야만 한다.

   답: B. 물체에 작용하는 알짜 힘이 없을 때 물체는 평형 상태에 있게 된다. 이것은 물체의 가속도가 0임을 의미하고, 따라서 물체는 정지해 있거나, 등속으로 운동한다. 그러므로 A는 참이 아니다. 그러나 B는 참이다. 선택지 C는 참이 아니다. 그냥 공중으로 던져진 물체를 생각해 보라. 최고점에서, 물체는 순간적으로 정지하게 되지만($v=0$), 가속도 $a=-g$는 분명히 0이 아니다.

2. 다음 중 옳은 것은?

   1. 물체는 임의의 평형점 주위를 진동할 수 있다.
   2. 물체는 임의의 안정한 평형점 주위를 진동할 수 있다.
   3. 물체는 특정한 안정한 평형점 주위를 진동할 수 있다.
   4. 물체는, 작용하는 힘이 Hooke의 법칙을 따르는 한 임의의 점 주위를 진동할 수 있다.
   5. 물체는 임의의 평형점 주위를 진동할 수 있다.

   답: 2. 안정한 평형상태에 있는 물체가 교란될 때, 물체는 평형점으로 돌아가려는 경향이 있다. 이것은 진동의 기본 요건이다. 불안정한 평형상태에 있는 물체는 교란될 때, 평형상태로부터 더 멀어지는 경향이 있

다. 평형상태로부터의 변위가 아주 크지 않다면, 임의의 안정한 평형상태 주위에 있는 힘은 Hook의 법칙을 따른다. 그래서 임의의 평형점이면 된다.

3. 다음 중 물체를 진동시키는데 필수적인 것은?

A. 안정한 평형상태

B. 아주 미약한 마찰력 또는 0인 마찰력

C. 교란

답: 세 가지 모두 정답. 안정한 평형상태는 필수적이다. 이 외에 다소간의 교란이 물체가 운동하도록 하는데 요구된다(그렇지 않으면 물체는 단순히 평형 점에 머물러 있게 된다.). 끝으로 마찰력은 작거나 없어야 한다. 그렇지 않으면, 물체는 진동하는 것이 아니라, 평형 점을 넘어서서 계속 진동하지 못하고 평형 점으로 되돌아가 멈춰 버린다.

4. 추가, 아래의 위치-시간 도표에 나타낸 것과 같이 앞 뒤로 진동하는 용수철에 부착되어 있다. P점에서의, 이 추에 대한 설명 중 옳은 것은?

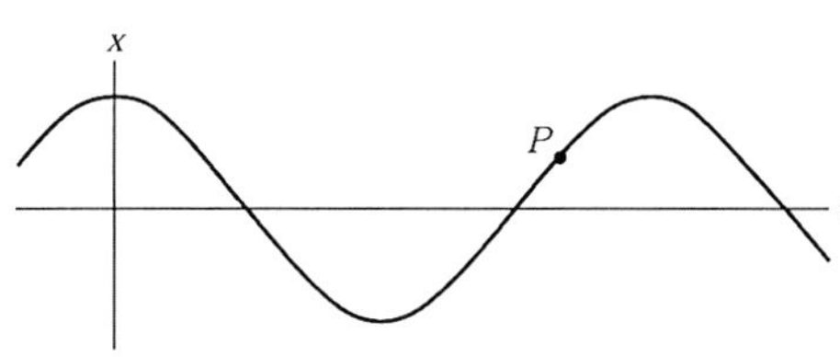

1. 양의 속도와 양의 가속도를 가진다.
2. 양의 속도와 음의 가속도를 가진다.
3. 양의 속도와 0의 가속도를 가진다.
4. 음의 속도와 양의 가속도를 가진다.
5. 음의 속도와 음의 가속도를 가진다.
6. 음의 속도와 0의 가속도를 가진다.
7. 0의 속도지만, 가속도는 존재한다(양 또는 음의 가속도).
8. 0의 속도와 0의 가속도를 가진다.

답: 2. 점 P에서 곡선의 기울기가 양이기 때문에 속도는 양이다. P점에서 곡선은 아래로 오목(위로 볼록)하기 때문에 가속도는 음이다.

5. 용수철에 매달린 추가 그림에 나타낸 것과 같이 위 아래로 진동하고 있는 중이다. 두 가지 가능성을 생각해보아라.: (i) 진동하는 동안에 몇 몇 점에서, 추의 속도는 0이지만, 추는 가속되는 중이다(양 또는 음의 가속도로); (ii) 진동하는 동안에 몇몇 점에서, 추는 0의 속도와 0의 가속도를 가진다.

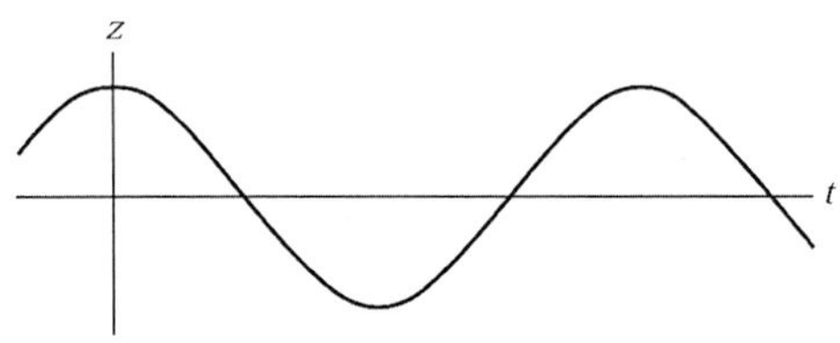

1. 진동하는 동안, 때때로 두 가지 경우 모두 발생한다.
2. 진동하는 동안 어느 것도 발생하지 않는다.
3. 단지 (i)만 발생한다.
4. 단지 (ii)만 발생한다.

답: 3. 곡선의 최고점들과 최저점들에서 속도는 0이다. 이들 점에서, 곡선은 위나 아래로 오목(위나 아래로 볼록)하다. 그래서 입자는 가속하고 있는 중이다. 입자는 곡선의 변곡점들에서 0의 가속도를 가지고, 이들 변곡점들은 $x=0$인 시간 t에서 발생한다. 이들 점들에서, 곡선의 기울기는 0이 아니기 때문에, 그래서 속도는 0이 될 수 없다.

6. 어떤 물체가 용수철에 정지된 채로 매달려 있다. 물체를 아래쪽으로 잡아당겼을 때, 용수철의 탄성 위치에너지와 물체와 지구 사이의 중력 위치에너지의 합은 어떻게 될까?
1. 증가한다.
2. 그대로이다.
3. 감소한다.

답: 1. 만약 새로운 위치에서 놓는다면, 물체는 위쪽으로 가속하고 0이 아닌 속도로 평형점을 지나갈 것이다. 그러므로 물체는 운동에너지를 얻었다. 현재 두 가지 형태의 위치에너지는 용수철의 위치에너지와 중력 위치에너지이다. 비록 후자는 물체가 아래로 당겨지는 것만큼 감소하지만, 두 에너지의 합은 물체가 운동에너지를 얻을 수 있도록 증가해야만 한다.

7. 어떤 사람이 그네를 타고 있다. 그 사람이 가만히 앉아있을 때, 그네는 고유진동수로 앞 뒤로 진동한다. 그런데 만약 두 사람이 그네에 앉아있다면, 그네의 새로운 고유진동수는 어떻게 되는가?
   1. 더 커진다.
   2. 변함없다.
   3. 더 작아진다.

   답: 2. 진동은 관성력과 복원력 간의 상호작용이다. 추가된 사람은 복원토크 뿐만 아니라, 그네의 회전 관성 모두를 두 배로 만든다. 두 효과는 상쇄된다.

8. 어떤 사람이 그네를 타고 있다. 그 사람이 가만히 앉아있을 때, 그네는 고유진동수로 앞 뒤로 진동한다. 그런데 만약 그 사람이 그네에 서 있는 상태라면, 새로운 고유진동수는 어떻게 되는가?
   1. 더 커진다.
   2. 변함없다.
   3. 더 작아진다.

   답: 1. 서있게 되면, 회전중심에 대한 질량 중심의 거리가 줄어든다. 복원토크는 이 거리에 따라 선형적으로 감소한다.: 회전관성력은 거리의 제곱과 같다. 따라서 회전관성력은 더욱 줄어들고, 주기는 감소한다.

9. 아래의 기록은, 다른 두 쌍의 파동이 더해졌을 때 발생한 맥놀이(beat)를 보여준다. 둘 중 어느 것이, 원래 파동의 주파수의 차이가 더 클까?

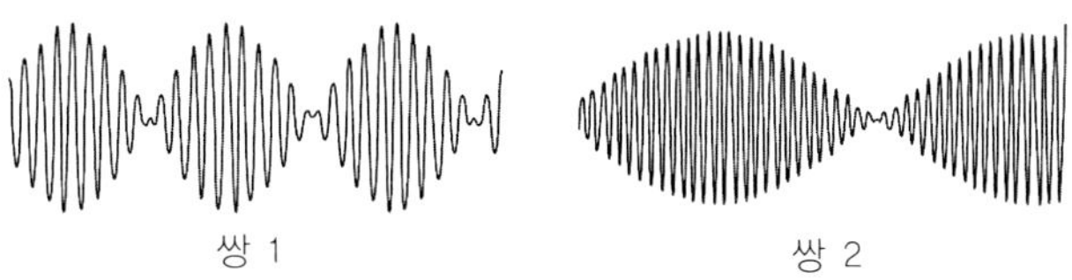

   1. 파동 쌍 1
   2. 파동 쌍 2
   3. 주파수 차이는 두 쌍의 파동들 모두 같다.
   4. 더 많은 정보가 필요하다.

답: 1. 맥놀이 함수의 포락선(envelope)의 진동수는 두 파동의 진동수의 차이에 비례한다. 진동수의 차이가 커질수록 포락선의 진동수는 더 커진다.

10. 원래의 기록은, 다른 두 쌍의 파동이 더해졌을 때 발생한 맥놀이(beat)를 보여준다. 두 쌍의 원래 파동 중 어느 것이 더 높은 주파수를 가진 파동을 가지고 있는가?

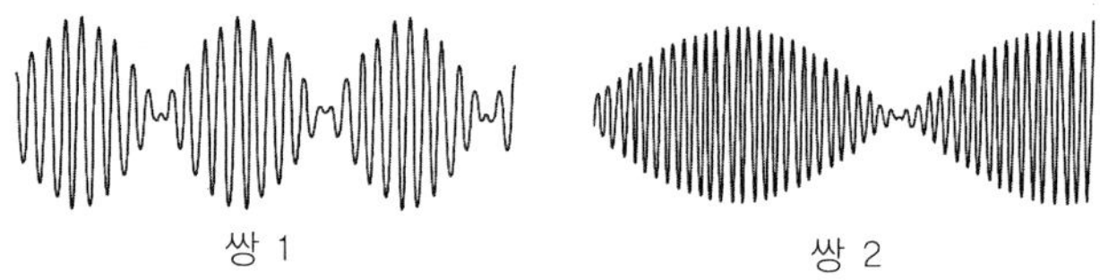

1. 파동 쌍 1
2. 파동 쌍 2
3. 주파수 차이는 두 쌍의 파동들 모두 같다.
4. 더 많은 정보가 필요하다.

답: 2. 맥놀이 내의 진동의 주파수는 원래 주파수의 평균과 같다.

11. 다음 그림에서 원형 물체는 시계 방향으로 초당 29바퀴 회전하도록 만들어졌다. 이것을 초당 30프레임을 찍는 카메라로 촬영했다. 실제 운동과 비교하여, 필름에 찍힌 점은 어떻게 움직이는 것으로 나타날까?

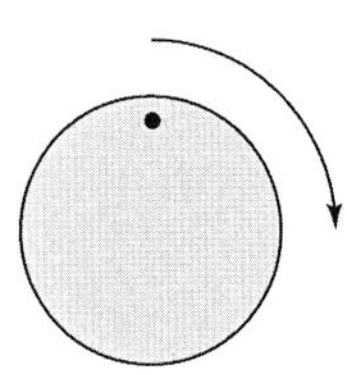

1. 시계 방향으로 매우 느리게
2. 반시계 방향으로 매우 느리게
3. 시계 방향으로 매우 빠르게
4. 반시계 방향으로 매우 느리게
5. 아무렇게나

답: 2. 1/30초 후에, 물체는 완전히 한 바퀴를 돌지 못하고 29/30바퀴를 돌 것이다. 그러므로 카메라에는 아래 그림의 지점 1이 나타날 것이다.-마치 반시계 방향으로 한 바퀴의 1/30을 회전한 것처럼. 이어지는 각 프레임에서는, 점은 반시계 방향으로 다시 1/30바퀴를 회전한 것으로 나타날 것이다. 30프레임 후에, 점들은 완벽하게 반시계 방향의 한 번 회전한 모습을 만들 것이다. 그러므로 카메라로 보여지는 것은, 시계방향의 초당 29바퀴의 회전율이 아니라, 초당 1바퀴의 반시계방향의 회전이다.

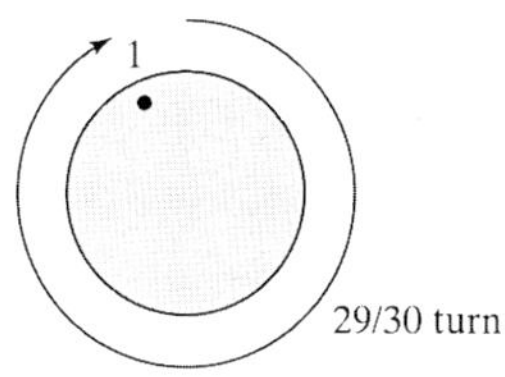

12. 파동 펄스가 그림과 같이 로프를 따라 일정 속력 v로 움직이고 있다. 아래의 1-4의 그래프 중 어느 그래프가 점 P의 변위 s와 시간 t의 관계를 정확하게 보여주는 것인가?

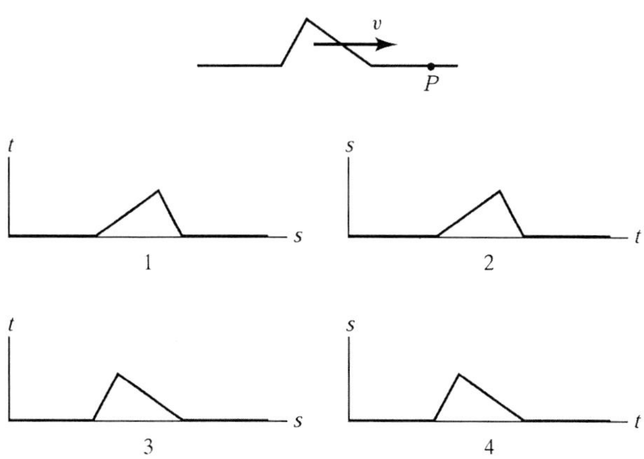

답: 2. 먼저 펄스의 완만한 쪽이 P를 통과하고, 그러고 나서 가파른 쪽이 지나간다. 그래서 변위는 감소할 때에 비해 보다 천천히 증가한다. 그림 1과 3은 물리적으로 가능한 상황을 나타내는 것이 아니다.: 두 경우에, 그림은 주어진 순간에서의 가능한 하나의 변위 값보다 많을 것을 나타내고 있다.

13. 긴 용수철의 왼쪽 끝을 재빨리 오른 쪽으로 움직여서 용수철을 따라 파동을 보내고 있고 그것이 전달되고 있는 중이다. 그림은 QR에서의 파동 펄스를 보여주고 있다. 긴 용수철의 일부분 RS는 아직 교란이 일어나지 않고 있다. 그래프 1–5 중 어느 것이 변위 s와 위치 x간의 관계를 보여주고 있는가? (변위는 오른쪽이 양의 값이다.)

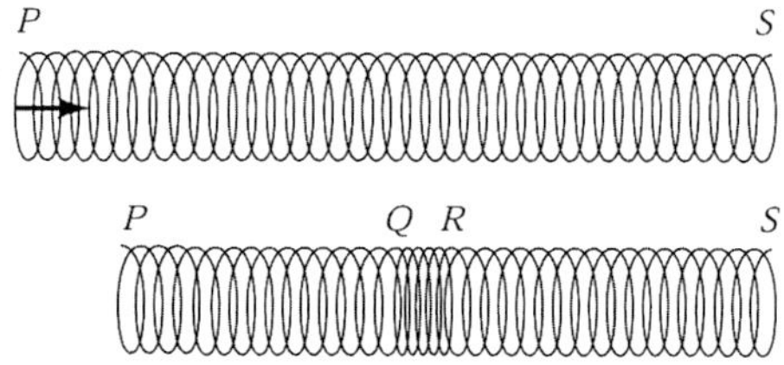

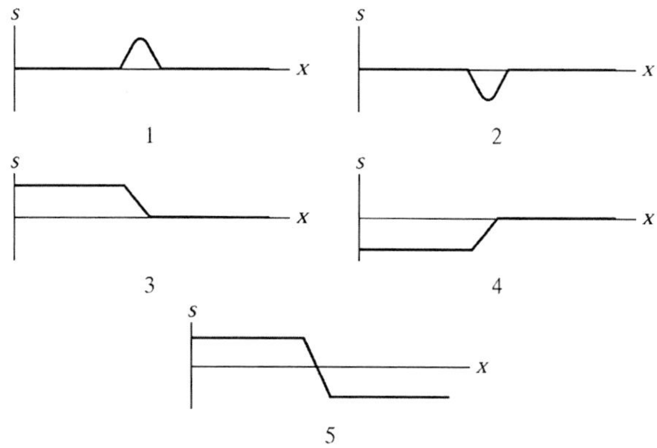

답: 3. 긴 용수철의 왼쪽 끝(점 P)은 왼쪽으로 이동되었고 이동된 곳에 그대로 머물러있다. 그러므로 점 P의 변위 s는 0이 아니다. 단지 그래프 3과 5만이 그래프의 왼쪽 부분이 변위가 0이 아님을 보여주고 있다. 나타낸 순간에서, 파동펄스는 아직 긴 용수철의 오른쪽 끝(점 S)에 도달하지 않고 있다. 그래서 오른쪽 끝은 아직 이동되지 않았다. 그래프 5는 그래프의 오른쪽 부분이 음의 변위를 나타내고 있다. 그래서 답으로 선택할 수 있는 것은 그래프 3밖에 없다.

14. 하나는 굵고 하나는 가는 두 개의 줄을 연결하여 하나의 긴 줄을 만들었다. 파동이 줄을 따라 이동하여 두 줄이 연결된 지점을 지나간다. 다음 중 이 지점을 지날 때 바뀌는 것은?

A. 진동수
B. 주기
C. 전파 속도
D. 파장

답: C와 D. 먼저 첫 번째 줄에서의 파동의 전파를 생각해보자. 파동이 줄을 따라 이동해 갈 때, 그것의 모양과 전파 속도는 일정하다. 그래서 펄스가 특정 진동수로 한쪽 끝을 위 아래로 흔들어서 만들어진다면, 그 줄의 다른 한 쪽 끝은 같은 진동수로 위 아래로 흔들리게 될 것이다(그러나 시간상으로는 잠시 후에). 그래서 파동이 시작하는 두 번째 줄의 끝단은 위 아래로 흔들리는 첫 번째 줄과 똑같은 진동수로 위 아래로 흔들리게 될 것이다. 그러므로 진동수는 똑같게 된다. -이것은, 로프의 끝단을 위 아래로 흔들어 파동을 발생시킨 사람에 의해 결정되는 것이다. 만약 진동수가 동일하다면, 주기(주기$=1/f$) 또한 같을 것이다.

그러나 전파 속도는 줄의 특성과 관련된다(장력, 밀도). 두 줄은 동일하지 않기 때문에, 속도가 달라지고, 마찬가지로 v/f로 주어지는 파장도 변한다.

15. 당겨진 줄의 한쪽 끝단을 흔들어서, 하나의 펄스가 발생되었다. 이동하는 펄스가 운반하는 것은 무엇인가?

1. 에너지
2. 운동량
3. 에너지와 운동량
4. 에너지와 운동량 중 어느 것도 운반하지 않는다.

답: 3. 이동하는 파동은 어떠한 질량도 운반하지 않는다(비록 질량의 이동될 수는 있어도, 사실상 파동을 따라 공간상의 한 점으로부터 다른 점까지 질량의 운반은 없다.). 그렇지만, 로프의 한 끝단을 흔들어서, 다른 쪽 끝을 움직일 수는 있다. 그리고 그 끝단이 움직일 때, 그것은 운동량과 에너지를 가지게 된다. 그래서 파동이 로프를 따라 이동할 때, 운동량과 에너지를 운반하는 것이다.

16. 추가 도르레를 거쳐서 두 부분으로 이루어진 줄에 매달려 있는데, 이들 줄은 재질은 같지만, 한쪽 줄이 다른 쪽 줄보다 직경이 4배나 굵다. 줄이 당겨져서, 펄스가 굵은 줄에서는 속도 v_1으로, 가는 쪽에서는 속도 v_2로 줄을 따라 이동한다. v_1/v_2는 어떻게 되겠는가?

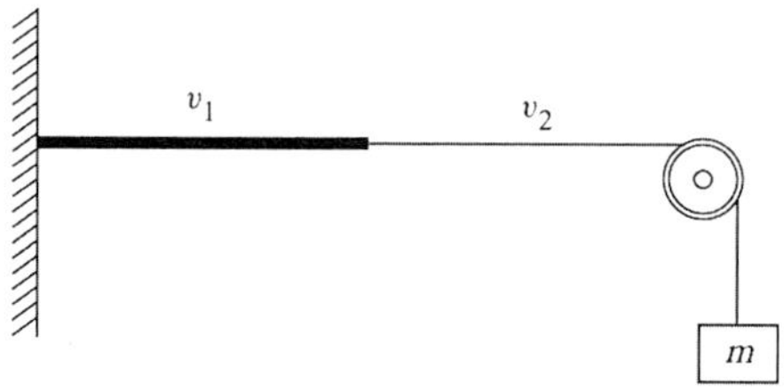

1. 1
2. 2
3. 1/2
4. 1/4

답: 4. 장력은 줄을 따라 일정하다. 그러나 굵은 줄이 선밀도가 16배가 크다. 이동하는 파동의 속도는 선밀도의 제곱근에 반비례한다.

17. 반대 크기의 두 개의 똑같은 대칭적인 펄스가 당겨진 줄을 따라 이동하고 있고 상쇄간섭한다. 다음 중 어느 것이 참인가?

A. 줄이 완벽하게 직선이 되는 순간이 있다.
B. 두 펄스가 간섭할 때, 펄스의 에너지는 순간적으로 0이 된다.
C. 위 또는 아래로 움직이지 않는 줄 위의 지점이 존재한다.
D. 위 또는 아래로 움직이지 않는 줄 위의 몇 개의 지점들이 존재한다.

답: A와 C. 두 펄스들이 같은 곳에 있을 때, 그들은 정확하게, 서로를 상쇄시켜 완벽하게 직선이 되게 하기 때문에, 선택지 A는 정답이다. 정확히 두 펄스의 중앙에 있는 지점은 움직일 수 없다. – 이 지점에서 하나의 펄스로부터 발생한 어떤 변위가 있다고 하더라도, 이 변위는 다른 펄스로부터 기인한 변위에 의해 상쇄된다.

18. 줄의 양단이 고정되어있고 잡아당겨져서, 두 개의 극점 a, b사이를 정상파를 이루며 진동한다. 위쪽 방향의 운동을 양의 속도라 하자. 줄이 위치 c에 있을 때, 줄 위의 지점들의 순간 속도에 대한 설명 중 옳은 것은?

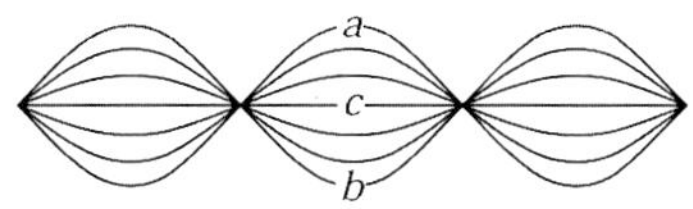

1. 어느 곳에서나 0이다.
2. 어느 곳에서나 양의 값이다.
3. 어느 곳에서나 음의 값이다.
4. 위치에 따라 다르다.

답: 4. 아래에 그려놓은 그림은 줄이 지점 c에 도착하기(중간 위치에 도달하기) 직전(최고 위치)과 직후(최저 위치)의 모습을 보여주고 있다. 점 P는 아래로 움직이고 점 R은 위로 움직이는 반면, 점 Q는 전혀 움직이지 않는다. 그래서 점 P 주위에 있는 점들의 속도는 음이고, 점 R 주위에 있는 점들의 속도는 양이다. 점 Q는 움직이지 않고, 항상 속도가 0이다.

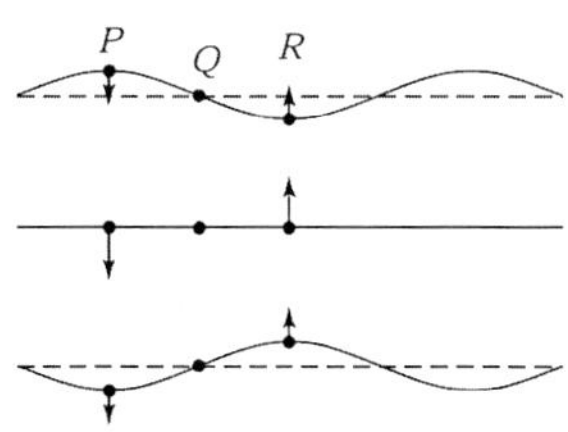

19. 줄의 양단이 고정되어있고 잡아당겨져서, 두 개의 극점 a, b사이를 정상파를 이루며 진동한다. 위쪽 방향의 운동을 양의 속도로 놓자. 줄이 지점 b에 있을 때, 줄 위의 점들의 순간속도에 대한 설명으로 옳은 것은?

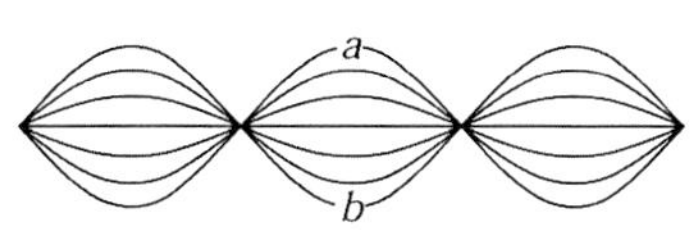

1. 어느 곳에서나 0이다.
2. 어느 곳에서나 양의 값이다.

3. 어느 곳에서나 음의 값이다.
4. 위치에 따라 다르다.

답: 1. 아래에 그려놓은 그림은 줄이 지점 a에 도착하기(중간 그림) 직전(위 그림)과 직후(아래 그림)의 모습을 보여주고 있다. 점 R은 줄이 지점 b에 도달하기 직전에 아래방향으로 움직이고, 잠시 후에 위 방향으로 움직인다. 그러므로 b점에서 순간 속도는 0이다. 이와 유사하게 점 P의 순간 속도는 0이고, 점 Q는 전혀 움직이지 않기 때문에, 역시 순간 속도가 0이다.

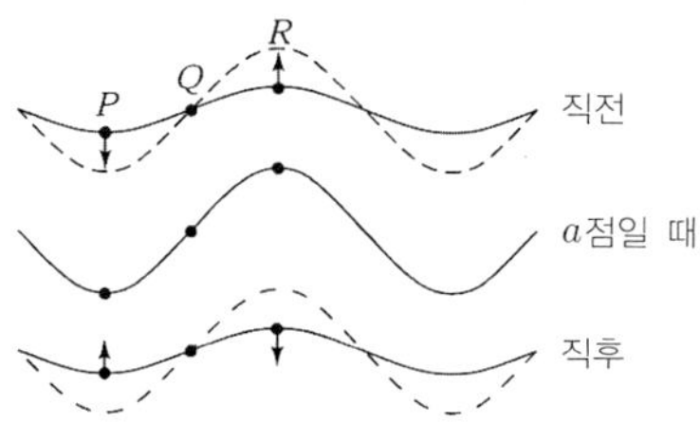

소리

1. 아래의 네 형상들은 이동하는 음원에 의해 방출되는 소리 파동을 나타낸 것이다. 어느 그림이 소리의 속력보다 더 느린 속도로 이동하고 있는 음원을 나타낸 것인가?

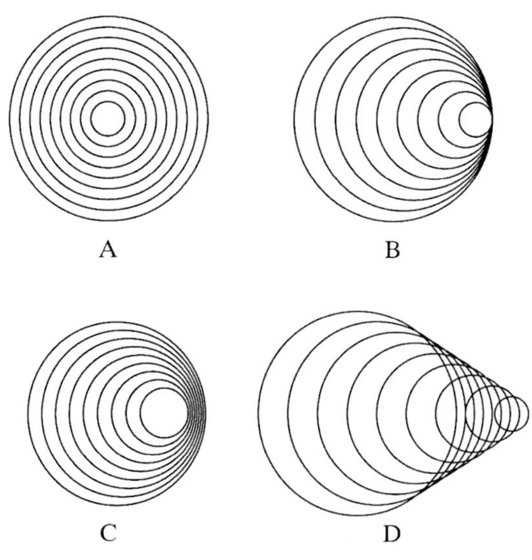

답: A와 C. 그림 B는(아래 그림을 보라.), 원 1의 중심에 있는 음원이 선 1과 선 3사이의 거리를 이동했을 때, 파면이 생성되었다. 이와 유사하게 원 2의 중심에 있는 음원이 선 2와 선 3사이의 거리를 이동했을 때 파면이 생성되었다. 이것은 음원이 정확히 음파의 속도로 움직여야 함을 의미한다.-이외에도 2에서 방출한 파동은 1에서에서 방출한 파동을 따라잡지 못하고 있음을 보면 알 수 있다. 소리의 속도와 같은 이러한 운동의 결과는 3에서 음원의 앞에 음파를 쌓아올리는 것이다. 그림 D는, 나중에 방출된 파면들이 앞서 방출된 파면들을 넘어서서 움직이고 있는데, 이는 음원이 음속보다 빠르게 움직이고 있음을 나타낸다. 그림 A는, 모든 파면이 동심원을 이루고 있는데 이것은 음원이 정지해 있음을 나타낸다. 그림 C는 음원이 움직이고 있음을 나타내고 있지만, 파면의 변위가 B에서보다 작아, 음원이 음속보다 느린 속도로 움직이고 있다.

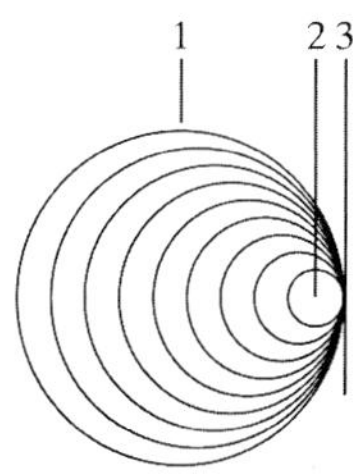

2. 세 관측자 A, B, C가 움직이는 음원을 듣고 있는 중이다. 아래 그림은 세 관측자들에 대한 움직이는 음원의 파고점(wave crest)들을 나타낸 것이다. 다음 중 옳은 것은?

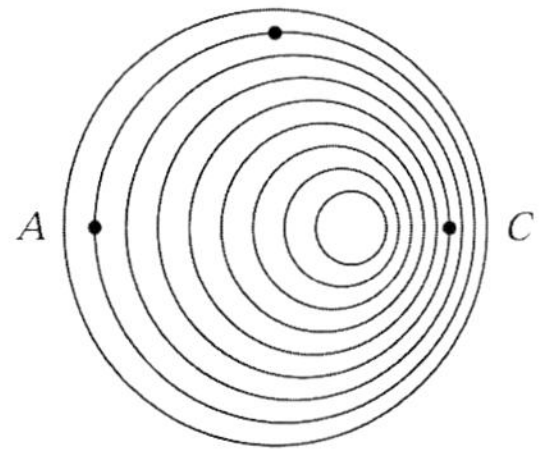

1. 파면은 B와 C보다 A에서 더 빠르게 이동한다.
2. 파면은 A와 B보다 C에서 더 빠르게 이동한다.

3. 소리의 진동수는 A에서 가장 높다.
4. 소리의 진동수는 B에서 가장 높다.
5. 소리의 진동수는 C에서 가장 높다.

답: 5. 파면이 이동하는 속도는 공기 중의 소리의 속도인데, 이것은 음원의 속도와 관측자들의 위치에 무관하다. 그래서 처음 두 선택지들은 거짓이다. 그러나 관측된 진동수는 단위 시간 당 관측자를 지나치는 파면의 수에 의해 결정된다. 그래서 공간상의 파면들의 간격이 보다 촘촘할수록 진동수는 높다. 그림을 살펴보면 관측자 C에 대해서 간격들이 가장 촘촘하다.

3. 다음 그림은 음속보다 빠른 속도로 관측자 A를 비행하여 지나가는 비행기에 의해 발생된 파면을 보여주고 있다. 비행기가 지나간 후에, 관측자는 어떠한 소리를 듣게 될까?

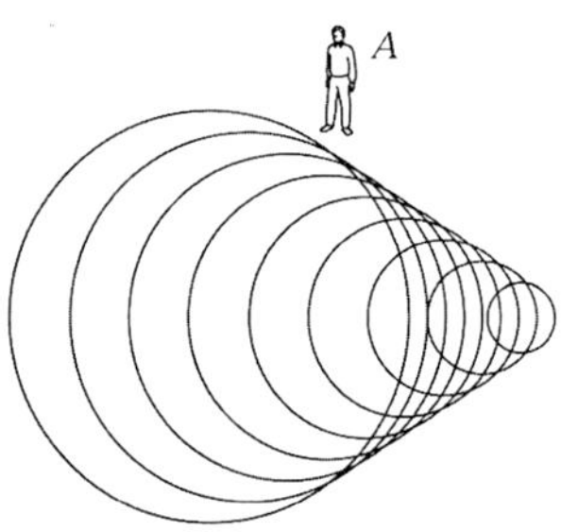

1. 비행기가 음속 장벽(sound barrier)을 깨는 순간에만 소닉 붐(초음속 비행기가 지나갈 때 내는 폭발음)을 들을 뿐 그 외에는 아무 소리도 듣지 못한다.
2. 연속적인 소닉 붐을 듣게 된다.
3. 한 번의 소닉 붐을 듣고는 고요하다.
4. 처음에는 아무 소리도 듣지 못하다가, 이윽고 한 번의 소닉 붐을 듣고, 엔진의 소리를 듣게 된다.
5. 비행기가 계속 소리보다 더 빠르게 날아가기 때문에 소닉 붐을 듣지 못한다.

답: 4. 처음에는 음파가 미처 관측자의 위치까지 도달하지 못하기 때문에, 관찰자는 아무런 소리를 듣지 못한다. 음파들에 의해 발생한 원들의 접선파가 관측자에게 도달할 때, 소닉 붐은 음파의 마루들의 겹침에

의해서 야기된다. 이 후에, 규칙적인 간격의 음파에 의해 나타나듯이, 엔진의 소리가 들린다.

유체 정역학

1. 물 아래에서 두 개의 똑같은 벽돌을 쥐고 있다고 상상해보라. 벽돌 A는 수면 바로 아래에 있는 반면, 벽돌 B는 훨씬 더 깊은 곳에 있다. 제자리에서 벽돌 B를 쥐고 있기 위해 필요한 힘은 어떨까?
   1. 힘이 더든다.
   2. 똑같다.
   3. 힘이 덜든다.

   답: 2. 각 벽돌에 작용하는 부력은 벽돌이 물로 대체될 때의 무게와 같고, 깊이와는 무관하다.

2. 물을 담는 용기의 옆면에 구멍이 났을 때, 물은 밖으로 흘러나오고 포물선 궤적을 따라 흐른다. 만약 용기가 자유 낙하한다면, 흘러나오는 물은 어떻게 될까?
   1. 감소한다.
   2. 모두 멈춘다.
   3. 직선으로 흘러나온다.
   4. 위쪽으로 휘어진다.

   답: 2. 용기가 지구에 대해 정지되어 있을 때, 물이 용기의 벽면에 작용하는 압력이 존재한다. 압력은 깊이에 따라 다르고 ρgh와 같은데, ρ는 물의 밀도이다. 용기가 자유낙하하면, 용기의 좌표계에서, 물과 용기는 g가 아닌 0의 가속도를 가진다. 이 좌표계에서 용기의 벽에 작용하는 물의 압력은 0이며, 따라서 외부로의 흐름은 없다.

3. 어떤 용기가 기름으로 채워져 있고, 양쪽 끝이 피스톤을 맞추어 놓았다. 왼쪽 피스톤의 면적은 10mm^2 이고, 오른쪽 피스톤의 면적은 $10,000\text{mm}^2$ 이다. 오른쪽 피스톤 위에 놓인 10,000N 의 자동차를 같은 높이로 유지하려면 왼쪽 피스톤에 작용하는 힘은 얼마여야 하는가?

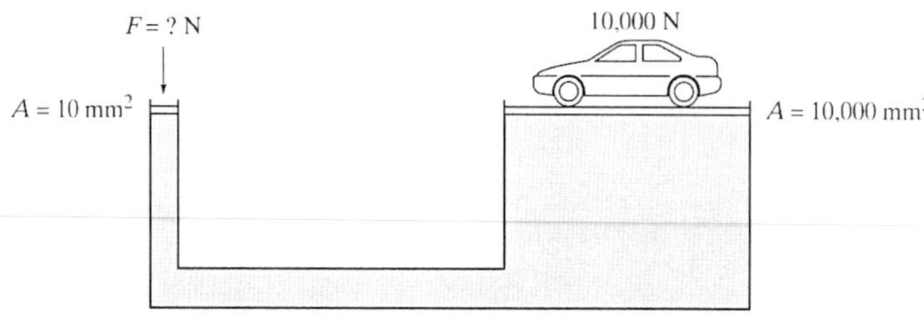

1. 10N
2. 100N
3. 10,000N
4. 10^6N
5. 10^8N
6. 정보 불충분

답: 1. 유체 높이를 같게 하려면, 같은 압력(단위 면적당 힘)이 두 피스톤에 작용해야 한다.

4. 200톤의 배가 운하의 수문에 들어왔다. 운하의 측면과 배 사이의 접합 부분은 빈틈이 없어서 닫혀진 후에 수문에 남아있는 물의 무게는 200톤 훨씬 미만이다. 만약 수문에 남아있는 물의 양이 배의 무게보다 훨씬 작다면 배가 여전히 떠있을 수 있을까?
   1. 그렇다. 배의 수선까지 물이 있는 한.
   2. 아니다. 배의 무게가 수문 안의 물 보다 더 많이 나가기 때문에 배가 바닥에 닿을 것이다.

   답: 1. 수문에 남아 있는 물의 무게는 문제가 안 된다. 그러나 물의 무게는 배에 의해 수문 밖으로 힘을 작용한다. 배의 밀도가 물의 밀도 보다 작고, 물이 수선(water line)까지 있는 한, 배는 뜬다.

5. 두 개의 똑같은 유리잔이 같은 높이의 물로 채워져 있다. 두 유리잔 중의 하나는 얼음이 들어있는 상태에서 두 유리잔의 물 높이가 같다. 어느 것이 무게가 많이 나갈까?
   1. 얼음이 없는 유리잔
   2. 얼음이 있는 유리잔

3. 두 유리잔의 무게는 같다.

답: 3. 얼음은 물속에서 그들 자신의 무게를 정확하게 대체한다. 그래서 두 유리잔들은 무게가 같다.

6. 두 개의 똑같은 유리잔이 같은 높이의 물로 채워져 있다. 두 유리잔 중의 하나는 얼음이 들어있는 상태에서 두 유리잔의 물 높이가 같다. 얼음이 녹는다면, 어느 유리잔에 들어있는 물의 높이가 더 높을까?

1. 얼음이 없는 유리잔
2. 얼음이 있는 유리잔
3. 둘 다 같다.

답: 3. 얼음이 녹을 경우, 얼음은 같은 무게의 물의 양이 된다. 이 무게는 또한 얼음으로 대체된 원래의 물의 무게와 똑같다. 녹은 얼음의 밀도와 둘러싸고 있는 물의 밀도가 같으므로, 녹은 얼음이 차지하는 부피는 대체되는 물의 부피와 똑같다.

7. 두 개의 컵에 같은 높이의 물이 담겨있다. 한 컵에는 플라스틱 공들이 떠있다. 만약 플라스틱 공의 밀도가 얼음의 밀도보다 작다면, 어느 컵이 더 무게가 나갈까?

1. 플라스틱 공이 없는 컵
2. 플라스틱 공이 있는 컵
3. 두 컵의 무게는 같다.

답: 3. 플라스틱 공은 물 속에서 정확히 그들 자신의 무게로 대체된다. 그래서 두 잔의 무게는 같다.

8. 납으로 된 추가 수조에 떠있는 커다란 스티로폼 조각 위에 고정되어 있다. 납의 무게 때문에, 수선(water line)이 스티로폼의 위쪽 표면까지 올라왔다. 만약 스티로폼 조각이 뒤집혀서 추가 스티로폼의 아래쪽에 매달려있다면 어떻게 되겠는가?

1. 가라앉게 된다.
2. 수선(water line)은 스티로폼의 위쪽 표면 아래에 있다.
3. 수선은 여전히 스티로폼의 위쪽 표면까지 올라온다.

답: 2. 추와 스티로폼 둘 다 고체이고, 양쪽 방향으로 다 떠있다. 그러므로 뒤집히는 것은 부력을 바꾸지는 않는다. 그러나 이제 추가 물 속에 잠겼기 때문에, 추는 물의 부피로 대체된다. 같은 부력이 유지되려면, 스티로폼은 전보다 물에 의해 대체되는 정도가 더 작아야 한다.

9. 납으로 된 추가 수조에 떠있는 커다란 스티로폼에 고정되어있다. 납의 무게 때문에 수선(water line)은 스티로폼의 위쪽 표면까지 올라왔다. 만약 스티로폼 조각이 뒤집혀서, 추가 아래쪽에 매달려있다면, 수조 안에 물의 높이는 어떻게 될까?
   1. 높아진다.
   2. 낮아진다.
   3. 그대로다.

   답: 3. 부력은 바뀌지 않는다. 그래서 대체하는 물의 부피는 바뀌지 않고, 물의 수면도 똑같다.

10. 커다란 바위를 운반하는 배가 호수에 떠있다. 바위를 배 밖으로 던져버렸다. 호수의 수면은 어떻게 되겠는가? (해변과 관련지어)
   1. 높아진다.
   2. 낮아진다.
   3. 그대로다.

   답: 2. 배 속에 바위가 있었을 때, 바위는 물속에서의 그것의 무게를 대체한다. 배 밖으로 던져졌을 때는, 바위는 단지 물속에서의 그것의 부피만 대체할 뿐이어서 호수의 수면은 해변에 대해서 내려가게 된다.

11. 물에서는 떠있지만 기름에서는 가라앉는 물체를 생각해보라. 물체가 물에 떠있을 때, 물체의 절반이 물에 잠긴다. 만약 천천히 물 위에 기름을 부어 기름이 물체를 완전히 덮게 한다면 물체는 어떻게 될까?
   1. 올라간다.
   2. 같은 곳에 그대로 있다.
   3. 내려간다.

답: 1. 물 위에 있는 기름에 있어서, 대체된 기름의 무게와 똑같은 물체에 작용하는 부력이 존재한다. 이러한 추가적인 힘의 효과가 물체를 위쪽으로 옮겨놓게 된다.

12. 수조에 떠있는 물체를 생각해보라. 만약 수조가 위쪽으로 가속하는 승강기 안에 있다면 어떻게 될까?
    1. 물체가 물속에 더 많이 잠긴다.
    2. 물체가 물속에 더 적게 잠긴다.
    3. 차이가 없다.

    답: 3. 가속은 사실상, 승강기 내부에 있는 물체의 외견상의 무게를 변화시키는 g를 증가시킨다. 그러나 가속은 물과 물체에 똑같이 작용하기 때문에 물체가 잠긴 정도에는 차이가 없다.

13. 원형 후프가 물의 흐름에 수직한 방향으로 흘러가는 물속에 있다. 만약 후프의 면적이 두 배가 된다면, 후프를 통과하는 유량(단위 시간당 물의 부피)은 어떻게 될까?
    1. 4배로 감소한다.
    2. 2배로 감소한다.
    3. 똑같다.
    4. 2배로 늘어난다.
    5. 4배로 늘어난다.

    답: 4. 유량은 흐름 속도에 유체가 지나가는 단면적을 곱한 것과 같다. 만약 면적이 2배라면, 유량도 2배가 된다.

14. 혈액이 동맥벽을 따라 붙어있는 침전물에 의해 부분적으로 막힌 관상동맥을 따라 흘러가고 있다. 동맥의 어느 부분을 통과할 때 유량(단위 시간당 혈액의 부피)이 가장 많을까?

1. 협소한 곳
2. 넓은 곳
3. 유량은 두 곳 모두 같다.

답: 3. 혈액과 같은 액체는 비압축성이고, 동맥에 쌓이거나 누출되지 않기 때문에, 유량은 어느 곳이나 동일하다.

15. 혈액이 동맥벽을 따라 붙어있는 침전물에 의해 부분적으로 막힌 관상동맥을 따라 흘러가고 있다. 동맥의 어느 부분을 통과할 때 유속이 가장 빠를까?

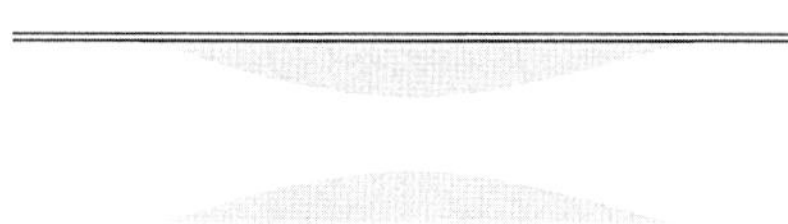

1. 협소한 곳
2. 넓은 곳
3. 유량은 두 곳 모두 같다.

답: 1. 혈액과 같은 액체는 비압축성이고, 동맥에 쌓이거나 누출되지 않기 때문에, 유량은 어느 곳이나 동일하다. 유량은 유속에 동맥의 단면적을 곱한 것과 같기 때문에, 혈액은 협소한 곳에서 더 빨리 흘러야 한다.

16. 두 호스가 있는데, 하나의 직경은 20 mm 이고, 다른 하나의 직경은 15 mm 이며, 서로 연결되어 있다. 호스의 열린 쪽에서, 분당 10 L 의 물이 흘러나오고 있다. 어떤 관으로 나오는 물이 더 빠를까?

1. 20 mm 호스
2. 15 mm 호스
3. 같다.
4. 어떤 호스에 먼저 들어오느냐에 따라 답이 달라진다.

답: 2. 호스에 누수가 없다면, 각 호스를 통해서 흐르는 유량, 또는 단위 시간당의 유체의 부피는 같다. 유량은 유속에 호스의 단면적을 곱한 것이기 때문에 물은 협소한 호스에서 더 빨리 흘러야 한다.

17. 침전물에 의해 부분적으로 막힌 동맥을 통해 혈소판이 혈류를 따라 흐르고 있다. 혈소판이 협소한 곳에서 넓은 곳으로 움직일 때, 혈소판의 속도는 어떻게 될까?

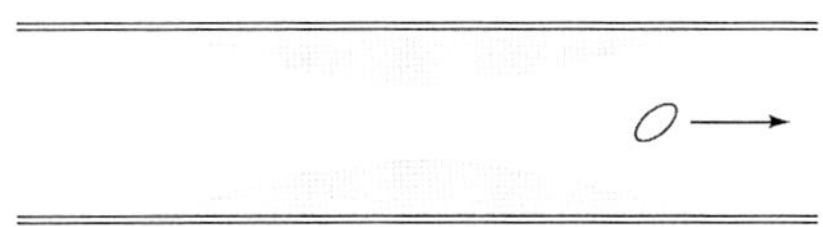

1. 빨라진다.
2. 변함이 없다.
3. 느려진다.

답: 3. 혈액과 같은 액체는 비압축성이고, 동맥에 쌓이거나 누출되지 않기 때문에, 유량은 어느 곳이나 동일하다. 유량은 유속에 동맥의 단면적을 곱한 것과 같기 때문에, 혈액은 협소한 곳을 흘러갈 때보다 넓은 곳에서 더 느리게 흘러가야만 한다. 따라서 혈소판은 넓은 곳으로 들어설 때 속도가 느려진다.

18. 침전물에 의해 부분적으로 막힌 동맥을 통해 혈소판이 혈류를 따라 흐르고 있다. 혈소판이 협소한 곳에서 넓은 곳으로 움직일 때, 혈소판은 어떤 압력의 변화를 느끼게 될까?

1. 압력의 증가를 느끼게 된다.
2. 압력의 변화는 없다.
3. 압력의 감소를 느끼게 된다.

답: 1. 혈액과 같은 액체는 비압축성이고, 동맥에 쌓이거나 누출되지 않기 때문에, 유량은 어느 곳이나 동일하다. 유량은 유속에 동맥의 단면적을 곱한 것과 같기 때문에, 혈액은 협소한 곳을 흘러갈 때보다 넓은 곳에서 더 느리게 흘러가야만 한다. 따라서 혈소판은 넓은 곳으로 들어설 때 속도가 느려진다. 이것은 주변의 액체가 혈소판의 이동에 반하는

방향으로 혈소판에 힘을 작용하는 것을 의미한다. 그러므로 혈소판 앞쪽의 압력은 뒤쪽의 압력보다 커야한다.

광학

1. 단거리 주자들이 해변에 인접한 주차장의 P점에 모여 있다. 그들은 가능한 한 빨리 주차장을 지나서 해변의 Q점으로 달려가야만 한다. P에서 Q의 경로 중 가장 짧은 시간이 걸리는 경로는 어느 것일까? 주차장의 단단한 지면 위와 푸석푸석한 모래 위에서의 단거리 주자들의 상대속도를 고려하여 생각해 보시오.

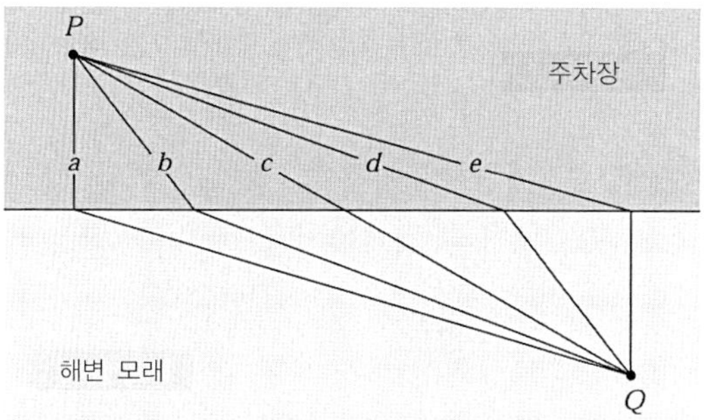

1. a
2. b
3. c
4. d
5. e
6. 모든 경로는 똑같은 시간이 걸린다.

답: 4. 단거리 주자든, 뚱뚱한 사람이든 누구든 푸석푸석한 모래 보다는 딱딱한 지면에서 더 빨리 뛸 수 있다. 푸석푸석한 모래 위에서의 거리는 경로 e가 경로 d보다 약간 더 짧지만, 주차장 위에서의 거리는 더 길다. 그 결과 경로 e가 경로 d보다 시간 소모가 더 많다.

2. 주자들이 가능한 한 빨리 해변의 Q점에서 주차장의 P점으로 이동하려고 할 때, 가장 짧은 시간이 걸리는 경로는 어느 것일까?

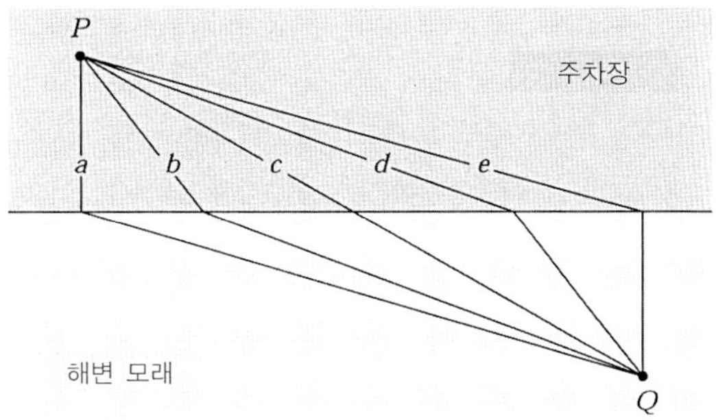

1. a
2. b
3. c
4. d
5. e
6. 모든 경로는 똑같은 시간이 걸린다.

답: 4. 단거리 주자든, 뚱뚱한 사람이든 누구든 푸석푸석한 모래 보다는 딱딱한 지면에서 더 빨리 뛸 수 있다. 푸석푸석한 모래 위에서의 거리는 경로 e가 경로 d보다 약간 더 짧지만, 주차장 위에서의 거리는 더 길다. 그 결과 경로 e가 경로 d보다 시간 소모가 더 많다.

3. 광선이 편광축이 직교하는 상태로 놓인 두 편광판에 입사할 때, 투과한 어떤 빛도 없었다. 만약 또 하나의 편광판이 이들 두 편광판 사이에 편광축이 45° 차이가 나도록 놓인다면, P점을 지나는 빛이 있을까?

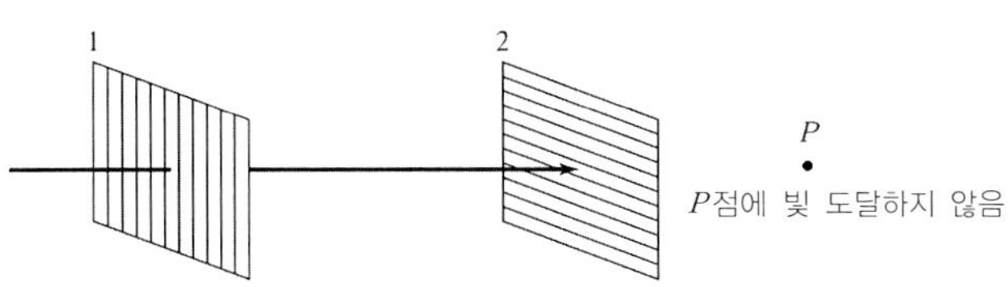

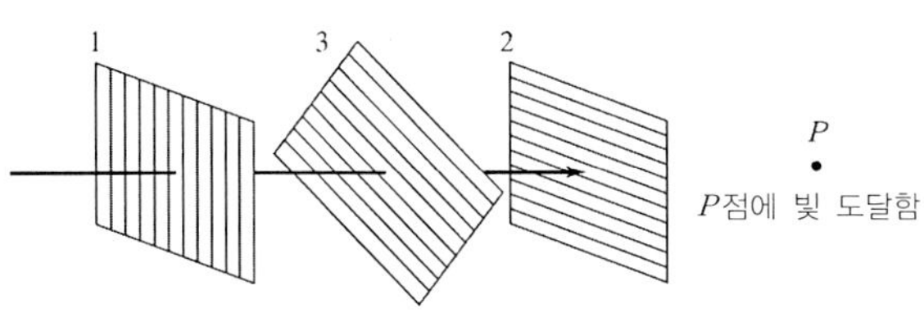

1. 있다.
2. 없다.

답: 1. 첫 번째 편광판에 의해 투과된 빛은 편광 벡터의 방향이 수직이다. 그래서 수평 방향으로 놓인 편광판을 통하여 전달되는 빛이 없으나, 45°의 편광판을 통하여서는 일부 빛이 투과한다. 이 편광판을 투과한 빛은 45° 방향으로 편광 벡터를 가진다. 따라서 끝에 놓인 (수평방향의) 편광판을 일부 빛이 투과한다.

4. 세 번째 편광판이 두 직교하는 편광판 사이에 놓일 때, 일부 빛이 투과하였다. 만약 편광축이 45°가 되는 하나의 편광판이 아니라, 매번 $90°/N$의 각도로 편광축이 회전되어 놓이는 수많은 N개의 편광판을 놓는다면,
   1. 투과하는 빛이 전혀 없다.
   2. 투과하는 빛의 양이 줄어든다.
   3. 투과하는 빛의 양은 같다.
   4. 더 많은 빛이 투과한다.

   답: 4. 잇대어 있는 두 평광판 간의 편광축 각도차가 작으면 작을수록, 투과하는 빛의 양은 많아진다.

5. 거울과 면해있는 관찰자 O가 광원 S를 관찰하고 있다. 관찰자 O는 거울에 비친 S의 이미지가 어디에 있다고 인식할까?

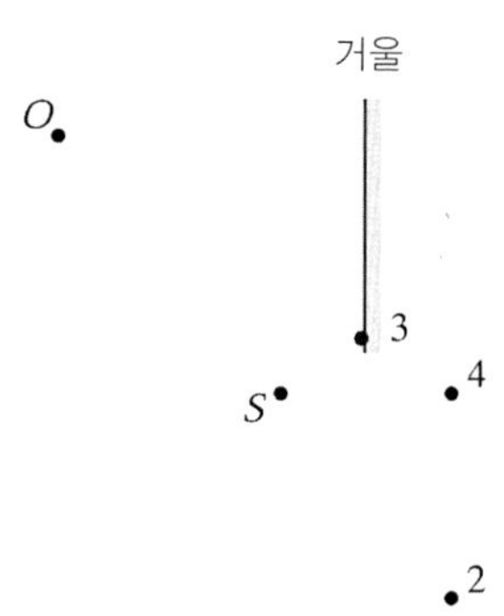

   1. 1
   2. 2

3. 3
4. 4
5. 어떤 다른 위치에
6. 그림과 같은 위치에서는 관찰자 O는 광원 S를 볼 수 없다.

답: 4. 거울 속의 점의 이미지는 항상 거울 면과 직각인 선상에 항상 존재하고, 점이 거울 면에서 떨어져 있는 만큼 떨어져 거울 뒷면에 존재한다.

6. O점에서 관찰자가 기울인 플라스틱 조각을 통하여 약간의 간격이 있는 두 선을 본다. 관찰자에게 선들은 어떻게 보일지 모두 고르시오.

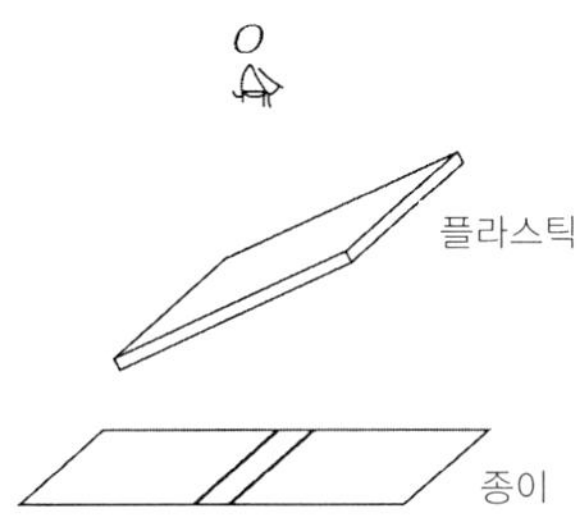

1. 오른쪽(관찰자에게는 위쪽)으로 이동되어 보인다.
2. 왼쪽(관찰자에게는 아래쪽)으로 이동되어 보인다.
3. 서로 더 떨어져 있는 것처럼 보인다.
4. 서로 더 가까이 붙어 있는 것처럼 보인다.
5. 플라스틱 조각과는 상관없이 원래처럼 보인다.

답: 2. 플라스틱을 통한 굴절은 광선을 왼쪽(관찰자에게는 아래쪽)으로 이동시킨다. 두 선에서 나온 광선은 같은 크기만큼 이동하기 때문에, 두 선의 간격은 그대로 이다.

7. 수면 아래의 P점에 물고기가 헤엄을 치고 있다. O점의 관찰자가 물고기를 볼 때, 물고기는

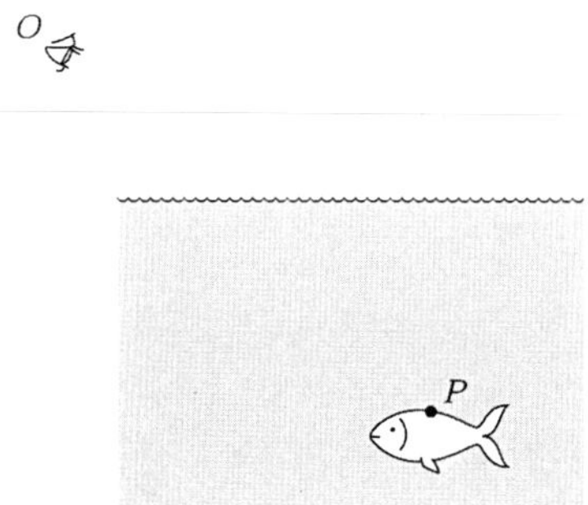

1. 실제 있는 곳 보다 더 깊은 곳에 있는 것처럼 보인다.
2. 실제 있는 곳과 동일한 깊이에 있는 것으로 보인다.
3. 실제 있는 곳 보다 더 얕은 곳에 있는 것처럼 보인다.

답: 3. 수면에서 나오는 광선은 물고기가 있는 곳 보다 위쪽의 한 점에서 모인다. 아래 그림을 참조하여라.

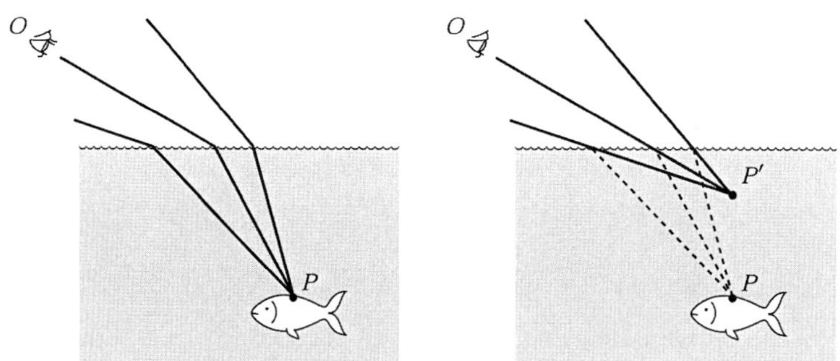

8. 물고기가 수면 아래에서 헤엄치고 있다. 관찰자가 물고기의 연직 상방의 지점 O'에서 물고기를 내려다보고 있다고 하자. 관찰자가 보기에 물고기는

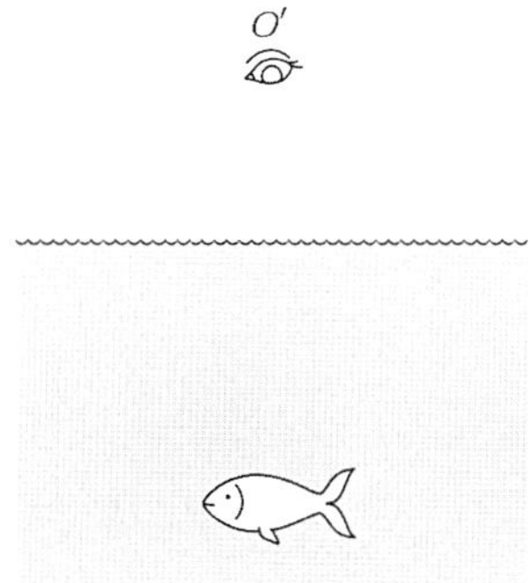

1. 실제 있는 곳 보다 더 깊은 곳에 있는 것처럼 보인다.
2. 실제 있는 곳과 동일한 깊이에 있는 것으로 보인다.
3. 실제 있는 곳 보다 더 얕은 곳에 있는 것처럼 보인다.

답: 3. 수면에서 나오는 광선은 물고기가 있는 곳 보다 위쪽의 한 점에서 모인다.

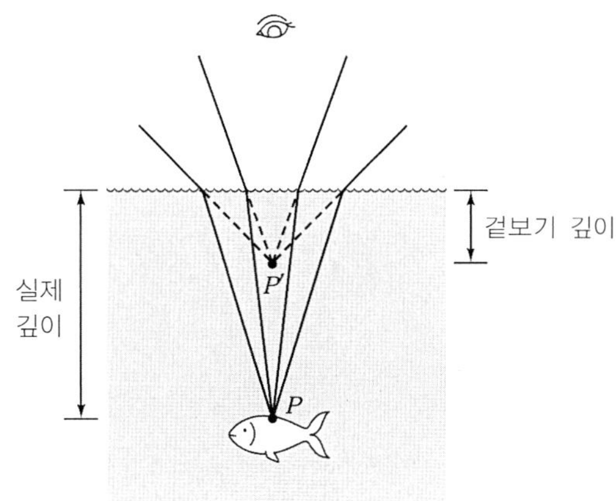

9. 평행 광선으로 수족관을 비췄다. 만약 유리 재질의 볼록 렌즈를 물속에 놓아두었다면, 볼록렌즈의 광선의 초점은

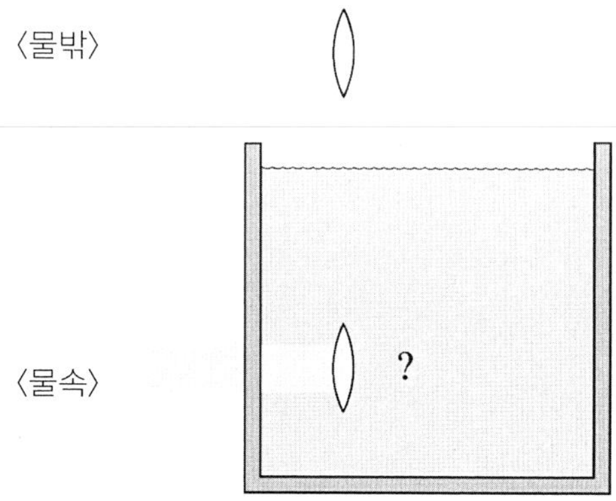

1. 물 밖에서 보다 렌즈에 더 가까운 곳에 만든다.
2. 물 밖에서와 똑같은 위치에 만든다.
3. 물 밖에서 보다 렌즈로부터 더 먼 곳에 만든다.

답: 3. 물의 굴절률은 공기와 유리의 사이에 있다. 따라서 광선은 공기에서 물로 진행할 때 보다 물에서 유리로 진행할 때 덜 꺾인다. 그 결과, 볼록 렌즈는 물속에서 광선을 모으는 정도가 덜 심하다.

10. 스크린에 물체의 상을 비추기 위해 렌즈가 사용되었다. 만약 렌즈의 오른편 절반을 가린다면,
    1. 상의 왼편 절반이 사라진다.
    2. 상의 오른편 절반이 사라진다.
    3. 상 전부가 사라진다.
    4. 상이 흐려진다.
    5. 상이 엷어진다.

답: 5. 가려지지 않은 렌즈의 부분이 완전한 상을 만든다. 그러나 빛의 절반만 렌즈를 투과하기 때문에 상이 엷어진다.

11. OHP(두상 투영기)의 렌즈는 OHP 용지 위의 한 점 P의 상 P'를 만든다. 만약 스크린을 OHP에 더 가깝게 이동시킨다면, 초점을 맞추어 스크린 위의 상이 유지되도록 하기 위해 렌즈를

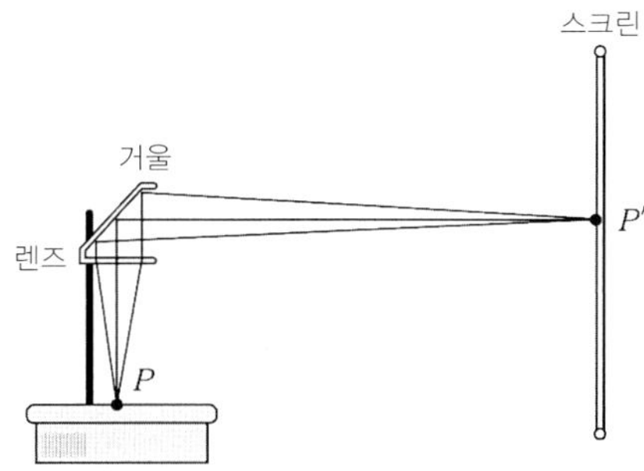

1. 위로 이동시켜야 한다.
2. 그 자리에 가만히 놔둬야한다.
3. 아래로 이동시켜야 한다.

답: 1. 스크린을 가깝게 옮길 경우, 광선을 좀 더 강하게 초점을 맞추어야 한다. 렌즈의 가장 자리로 입사하는 광선의 굴절 각도가 고정되어있기 때문에, 입사광선은 덜 분산되어야 한다. 이렇게 하려면, 렌즈를 위로 이동시켜야 한다.

12. 단색광이 똑같은 현미경용 유리 슬라이드 한 쌍을 비추고 있다. 이 두 슬라이드는 접하는 면이 매우 가느다란 쐐기 모양의 틈을 형성한 상태로 포개져있다. 위쪽 슬라이드의 윗면과 아래쪽 슬라이드의 아랫면은 특수 코팅이 입혀져 있어 빛의 반사는 전혀 없다. 안쪽 두 면(A, B)의 반사율은 0이 아니다. 슬라이드를 위에서 본 모양은

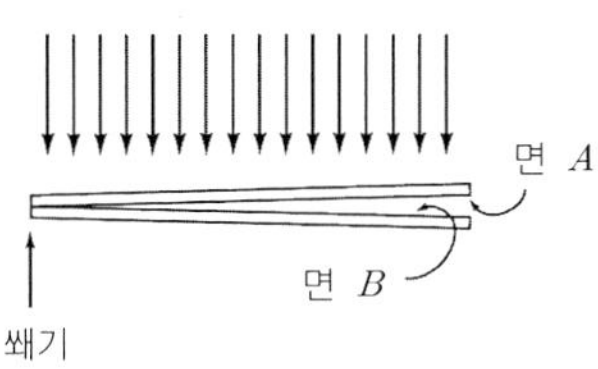

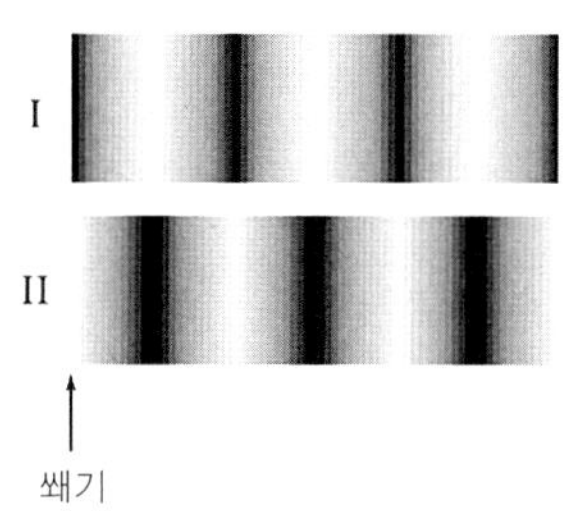

1. I과 같다.
2. II와 같다.

답: 1. 두 안 쪽 면은 슬라이드 사이의 틈이 증가하는 만큼 어두운 상태에서 밝아지는 상태로 변하는 간섭 패턴을 만든다. A면으로부터 반사된 빛은 위상변화를 겪지 않는다. 반면 B면으로부터 반사된 빛은 180°의 위상변화를 겪는다. 틈이 거의 0에 가까운 표면에서는, 상쇄 간섭이 일어난다. 두 슬라이드가 접하는 점에 가까운 곳에서 어두운 띠를 가지게 되는 결과적 패턴이 나타난다.

13. 단색광이 똑같은 현미경용 유리 슬라이드 한 쌍을 비추고 있다. 이 두 슬라이드는 접하는 면이 매우 가느다란 쐐기 모양의 틈을 형성한 상태로 포개져있다. 위쪽 슬라이드는 크라운(crown) 유리($n=1.5$)로 만들어졌고, 아래쪽 슬라이드는 플린트(flint) 유리($n=1.7$)로 만들어졌다. 두 슬라이드는 사사프라스 오일에 잠겨있고, 사사프라스 오일은 두 슬라이드의 중간 굴절률을 가지고 있다. 위쪽 슬라이드의 윗면과 아래쪽 슬라이드의 아랫면은 특수 코팅이 입혀져 있어 빛의 반사는 전혀 없다. 안쪽 두 면(A, B)의 반사율은 0이 아니다. 슬라이드를 위에서 본 모양은

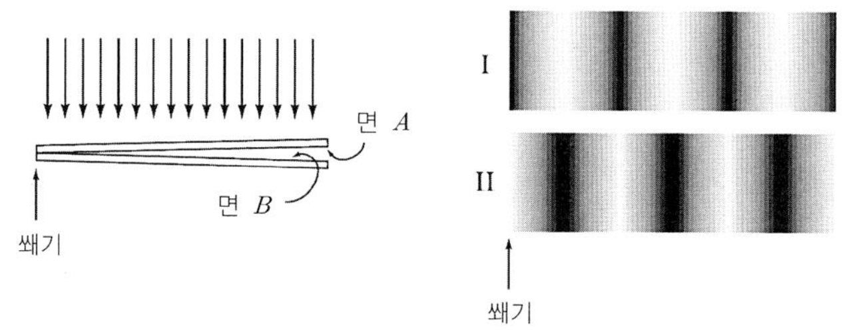

1. I과 같다.
2. II와 같다.

답: 2. 양쪽 면으로부터 반사되는 빛은 180°의 위상변화가 있다. A면에서의 반사로 인한 위상변화는 빛이 더 높은 굴절률을 가진 물질로부터 왔기 때문에 발생한다. 이런 경우, 틈의 간격이 0인 곳에서 보강간섭이 일어나고, 상은 밝은 띠부터 시작한다.

14. 두 개의 똑같은 현미경용 슬라이드가 공기 중에서 단색광을 받고 있는 상태이다. 아래쪽 슬라이드가 회전하고 있기 때문에(옆에서 보았을 때, 접촉점에 대하여 반시계방향), 쐐기 모양을 이루는 두 슬라이드가 접촉

점의 각도가 점점 작아지고 있는 상태이다. 간섭무늬에 어떤 변화가 있어날까?

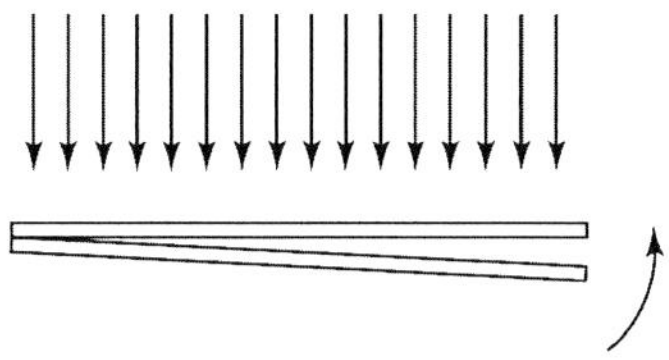

1. 사이가 점점 벌어진다.
2. 사이가 점점 좁아진다.
3. 아무 변화가 없다.

답: 1. 전체 구조적인 간섭이 $\lambda/2 \times n$ (반파장의 정수배)일 때 슬라이드 사이에 분리가 된 지점에서 일어난다. 각이 더 작아짐에 따라 간격이 더욱 멀어진다.

15. 공기 중에 있는 두 개의 동일한 슬라이드에 단색광의 빛을 비추었다. 두 슬라이드는 정확히 평행하고, 위의 슬라이드가 위 방향으로 느리게 움직이고 있다. 위에서 볼 때 무엇을 보게 되는가?
1. 모두 검게 보인다.
2. 모두 밝게 보인다.
3. 띠들이 더욱 벌어진다.
4. 검고 밝은 무늬가 교대로 나온다.
5. 위에는 정답이 없다.

답: 4. 위 슬라이드에 반사된 빛과 바닥 슬라이드로부터 반사된 빛이 간섭을 일으킨다. 두 슬라이드 사이의 간격이 바뀐다면, 완전보강간섭과 완전상쇄간섭이 번갈아 나타난다.

16. 회절은 빛이 (　　　　)을/를 지나갈 때 일어난다.
1. 바늘구멍
2. 좁은 슬릿
3. 넓은 슬릿
4. 뾰족한 가장자리
5. 위의 모든 경우

답: 5. 어느 경우든지 광선이 가장자리에 부딪히면, 그것은 회절한다. 회절의 양은 파장과 빛이 통과하는 구멍의 크기 간의 비율에 달려있다.

17. Huygens-Fresnel 원리는 우리에게 슬릿이나 구멍에서 파면의 앞 지점이 원형파를 발생시키는 점파원 역할을 하는 것을 알려준다. 슬릿의 안쪽에 있는 점들에서만 일어날까? 아니면 슬릿이 없어도 상관없을까? Huygens-Fresnel 원리는 다음의 어느 경우에서 성립할까?

1. 광선의 경로에서 어느 지점이든지
2. 문제가 나타난 지점에서 광선의 경로에서 어느 지점이든지
3. 단지 슬릿이나 틈

답: 1. 법칙에 따르면, 광선의 경로에 있는 모든 지점이 구면파를 발생시키는 빛의 정파원으로 될 수 있다.

18. 만약 Huygens-Fresnel 원리가 광선의 경로에서 어느 지점에서 적용된다면, 왜 레이저 빔은 슬릿이 없으면 모든 방향으로 퍼져나가지 않는가?

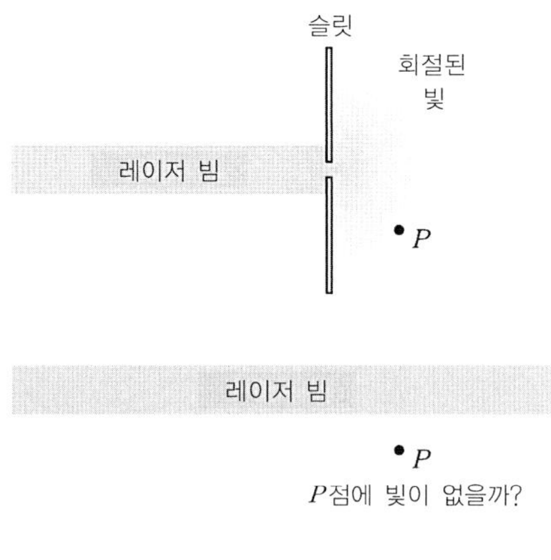

P점에 빛이 없을까?

1. 왜냐하면 퍼져나가는 모든 파들은 상쇄간섭을 한다.
2. 퍼져나가지만, 퍼짐이 너무 작아서 우리가 그것을 알지 못한다.
3. 우리는 Huygens-Fresnel 원리를 모두 적용할 수 없고 단지 슬릿이나 틈에 적용할 수 있다.

답: 1. 레이저로부터 나와 퍼져나간 광파는 상쇄간섭을 한다. 좁은 슬릿이 있으면, 상쇄간섭을 하기에 충분하지 않다.

19. 단색광의 빔을 원형 디스크가 막는다고 생각하여라. 만약 회절이 디스크의 가장자리에서 일어난다면 디스크 그림자의 중심은?

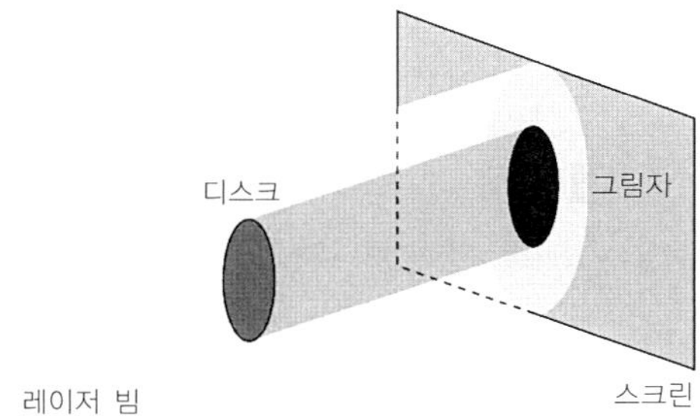

1. 밝은 점
2. 그림자의 나머지 부분보다 더 어둡다.
3. 밝거나 어둡다. 디스크와 스크린 간의 거리에 달려있다.
4. 그림자의 나머지 부분만큼 어둡지만, 회절이 없는 것보다 덜 어둡다.

답: 1. 디스크의 가장자리로부터 나온 광선은 그림자의 중심에서 위상이 증가된다. 그 결과 밝은 점을 Possion point (포아슨 점)라고 부른다.

20. 좁은 슬릿에 기인한 스크린의 패턴이 그림과 같을 때 슬릿의 방향은?

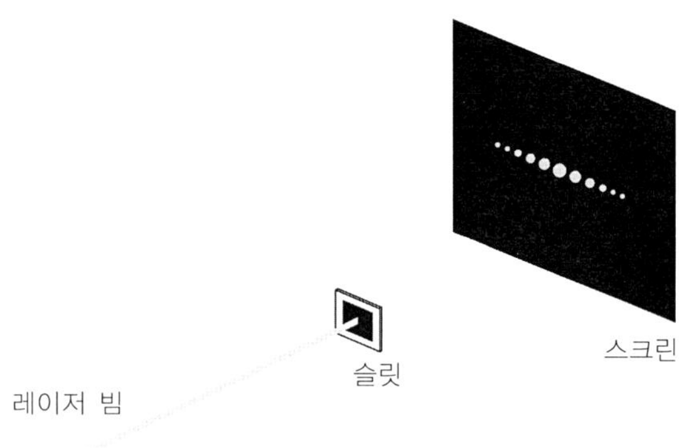

1. 수평이다.
2. 수직이다.

답: 2. 회절은 작은 구멍에서 잘 일어난다. 그러므로 회절은 슬릿의 가장 작은 크기의 방향에서 일어난다.

21. Young's 실험에서 각 슬릿을 편광판으로 덮는다고 가정하자. 두 개의 슬릿을 덮는 편광의 투과축이 수직이어서 서로 수직인 편광된 빛이 중첩을 한다고 하자. 슬릿 뒤에 있는 스크린에서, 우리는 무엇을 보는가?
    1. 흔히 있는 띠 모양의 패턴
    2. 흔히 있는 띠 모양이 최소가 되는 지점이 최대가 되도록 이동한다.
    3. 아무것도 안 보인다.
    4. 상당히 균일하게 환해진 길어진 점

    답: 4. 수직 편광자 때문에, 두 슬릿의 빛은 간섭을 하지 않고 단지 빛의 세기가 더해진다. 각 슬릿은 회절을 하기 때문에 그 결과 스크린에 한 쪽 방향으로 길쭉한 점들이 있다.

22. 정상적 입사에서 노란 빛을 회절격자를 비춘다. 격자 뒤에 있는 스크린에 보여준 무늬는 각이 0°(직선으로 통과), 각각 ±45°에서 3개의 노란 점들이다. 노란 빛과 같은 방향으로 오도록 동일한 강도의 빨간 빛을 추가로 하면 새로운 무늬는?
    1. 0°, ±45°에서 빨간 점
    2. 0°, ±45°에서 빨간 점
    3. 0°, ±45°에서 오렌지색의 점
    4. 0°에서 오렌지색의 점, ±45°에서 노란점, 빨간 점은 약간 바깥쪽으로 벗어난다.
    5. 0°에서 오렌지색의 점, ±45°에서 노란점, 빨간 점은 약간 안쪽으로 가까워진다.

    답: 4. 0°에서는 각 각 파장에서 최대 지점이기 때문에 빨간과 노란이 합성된 오랜지 색이다. 연속적인 최대 피크 사이에서 거리는 파장에 따라 변한다, 그래서 빨간 지점은 노란 지점보다 조금 바깥쪽으로 벗어난다.

23. 평면파가 슬릿의 폭과 분리 간격이 입사된 파의 파장과 비슷한 두 슬릿에 입사하였다. 슬릿 뒤에 스크린에 보여 지는 것은?

1. 각 슬릿 뒤에 하나 씩, 두 개의 점
2. 두 슬릿의 중심축 뒤에 단지 한 점
3. 불규칙하게 분포된 많은 점들
4. 균일하게 분포된 많은 점들

답: 4. 두 슬릿에 의한 회절의 패턴은 무작위적이 아니라 최대와 최소의 강도를 가지는 것이다.

24. 왼쪽 그림에서 이중-슬릿에 평면파를 입사되었을 때 간섭 패턴을 볼 수 있다. 만약 오른쪽 그림처럼 우리가 유리판을 한 슬릿에 덮는다면, 공기보다 유리에서 파장이 짧기 때문에 두 개의 발생한 파의 위상이 달라질 것이다. 만약 위상 차이가 180°가 난다면, 왼쪽에서 보여준 간섭 무늬는 어떻게 달라지겠는가?

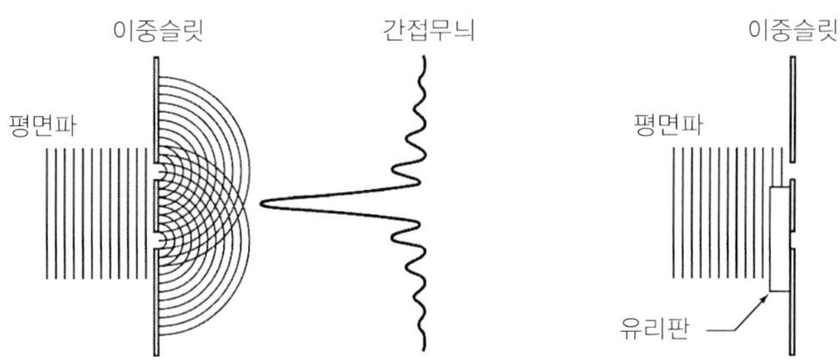

1. 무늬가 사라질 것이다.
2. 밝은 점들이 함께 가까워진다.
3. 밝은 점들이 함께 멀어질 것이다.
4. 아무런 변화가 없다.
5. 밝은 점들과 검은 점들이 서로 교환될 것이다.

답: 5. 회절 패턴은 두 개의 슬릿에서 발생한 빛의 간섭에 의해 생긴다. 한 슬릿으로 빛의 위상이 180°로 변화한 것은 소멸간섭의 지점이 반대로 보강간섭의 지점이 되도록 변화시킨다.

25. 렌즈의 직경이 주어질 때, 현미경을 사용하는데 어느 빛이 가장 좋은 분해능을 주겠는가?

1. 빨간 빛
2. 노란 빛
3. 초록 빛
4. 파란 빛
5. 모든 것은 효과가 같다.

답: 4. 회절은 구멍의 크기를 파장으로 나눈 것에 비례한다. 렌즈의 직경에 의해 결정된 구멍의 크기가 고정된다면 거꾸로 파장의 길이에 반비례한다. 그러기 때문에 파란 빛은 가장 짧은 파장을 가지므로 가장 좋은 분해능이 된다.

26. 파장이 λ인 파란빛이 폭이 a인 슬릿 한 개를 통과하여 스크린에 회절 무늬가 생긴다. 파란빛이 파장이 2λ인 빨간 빛으로 대체한다면, 슬릿의 폭이 어떻게 변해야 원래 회절 무늬가 만들어지는가?

1. $a/4$
2. $a/2$
3. 바뀔 필요가 없다.
4. $2a$
5. $4a$
6. 원래의 무늬를 만들 수 있는 (슬릿의) 폭이 있을 수 없다.

답: 4. 최대와 최소 위치는 슬릿의 폭과 파장의 비율에 달려있다. 파장이 2배가 될 때 원래 패턴을 만들기 위해서는 슬릿의 폭도 2배가 되어야 한다.

27. 평면파가 슬릿 한 개에 입사되면 스크린에 회절 무늬를 만든다. 무늬의 중심은 0번째 최대이고, 몇 개의 2차의 최대지점을 가진다. 1차 최대지점은 슬릿의 꼭대기에서 1/3 지점의 (a) 광선과 2/3지점의 (b) 광선이 상쇄되어 형성된다. 1차 최대 지점의 빛의 세기는 슬릿의 바닥에서 1/3 지점의 (c) 광선에 기인한다. 그러므로 중심으로부터 1차 최대 지점의 빛의 세기 I는 약 1/9배이다. 2차 최대지점의 강도는?

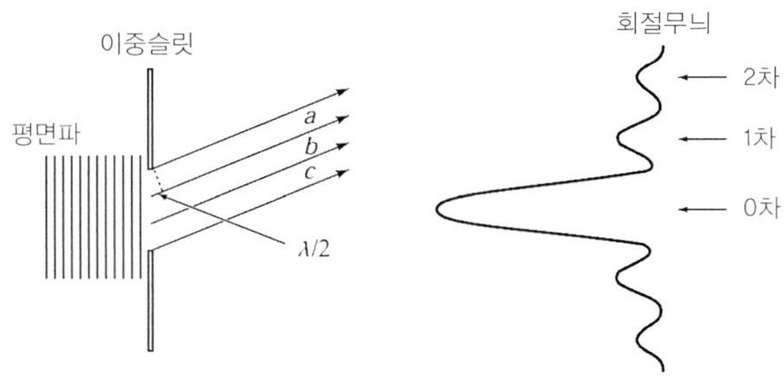

1. $I/4$
2. $I/9$
3. $I/16$
4. $I/25$

답: 4. 2차 최대 지점은 슬릿 꼭대기로부터 1/5 지점의 빛이 2/5 지점의 빛이 서로 슬릿을 통과한 후 상쇄된다. 3/5과 4/5 로 빛이 그렇다. 2차 최대 지점은 바닥에서 1/5 지점의 빛이 슬릿이 통과하여 생기게 된다. 빛의 세기는 전기장의 제곱에 비례하므로 2차 최대 지점의 세기는 입사 세기의 약 1/25가 된다.

정전기학

1. 그림 (a)와 같이 (+)로 대전된 물체를 절연된 유리 받침대에 부착되어 있는 도체 구에 가까이 가져간 후, 그림 (b)와 같이 가까이 한 상태에서 도체구의 반대쪽에 짧은 시간 동안 도선으로 접지시켰더니 그림 (c)와 같이 도체구가 음으로 대전되었다. 다음 중 이에 대한 결론으로 가장 적절한 것은?

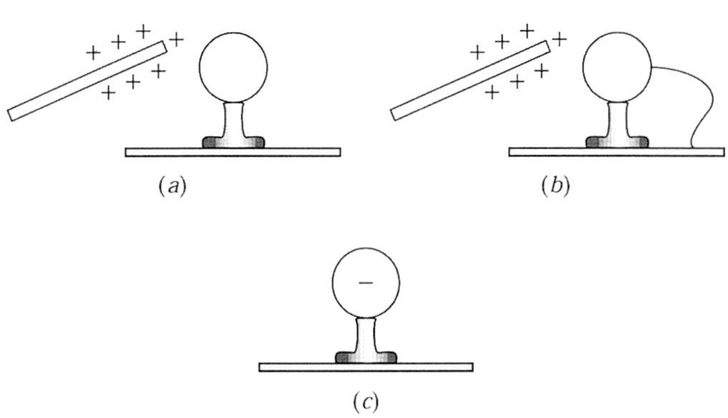

도체 구와 관련한 이 현상에 대한 결론으로 가장 적절한 것은?

1. 양전하와 음전하 둘 다 자유롭게 움직일 수 있다.
2. 음전하만 자유롭게 움직일 수 있다.
3. 양전하만 자유롭게 움직일 수 있다.
4. 우리는 이 현상 관련된 어떠한 결론도 내릴 수 없다.

답: 4. 양전하가 빠져 나가던 음전하가 들어오던 같은 결과를 얻기 때문에 결론을 내릴 수 없다.

2. 세 개의 구가 가는 실에 매달려 있다. 다양한 물체들을 다른 물체들로 문질러 준비하였다(나일론과 실크, 유리와 폴리에스테르 등등). 세 개의 구 각각을 다른 대전된 물체 와 접촉시켜 대전시켰다. 구1, 구2와 구2, 구3 사이에는 각각 척력이 작용한다. 이에 대한 결론으로 가장 적절한 것은?

1. 1과 3은 다른 종류의 전하를 띤다.
2. 1과 3은 같은 종류의 전하를 띤다.
3. 3개의 구는 모두 같은 종류의 전하를 띤다.
4. 물체들 중 하나는 전하를 띠지 않는다.
5. 우리는 전하의 종류를 결정하기 위해 더 많은 실험이 필요하다.

답: 3. 같은 부호의 전하는 서로 밀어낸다. 1과 2는 같은 부호의 전하이고 2와 3도 같은 부호이다.

3. 세 개의 구가 가는 실에 매달려 있다. 다양한 물체들을 다른 물체들로 문질러 준비하였다(나일론과 실크, 유리와 폴리에스테르 등등) 세 개의 구 각각을 다른 대전된 물체 와 접촉시켜 대전시켰다. 구 1과 구 2는 서로 끌어당기고 구 2와 구 3은 서로 밀어낸다. 이에 대한 결론으로 가장 적절한 것은?

1. 1과 3은 다른 종류의 전하를 띤다.
2. 1과 3은 같은 종류의 전하를 띤다.
3. 세 개의 구는 모두 같은 종류의 전하를 띤다.
4. 물체들 중 하나는 전하를 띠지 않는다.
5. 우리는 전하의 종류를 결정하기 위해 더 많은 실험이 필요하다.

답: 5. 반대 부호의 전하들은 끌어당기고 같은 부호의 전하들은 밀고, 부호에 상관없이 대전된 물체는 중성의 물체를 끌어당긴다. 1과 2는 반대 부호이거나 둘 중에 하나가 중성이고 다른 물체는 대전되었다. 2와 3이 서로 밀기 때문에 2와 3은 같은 부호이다. 2가지 가능성이 있다. 와 3이 같은 부호인 것은 분명한데 (i) 1이 중성이거나 (ii) 1이 2와 3의 것과는 반대인 부호이다.

4. 수소원자는 한 개의 양성자를 가진 핵과 전자 한 개가 궤도를 돌도록 구성되어 있다. 두 입자 사이에 전기력은 중력의 힘보다 2.3×10^{39} 배이다. 만약 두 입자 사이의 거리를 조절할 수 있다면, 우리는 두 입자를 전기력과 중력의 힘의 크기가 같은 분리 지점을 찾을 수 있을까?
   1. 두 입자들을 움직여 멀리 떨어뜨리면 이것이 가능하다.
   2. 두 입자를 움직여 가깝게 하면 이것이 가능하다.
   3. 어떤 거리에도 이것이 불가능하다.

   답: 3. 전기력과 중력은 두 물체 사이의 거리의 제곱에 반비례한다. 두 힘은 어떤 거리에서도 같을 수 없다.

5. 공기 테이블(air table) 위에 마찰이 없는 퍽들부터 두 개의 균등하게 대전된 구는 단단히 고정되어 있고 전기적으로 절연되어있다. 구 2의 전하량은 구 1의 3배이다. 정전기력의 크기와 방향을 정확하게 보여준 그림은 어느 것인가?

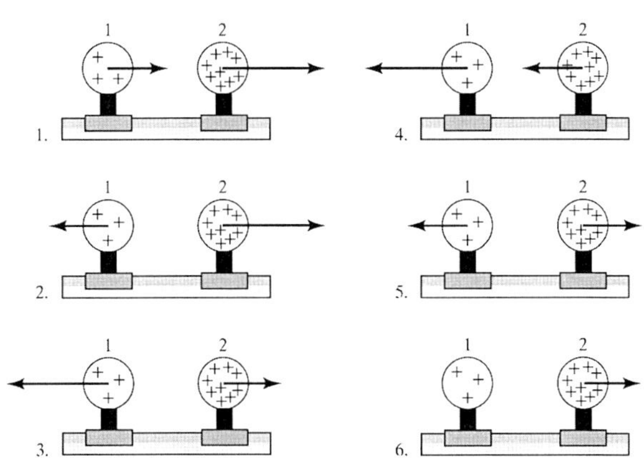

7. 위에는 답이 없다

답: 5. 2에 의해 가해지는 정전기력의 크기는 1에 의해 2에 가해지는 정전기력의 크기와 같다. 전하들이 같은 부호라면 서로 미는 방향이고, 반대부호라면 힘은 인력이다.

6. 그림 (a)~(d)는 네 가지의 전기장 패턴을 각각 나타낸 것이다. 전하가 없다고 가정할 때 가능한 전기장 패턴은 어느 것인가?

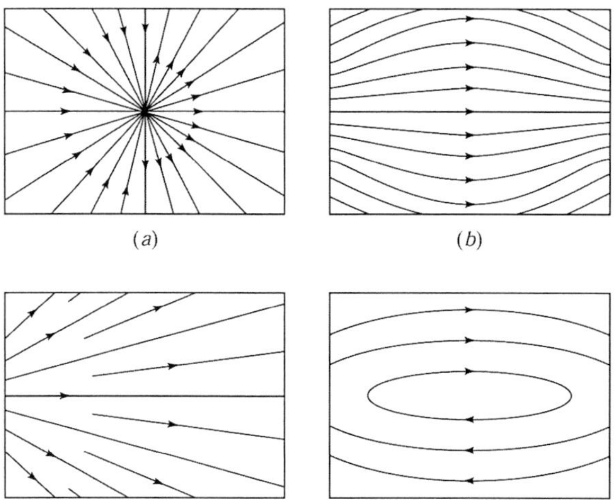

(a) (b) (c) (d)

1. (a)
2. (b)
3. (b)와 (d)
4. (a)와 (c)
5. (b)와 (c)
6. 어떤 다른 것과 결합
7. 위에는 답이 없다.

답: 2. (a)는 전기력선은 한 점에서 나가면서 동시에 들어오는 것은 가능하지 않기 때문에 답이 아니다. (c)는 구역 안에 전하가 없기 때문에 전기력선이 시작하는 것이 불가능하여 답이 아니다. (d)는 정전기 상황에서 전기력선은 닫힐 수 없기 때문에 답이 아니다. (역자주: 정전기가 아닌 상황에서는 가능하다.)

7. 그림 (a)~(d)는 각각 전기 쌍극자가 외부 전기장에 놓여있는 것을 나타낸 것이다. 쌍극자에 작용하는 합력이 0인 경우는?

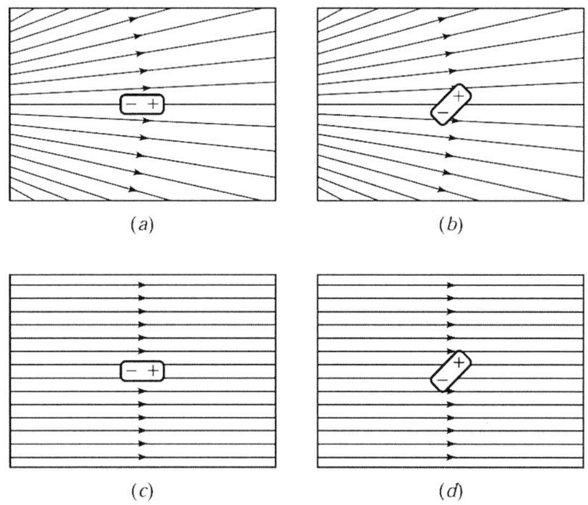

1. (a)
2. (c)
3. (b) 와 (d)
4. (a) 와 (c)
5. (c) 와 (d)
6. 어떤 다른 것과 결합
7. 위에는 답이 없다.

답: 5. 균일한 전기장에서 전기 쌍극자에는 합력이 작용하지 않는다. (c)와 (d)는 균일한 전기장이다. (d)의 경우에 알짜 토크가 있다.

8. 그림 (a)는 표면전하밀도가 $+\sigma$인 대전판 1에 의한 전기장의 방향을 나타낸 것이고 전기장의 크기는 $\dfrac{+\sigma}{2A\epsilon_0}$ 이다. 그림 (b)는 그림 (a)의 대전판 1에 표면전하밀도가 $-\sigma$인 대전판 2를 평행하게 놓은 것을 나타낸 것이다. 두 판 1, 2의 면적은 모두 A로 같다. 그림 (b)에서 판 1, 2에 의한 전기장의 크기는 얼마인가?

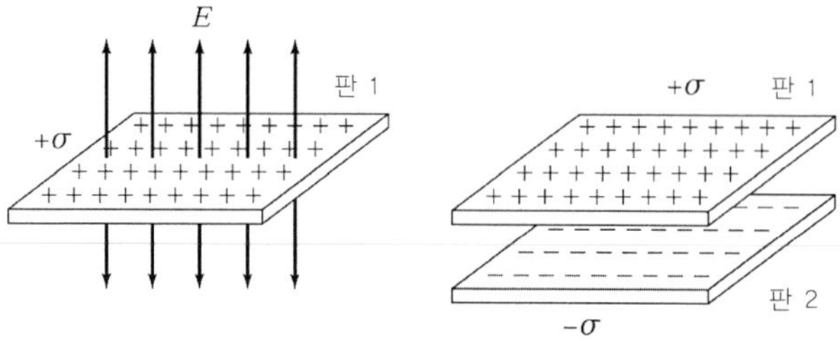

(a) (b)

1. 두 대전판 사이는 $\frac{+\sigma}{A\epsilon_0}$, 대전판 밖은 0이다.
2. 두 대전판 사이는 $\frac{\sigma}{A\epsilon_0}$, 대전판 밖은 $\frac{\pm\sigma}{2A\epsilon_0}$이다.
3. 두 대전판 사이와 밖은 모두 0이다.
4. 두 대전판 사이와 밖은 모두 $\frac{\pm\sigma}{2A\epsilon_0}$이다.
5. 위에는 정답이 없다.

답: 1. 2에 의한 전기장의 크기 또한 $\sigma/2A\epsilon_o$이지만 전기장의 방향은 판을 향하는 방향이다. 두 판 사이와 밖의 지점들에서 중첩의 원리를 적용하면 답은 1번이다.

9. 그림과 같이 절연된 물질로 된 원통이 외부 전기장에 놓여있다. 원통의 표면을 지나는 알짜 전기력선은?

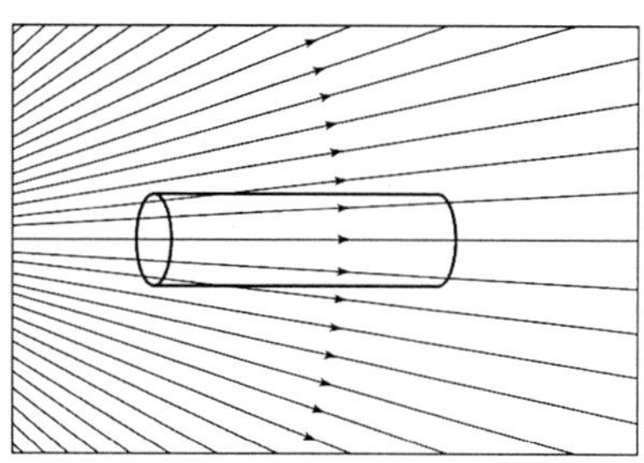

1. 양
2. 음
3. 0

답: 3. 표면을 들어오는 각 전기력선은 다시 표면을 빠져나가기 때문에 표면을 통과하는 알짜 전기력선은 없다.

10. 그림 (a)는 점전하 $+Q$에서 거리가 r인 A지점에 시험전하 $+q$를 놓은 것을 나타낸 것이고 그림 (b)는 (a)의 시험전하 $+q$를 제거하고 시험 전하 $+2q$를 $+Q$에서 거리가 $2r$인 B지점에 놓은 것을 나타낸 것이다. 전위는 B점에서가 A점에서 보다?

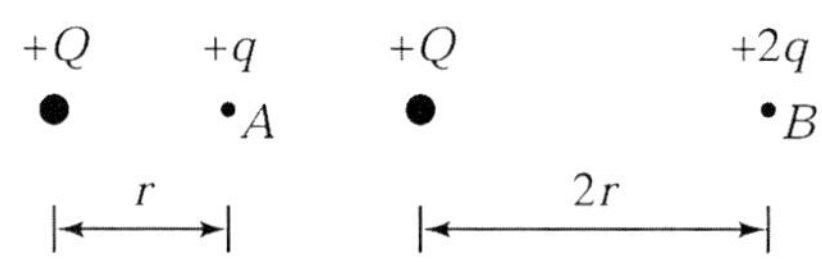

(a) (b)

1. 더 크다
2. 더 작다
3. 같다.

답: 2. A점에서 전위는 Q/r이지만, B점에서는 $Q/2r$이다. A와 B점에서 q와 $2q$의 전하량은 전위에 영향을 주지 않는다.

11. 그림 (a)는 점전하 $+Q$에서 거리가 r인 지점에 시험전하 $+q$를 놓은 것을 나타낸 것이고 그림 (b)는 (a)의 시험전하 $+q$를 제거하고 시험 전하 $-q$를 $+Q$에서 거리가 r인 지점에 놓은 것을 나타낸 것이다. 점전하 $+Q$에서 거리가 r인 점에 놓여진 시험전하에 의한 정전기 위치에너지가 더 큰 쪽은?

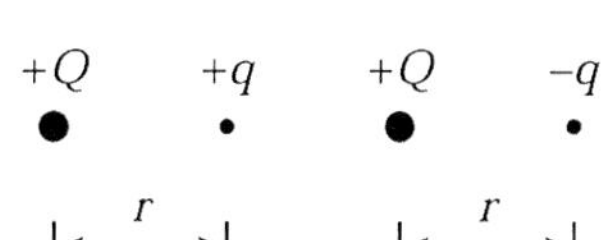

(a) (b)

1. (a)
2. (b)
3. 두 경우가 같다.

답: 1. 시험 전하의 정전기 위치 에너지는 그것의 위치와 전하량에 의존한다. $+q$ 전하에 대하여 정전기 위치 에너지는 Qq/r이지만, $-q$에 대해서는 $-Qq/r$이다.

12. 전기장 E 안에 전자 한 개를 P점에 놓았더니 P점에서 전자의 전위가 $1\,V$였다. P점에 두 개의 전자로 대전된 입자를 놓았을 때, 이 입자의 전위는 얼마인가?
1. $0.25\,V$
2. $0.5\,V$
3. $1\,V$
4. $2\,V$
5. $4\,V$

답: 3. 전기장 안에서 대전된 입자들의 전위는 전하의 위치에만 의존하고 전하량에는 의존하지 않는다.

13. 알짜전하를 가진 구형전도체가 있다. 구형전도체의 전위에 대해 다음 설명 중 맞는 것은?
1. 중심에서 가장 크다.
2. 표면에서 가장 크다.
3. 중심과 표면사이에 어떤 지점에서 가장 크다.
4. 도체의 부피의 어느 지점이든지 일정하다.

답: 4. 도체 내부에 전기장은 0이다. 따라서 전기장은 전위의 변화율이다. 도체 내에 정전기 전위는 일정하여야 한다. 연속성에 의해 표면에서의 값과 같다.

14. 알짜전하 Q를 가진 두 개의 고립된 구형 전도체가 있다. 구의 반경은 a, b이며 b는 a보다 더 크다. 어느 구가 더 높은 전위를 가지는가?
1. 반경 a인 구
2. 반경 b인 구
3. 두 구는 같은 전위를 가지고 있다.

답: 1. 도체 구에 대한 정전기 전위는 구의 반경에 반비례한다.

유전체와 축전기

1. 거리가 d만큼 떨어진 평행금속판으로 만들어진 축전기가 있다. 위의 판은 표면전하밀도가 $+\sigma$이고 아래 판은 $-\sigma$이다. 축전기에 두께가 d보다 작은 금속판을 축전기 판에 접촉하지 않게 넣으면 축전기 판 사이의 전위차는 어떻게 되는가?

   1. 증가한다.
   2. 감소한다.
   3. 같은 상태로 남아있다.

   답: 2. 삽입된 금속판의 위쪽 면은 음전하가 유도되고 아래쪽 면은 양전하가 유도된다. 유도된 전하들은 축전기 판들 쪽으로 인력을 받는다. 만약에 삽입된 판을 빼내려면 우리는 계에 일을 하여야한다. 따라서 금속판을 삽입하게 되면 계의 퍼텐셜 에너지가 감소하고 따라서 축전기 판 사이의 전위차는 증가한다.

2. 그림 (a)와 같이 판사이의 거리가 d만큼 떨어진 축전기에 두께가 $d/3$인 금속판을 넣었은 것을 나타낸 것이고, 그림 (b)는 (a)의 축전기의 위 판을 금속판과 도선으로 연결한 것을 나타낸 것이다. 전기용량은 어느 쪽이 더 큰가?

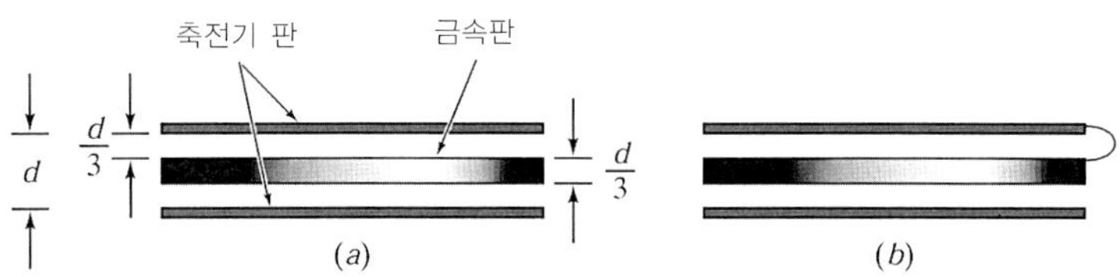

   1. (a)
   2. (b)
   3. 두 경우가 같다.

   답: 2. (a) 경우에 간격이 $d/3$인 두 개의 축전기가 직렬로 연결된 것과 같다. (b)의 경우에는 판 사이의 간격이 $d/3$인 하나의 축전기와 동일하다. 용량은 판 사이의 간격에 반비례하고 (a) 경우에 직렬연결을 고려하면 (b)의 경우가 더 큰 용량임을 알 수 있다.

3. 거리 d만큼 떨어진 서로 반대 부호의 전하로 대전된 평행판 축전기가 있다. 축전기 두 판을 잡아당겨 두 판 사이의 거리를 더 멀어지게 하면 축전기에 저장된 전기에너지는 어떻게 되는가?
   1. 잡아당기기 전보다 더 커진다.
   2. 잡아당기기 전과 똑같다.
   3. 잡아당기기 전보다 더 작아진다.

   답: 1. 반대로 대전된 판들은 서로 인력이 작용하고 있기 때문에 그들을 더 멀리 하려면 우리는 일을 하여야 한다. 축전기 사이에 저장된 정전기 에너지는 판들을 분리함에 따라 증가하게 된다.

4. 유전체를 축전기 판 사이에 넣고 충전을 시킨 후에 유전체를 제거했다. 축전기에 저장된 전기에너지는 어떻게 되는가?
   1. 유전체를 축전기에 두었을 때보다 더 클 것이다.
   2. 유전체를 축전기에 두었을 때와 같다.
   3. 유전체를 축전기에 두었을 때보다 더 작을 것이다.

   답: 1. 유전체는 대전된 판 사이에 있을 때 편극 된다. 양으로 유도된 유전체 표면은 음으로 대전된 판 쪽으로 인력을 받을 것이고, 음으로 유도된 유전체 표면은 양으로 대전된 판 쪽으로 인력을 받게 된다. 따라서 유전체를 끌어내기 위해서는 우리는 일을 하여야 한다. 결과적으로 유전체를 제거할 때 축전기에 저장된 에너지가 증가한다.

5. 평행판 축전기는 두 판 사이에 일정한 전위차 V를 유지하는 건전지와 연결된다. 건전지를 연결한 상태에서 유리판을 넣어서 두 판 사이의 공간을 모두 채운다면 두 판 사이에 저장된 에너지는?
   1. 증가한다.
   2. 감소한다.
   3. 같다.

   답: 1. 유리판이 두 판 사이에 채워지면 유리판은 편극되어 전기장의 크기는 줄어든다. 이렇게 되면 두 판 사이의 전위차가 작아지게 된다. 건전지가 연결되어 있기 때문에 두 판 사이의 전위차를 건전지의 전위차와 같도록 하기 위하여 건전지는 전하들을 더 공급하여 더 많은 전하들

이 판에 저장되도록 한다. 계에 일이 행해진 것으로 저장된 에너지는 증가하게 된다.

직류 회로

1. 전선으로 연속으로 연결한 두 개의 같은 저항(하나 뒤에 다른 하나가 연결됨)을 생각해보자. 만약 전류가 흐른다면, 두 번째 저항에서의 전류는?
   1. 똑같다.
   2. 절반이다.
   3. 조금 적다. 반드시 첫 번째 저항을 통해 흐르는 전류의 절반은 아니다.

   답: 1. 전류가 첫 번째 저항을 통해 흐를 때, 전하는 소멸되거나 생성되지 않는다.

2. 그림과 같이 동일한 저항 R을 병렬연결하고 그 수를 늘여가면, P와 Q점 사이의 총 저항은?

   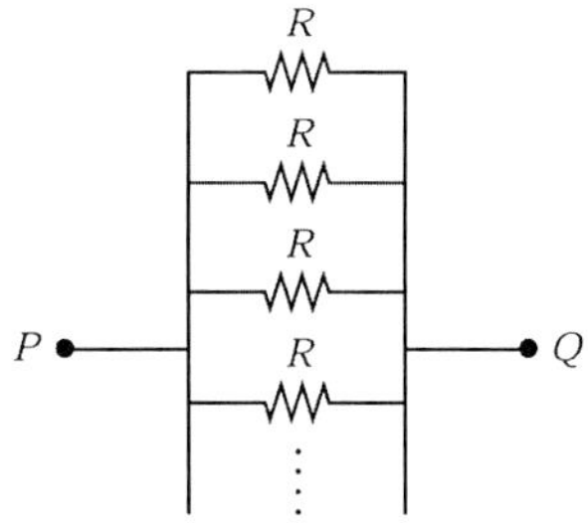

   1. 증가한다.
   2. 여전히 같다.
   3. 감소한다.

   답: 3. 각 저항의 전위차는 같고, 그래서 각 저항에 흐르는 전류는 저항이 R인 하나의 저항을 통해 흐르는 전류와 같다. 모든 병렬 저항을 통해 흐르는 전류의 합은 입력 전류와 같아야 하며, 저항이 더해짐에 따라 총 전류는 증가하고 그 결과 총 저항은 감소한다.

3. 전하가 전구를 통해 흐르고 있는데 그림과 같이 전구의 양쪽에 도선을 연결하게 되면

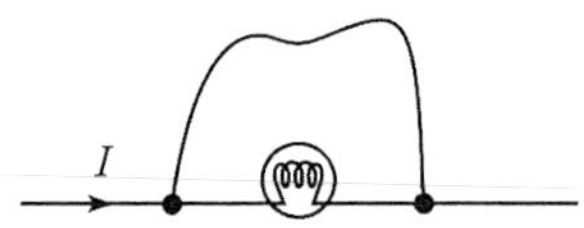

1. 모든 전하는 계속해서 전구를 통해 흐른다.
2. 전하의 절반이 전선을 통해 흐르고, 나머지 절반은 전구를 통해 흐른다.
3. 모든 전하는 전선을 통해 흐른다.
4. 위 답 중 어느 것도 해당되지 않는다.

답: 3. 전선은 기본적으로 저항이 0이고, 전구와 함께 병렬로 연결되어 있다. 따라서 모든 전하 흐름은 전선을 통해 흐른다.

4. 그림은 같은 밝기로 빛나는 두 개의 똑같은 전구와 12V 전지가 연결된 회로이다. 스위치를 닫으면 전구 A의 밝기는?

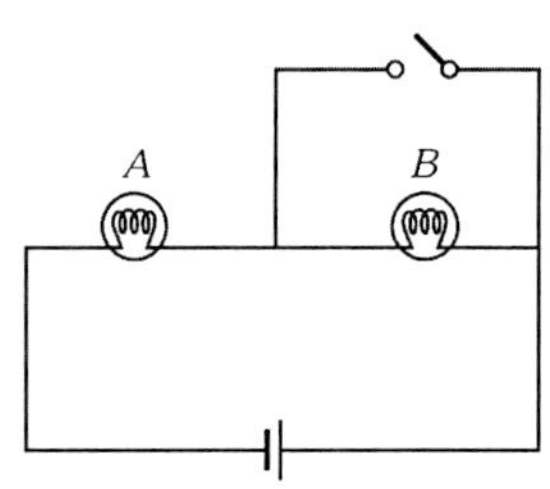

1. 증가한다.
2. 변함없다.
3. 감소한다.

답: 1. 스위치를 닫으면, 전구 B는 모든 전류가 전선을 통해 흐르기 때문에 꺼진다. 그 결과, 회로의 총 저항은 감소하고, 전구 A를 통하여 흐르는 전류는 증가하며 더 밝게 빛난다.

5. 그림은 두 개의 동일한 전구를 각각 12V의 건전지에 연결한 회로 1, 2를 나타낸 것이다. 회로에서 방출되는 총 빛에너지가 더 큰 회로는?

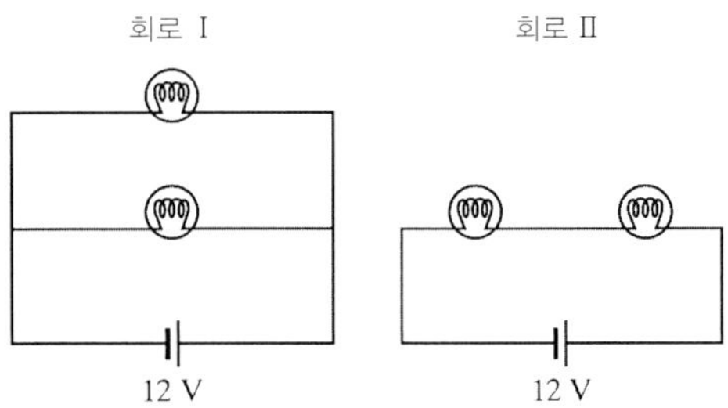

1. 회로 I
2. 두 회로는 같은 양의 빛을 방출한다.
3. 회로 II

답: 1. 병렬로 연결되어있는 두 전구의 저항은 직렬로 연결된 두 전구의 저항보다 작다. 따라서 전지를 통해 흐르는 전류는 회로 II 보다 회로 I 에서 더 크다. 소모되는 전력은 전류와 전위차의 곱이기 때문에, 더 많은 전력이 회로 I 에서 소모된다고 할 수 있다.

6. 그림은 동일한 전구 A, B를 스위치와 전압이 12V인 건전지 2개에 연결한 회로를 나타낸 것이다. 스위치를 닫으면?

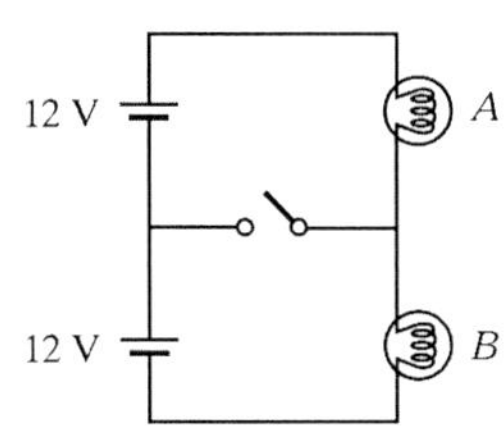

1. 둘 다 꺼진다.
2. 전구 A의 밝기가 증가한다.
3. 전구 A의 밝기가 줄어든다.
4. 전구 B의 밝기가 증가한다.
5. 전구 B의 밝기가 줄어든다.
6. 1~5의 상황이 어느 정도 혼합되어 발생한다.
7. 어떤 변화도 발생하지 않는다.

답: 7. 회로를 닫았을 때 스위치가 있는 전선 양단의 전위차는 0이이다. 따라서 도선에 전류가 흐르지 않기 때문에 어떤 변화도 없다.

7. 그림은 동일한 전구 A, B를 스위치와 전압이 12V인 건전지 3개에 연결한 회로를 나타낸 것이다. 스위치를 닫으면?

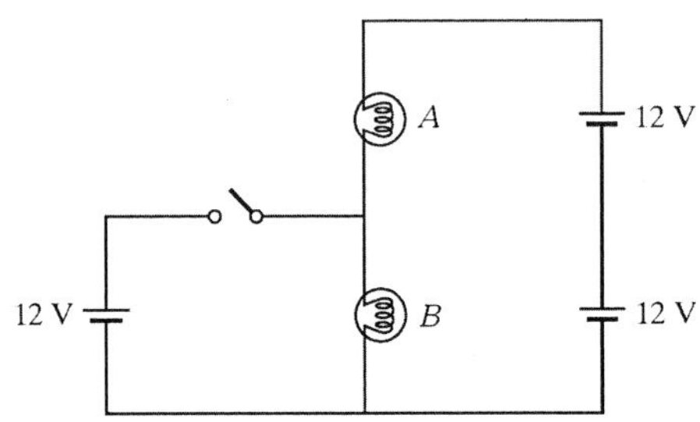

1. 둘 다 꺼진다.
2. 전구 A의 밝기가 증가한다.
3. 전구 A의 밝기가 감소한다.
4. 전구 B의 밝기가 증가한다.
5. 전구 B의 밝기가 감소한다.
6. 1~5의 상황이 어느 정도 혼합되어 발생한다.
7. 어떤 변화도 발생하지 않는다.

답: 7. 전구가 같은 것이기 때문에, 각 단의 전위차는 12V이고, 그래서 스위치를 닫아도 어떤 변화도 일어나지 않는다.

8. 그림과 같이 직렬로 연결된 두 전구 A, B를 일정 전압의 전원에 연결하고 B의 양단에 도선을 연결하였다. 전구 A는?

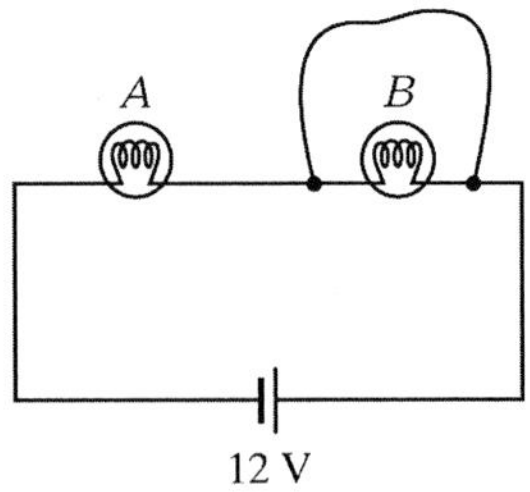

1. 더 밝게 빛난다.
2. 같은 밝기로 빛난다.

3. 더 어두운 밝기로 빛난다.
4. 꺼진다.

답: 1. 전선이 전구 B 양단에 연결되면, 모든 전류는 전선을 통해 흐른다. 전선은 기본적으로 저항이 0이고, 전구에 병렬로 연결되었기 때문에 전구 B는 완전히 꺼진다. 회로의 총 저항은 감소하고, 전류는 증가하며, 그 결과 소모 전력은 증가한다. 전구 A는 더 밝게 빛난다.

9. 그림은 저항 R, 전위 V_0로 충전된 축전기 C, 그리고 처음에 열려있는 스위치로 구성된 단순 회로를 나타낸 것이다. 이 회로의 스위치를 닫은 직후에, 회로의 전류는

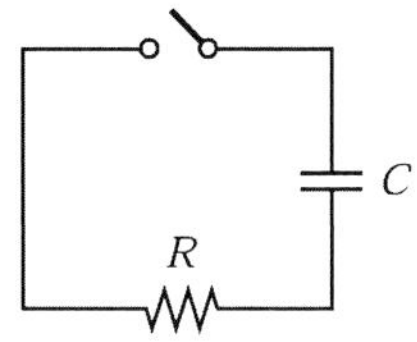

1. V_0/R이다.
2. 0이다.
3. 더 많은 정보가 있어야 알 수 있다.

답: 1. 스위치를 닫은 직후, 전류는 V_0/R이다. 전류는 이 값에서부터 0으로 급격하게 감소하고, 시간 상수는 RC이다.

10. 그림은 동일한 저항의 세 전구를 연결한 회로를 나타낸 것이다. 밝기가 전력 소모에 비례한다고 가정했을 때, 전구 A의 밝기와 비교하여 전구 B와 C의 합한 밝기는?

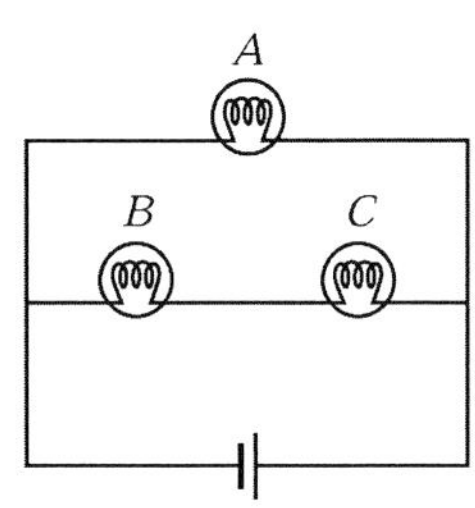

1. 두 배이다.
2. 같다.
3. 절반이다.

답: 3. 직렬로 연결된 전구 B와 C 양단의 전위차는 전구 A 양단의 전위차와 같다. 저항값 R인 저항에서 소모된 전력이 V^2/R이고 V는 저항 양단의 전위차일 때, 직렬 연결된 부분에 의해 소모된 전력은 저항(전구) A에 의해 소모된 전력의 절반이다.

11. 그림과 같이 저항이 같은 네 개의 저항이 연결된 회로에 전류계 A가 a와 b점 사이에 연결되어 있다. 전류계를 통해 흐르는 전류값은?

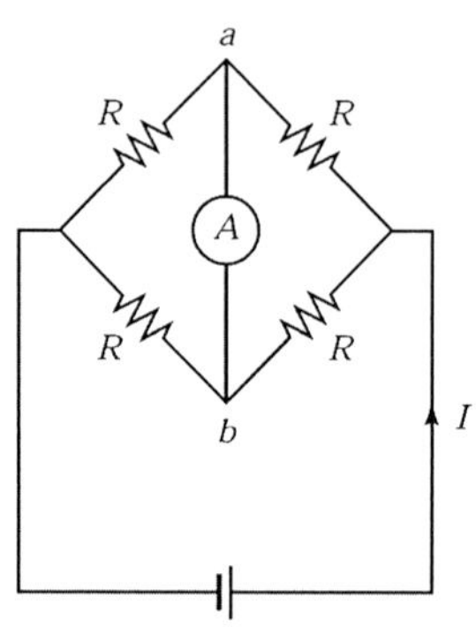

1. $I/2$이다.
2. $I/4$이다.
3. 0 이다.
4. 더 많은 정보가 있어야 알 수 있다.

답: 3. 저항이 모두 같기 때문에 a, b점 사이의 전위차는 0이다. 따라서 전류계를 통해 흐르는 전류는 없다.

자기

1. 그림과 같이 컴퓨터 칩 위에, 두 개의 선을 따라 P에서 Q로, R에서 S로 전류가 흐른다. 만약 전류방향을 두 도선에서 반대로 바꾼다면, 선 2에 대한 선 1의 알짜 자기력은?

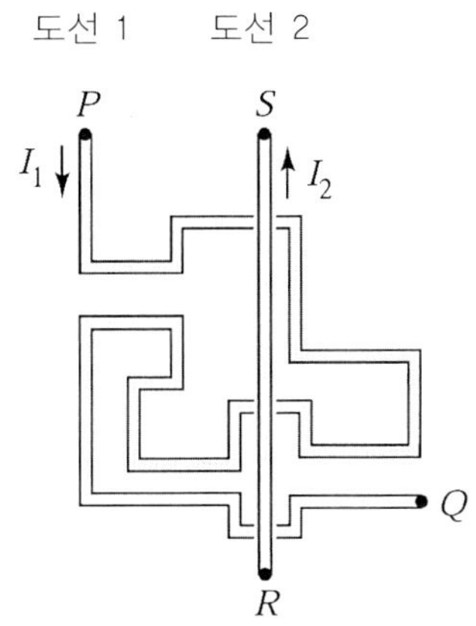

1. 동일한 상태이다.
2. 반대가 된다.
3. 크기만 바뀌고 방향은 바뀌지 않는다.
4. 일부 다른 방향으로 바뀐다.
5. 다른 방향으로 바뀐다.

답: 1. 선 1의 형태가 어떠할지라도 전류가 바뀌면 선 2에 대한 선 1의 자기력은 반대가 된다. 또한 선 2의 전류방향을 바꾼다면, 선 1로 인해 선 2에 작용하는 자기력은 두 전류가 바뀌기 전 상태로 된다.

2. 그림과 같이 건전지가 연결된 회로에 일정한 전류를 흐르게 하고 있다. 나침반 바늘을 점 P, Q, R 지점에 놓았다. 바늘의 상대적인 편향을 내림차순으로 나타내면,

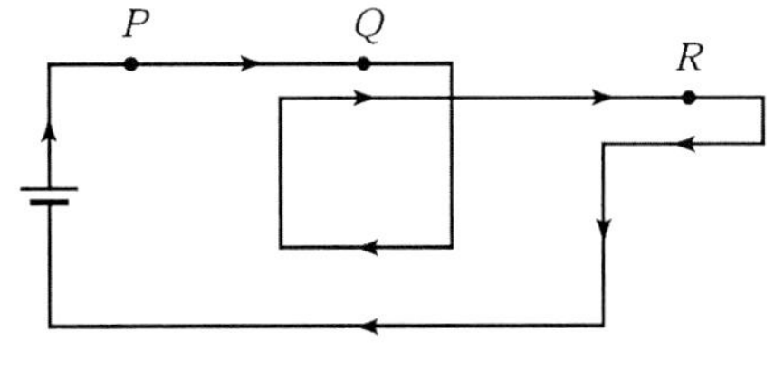

1. P, Q, R.
2. Q, R, P.
3. R, Q, P.
4. P, R, Q.
5. Q, P, R.

답: 5. 자기력에 대한 중첩의 법칙을 사용하여 근접한 전선에 흐르는 전류에 의한 힘들을 더하면, 나침반 바늘은 Q에서 가장 크게 편향되고, R에서 가장 작게 편향됨을 알 수 있다.

3. 속도 v로 가속된 대전된 입자가 질량분석계 내부로 입사되었다. 내부에서 입자의 속도는 균일한 자기장 B의 방향에 수직이다. 입자가 자기장에 입사된 후, 그것의 경로는?
   1. 포물선 형태이다.
   2. 원형이다.
   3. 나선형이다.
   4. 직선이다.

   답: 2. 입자에 작용하는 자기력은 자기장과 입자의 속도에 수직이다. 따라서 입자의 경로는 원형이다.

4. 만약 우주선(cosmic ray)의 대부분이 지구의 자기장에 의해 편향되지 않는다면, 우주선(전자들이 분리된 원자핵)은 계속적으로 지구의 표면에 입사될 것이다. 지구가 근사적으로 좋은 자기 쌍극자라고 가정했을 때, 지구의 표면에 입사되는 우주선의 세기가 가장 강한 지점은?

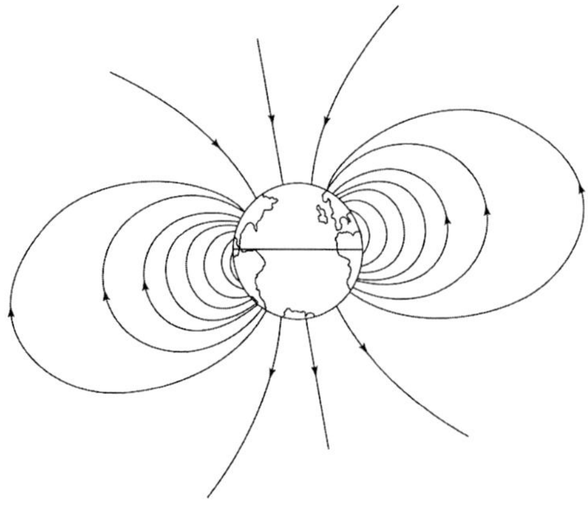

1. 극지방이다.
2. 중위도 지방이다.
3. 적도이다.

답: 1. 우주선 입자가 지구를 향하여 방사상의 방향의 속도들을 가진다고 가정하면, 자기장선이 방사상의 방향으로 가장 근접한 지점이 극지방이기 때문에 최소로 편향되는 입자는 지구의 극지방을 통해 지구에 도달한다.

5. $CuSO_4$ 용액이 같은 축의 원통 구리 전극이 끼워진 용기 속에 들어있다. 전기장과 자기장이 그림과 같이 작용하고 있다. 전하를 띠지 않는 꽃가루를 용액에 첨가하였고, 이 꽃가루는 액체 속의 이동성 이온에 의해 운반된다. 위에서 내려 봤을 때, 전극 사이에서 꽃가루가 시계방향으로 순환한다. 꽃가루를 운반하는 이온은?

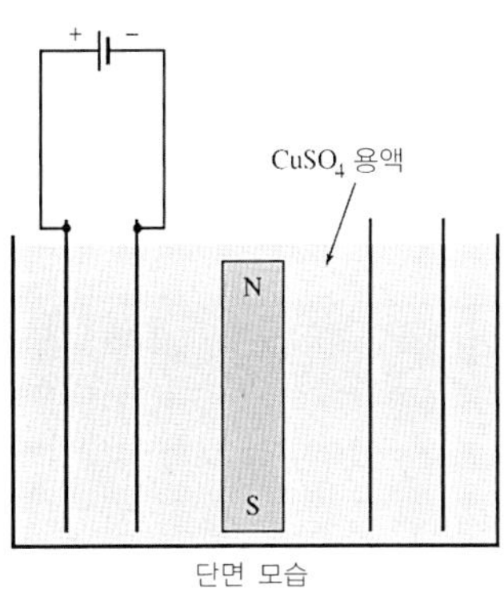

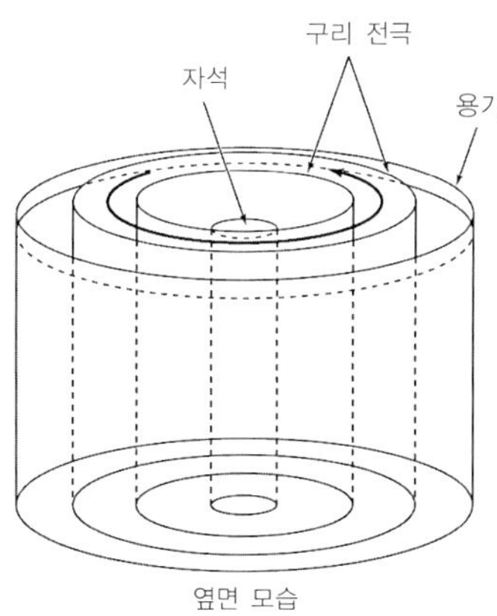

1. 양이온이다.
2. 음이온이다.
3. 양이온, 음이온 모두이다.
4. 더 많은 정보가 있어야 알 수 있다.

답: 3. 양이온은 원통 사이의 전기장 때문에 안쪽으로, 방사형으로 움직인다. 자기장이 존재하기 때문에, 오른손 법칙은 양이온이 시계방향으로 순환하는 것을 나타낸다. 음이온은 바깥쪽으로, 방사형으로 움직인다. 그러나 음이온의 음전하 때문에 오른손 법칙은 음이온도 시계방향으로 순환하는 것을 나타낸다.

6. 반경 R인 구가 일정한 전류 I가 흐르는 긴 직선 도선 가까이에 있다. 전류에 의해 발생한 전기장은 B이다. 구를 통과하는 총 자속은?
   1. $\mu_0 I$ 이다.
   2. $\mu_0 I / (4\pi R^2)$이다.
   3. $4\pi R^2 \mu_0 I$ 이다.
   4. 0 이다.
   5. 더 많은 정보가 있어야 알 수 있다.

   답: 4. 자기력선은 그들 스스로가 닫혀있기 때문에 임의의 닫힌 곡면을 통과하는 알짜 자기력선은 없다.

7. 직사각형의 고리가 일정 자기장 속에 놓여있다. 고리 면은 자기장의 방향에 수직하게 놓여있다. 전류가 화살표로 나타낸 것처럼 고리를 통해 흐른다면, 자기장이 고리에 미치는 힘은?

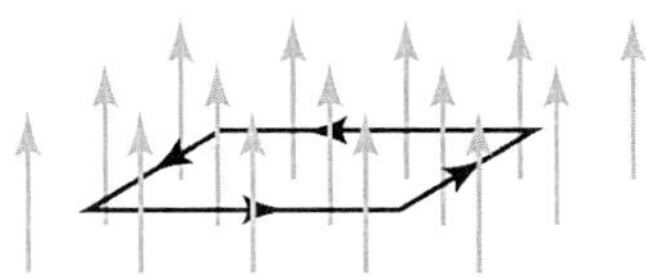

   1. 합력이 작용한다.
   2. 알짜토크가 작용한다.
   3. 합력과 알짜토크가 작용한다.
   4. 합력, 알짜토크 어느 것도 작용하지 않는다.

   답: 4. 오른손 법칙에 따르면, 고리의 각 변은 바깥 방향의 힘을 받고, 각 변에 미치는 힘은 반대편에 작용하는 힘을 상쇄시킨다.

8. 직사각형의 고리가 일정 자기장 속에 놓여있다. 고리면은 자기장의 방향과 나란하다. 전류가 화살표로 나타낸 것처럼 고리를 통해 흐른다면, 자기장이 고리에 미치는 힘은?

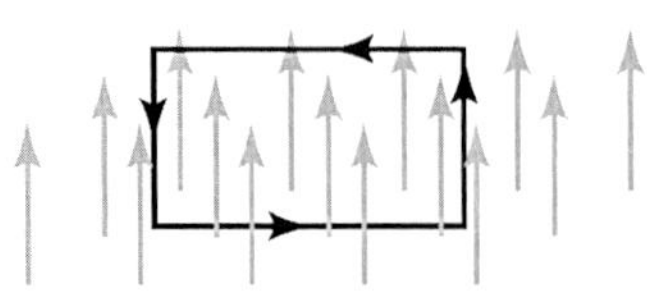

1. 합력이 작용한다.
2. 알짜토크가 작용한다.
3. 합력과 알짜토크가 작용한다.
4. 합력, 알짜토크 어느 것도 작용하지 않는다.

답: 2. 오른손 법칙에 따르면, 고리의 위쪽은 종이면에 들어가는 방향의 힘을 받고, 아래쪽 고리는 종이면을 뚫고 나오는 방향의 힘을 받는다. 이들 두 힘은 고리에 알짜토크를 발생시킨다(이러한 토크의 영향은 외부 자기장에 나란하게 놓인 고리의 자기장을 결정한다). 고리의 좌, 우 편선은 힘이 작용하지 않는다.

9. 스위치를 닫았을 때, R 양단의 전위차는?

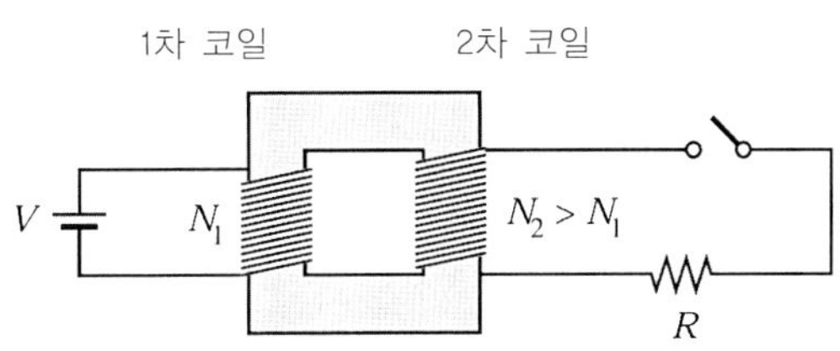

1. VN_2/N_1이다.
2. VN_1/N_2이다.
3. V이다.
4. 0이다.
5. 자료가 불충분하다.

답: 4. 입력값이 일정 전압(DC)의 전원에 연결되었기 때문에, 2차 코일에 전압은 유도되지 않는다.

10. 그림과 같이 변압기의 1차 코일이 전지, 저항, 스위치에 연결되었고, 2차 코일은 전류계에 연결되었다. 스위치를 닫을 때, 전류계는?

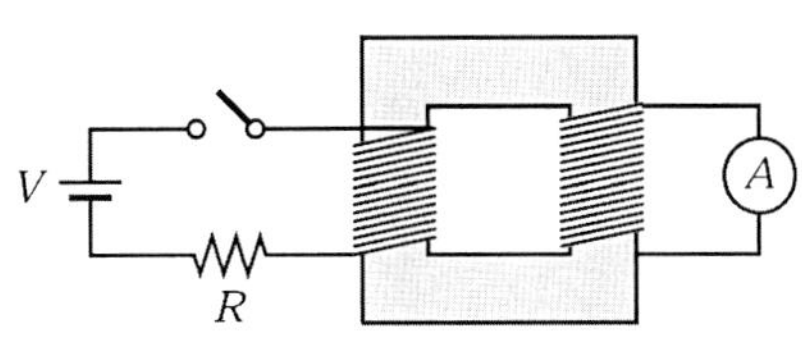

1. 전류가 0임을 보여준다.
2. 아주 순간적으로 0이 아닌 것으로 나타난다.
3. 일정한 전류가 흐름을 보여준다.

답: 2. 스위치를 닫았을 때, 변압기의 1차 코일에 순간적으로 전류가 발생한다. 이때 강철심은 전자석 역할을 하고, 전자기 유도에 의해 2차 코일에 일시적인 전류를 발생시킨다.

11. 긴 직선 도선에 일정한 전류 I가 흐른다. 직사각형의 도선 고리가 전선과 같은 평면에 놓여있는데, 두 쪽은 전선에 평행하고, 다른 두 쪽은 수직이다. 그림에서처럼, 고리를 전선 쪽으로 밀었다고 하자. 전류 I의 방향이 그림과 같다면, 고리에 유도된 전류는?

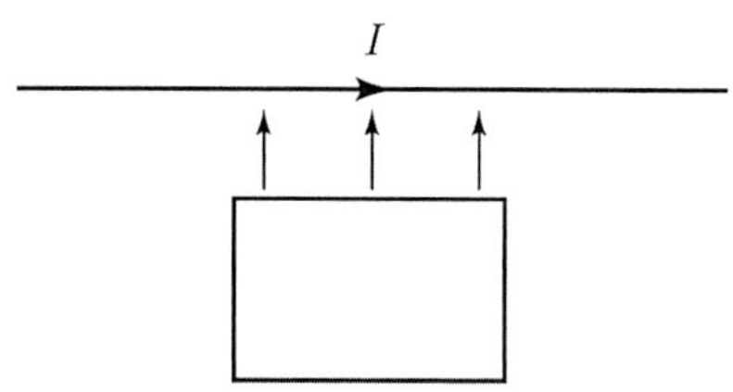

1. 시계방향이다.
2. 반시계방향이다.
3. 더 많은 정보가 있어야 알 수 있다.

답: 2. 고리가 전선에 접근함에 따라, 고리를 통과하는 자속은 증가할 것이다. 자속의 이러한 증가를 줄이기 위하여, 고리에 전류가 흐르기 시작할 것이다. 전선의 자기장은 종이면을 뚫고 들어가는 방향이기 때문에, 고리의 반작용 자기장은 종이면 수직으로 나오는 방향이어야만 한다. 이렇게 되려면 반시계방향으로 전류가 흘러야 한다.

12. 그림 (a)에서 원통코일은 종이 면을 뚫고 들어가는 방향으로 세기가 증가하는 자기장을 만들고 있다. 기전력(emf)은 원통코일을 둘러싼 도선 고리에 작용하고, 이 기전력은 전구 A, B를 밝힌다. 그림 (b)에서, 점 P와 Q는 합선되었다. 합선이 있은 후에, 전구 A, B는 어떻게 되는가?

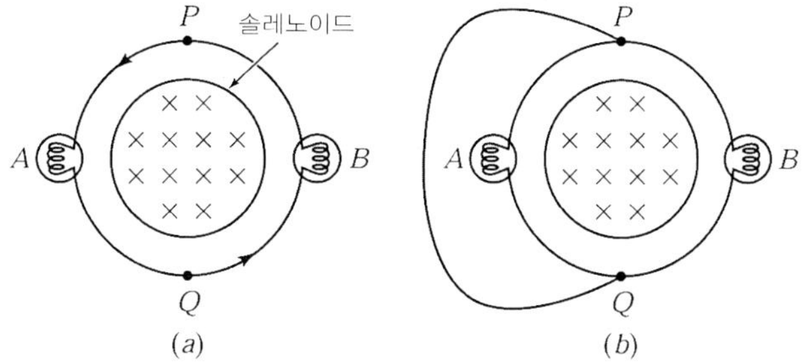

1. 전구 A는 꺼지고, 전구 B는 더 밝아진다.
2. 전구 B는 꺼지고, 전구 A는 더 밝아진다.
3. 전구 A는 꺼지고, 전구 B는 더 어두워진다.
4. 전구 B는 꺼지고, 전구 A는 더 어두워진다.
5. 두 전구 모두 꺼진다.
6. 위 답 중 어느 것도 해당되는 것이 없다.

답: 1. 합선이 되었을 때, 두 전구 모두 꺼질 것으로 생각할 수 있겠지만, 원래 고리에 더하여, P와 Q사이의 추가 전선은 총 세 개의 고리(다음에 제시된 그림을 참조), 즉 (i) 원래의 원형 고리, (ii) 추가 전선과 원래 고리의 오른쪽 절반으로 구성된 커다란 고리, (iii) 추가 도선 및 점선으로 나타낸 전구 A와 연결된 전선으로 된 초승달 모양의 도선 고리를 만들어 낸다. 고리 (iii)을 통과하는 자속의 변화가 없기 때문에, 전구 A는 켜지지 않을 것이다. 그러나 고리 (ii)는 변하는 자속으로 둘러싸고 있기 때문에 전구 B는 켜질 것이다. 고리 (i) 또한 변하는 자속으로 둘러싸여 있다. 그러나 전구 A를 포함한 점선으로 나타낸 전선은 유한한 저항을 가지는데 반하여, 추가 전선은 저항이 0이기 때문에 전자는 고리 (ii)를 따라 흐르는 것이 더 쉽다. 현재 회로에서는 전선이 더해지기 전보다 합성 저항이 더 작기 때문에, 전구 B는 더 밝게 빛난다.

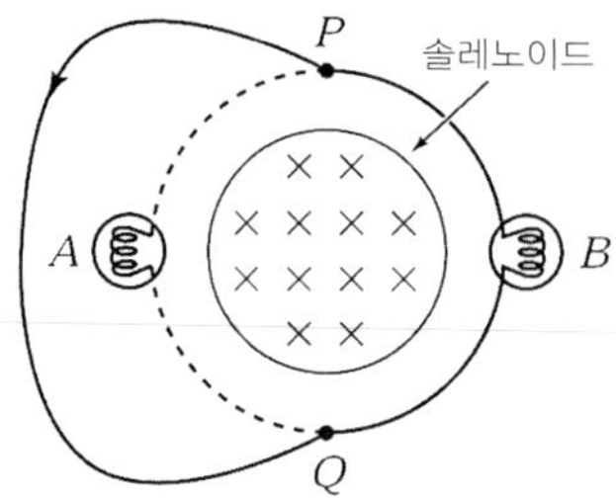

13. 스위치를 닫았을 때, 회로를 통해 흐르는 전류는 급격히 값 $I = E/R$에 접근한다. 만약 단위길이 당 두 배의 감은 횟수를 가진 인덕터로 이러한 실험을 반복한다면, 전류가 $I/2$의 값에 도달하는 시간은?

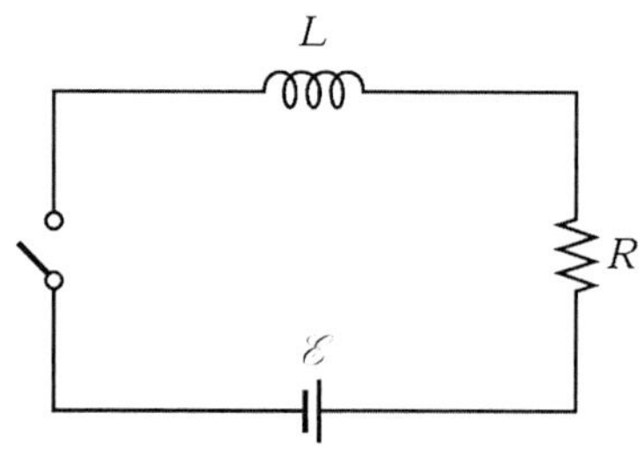

1. 증가할 것이다.
2. 감소할 것이다.
3. 같을 것이다.

답: 1. 감은 횟수가 증가함에 따라, 인덕터는 주어진 전류에 대해 더 큰 자기장을 발생시킨다. 그 결과 전류의 변화는 더 큰 자속의 변화를 일으킬 것이고, 그러므로 역기전력은 감은 횟수가 증가할수록 증가한다. 결과적으로, 전류는 이전 보다 더 완만하게 증가할 것이다. 수학적으로, 전류의 급격한 증가에 대한 시간 상수는 L/R이다. 단위길이 당 감은 횟수가 증가함에 따라, L이 증가하고, 시간상수가 증가한다. 따라서 전류가 $I/2$의 값에 도달하는 시간은 더 길어질 것이다.

교류 회로

1. 축전기가 기전력이 변하는 전원에 연결되었다. 시간에 따른 전원의 기전력 $\mathscr{E}$이 그림과 같다고 할 때, 전선을 통하여 흐르는 전류의 변화는?

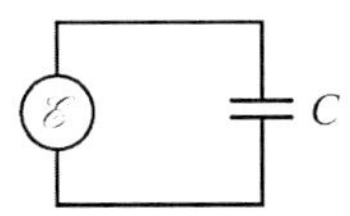

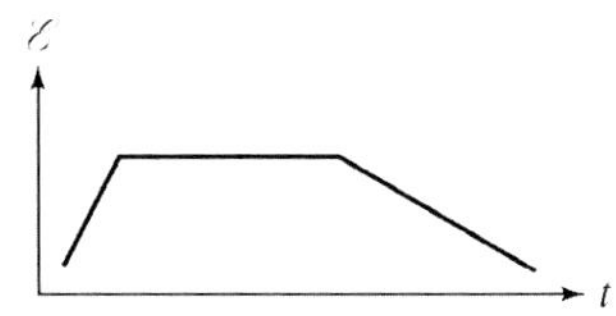

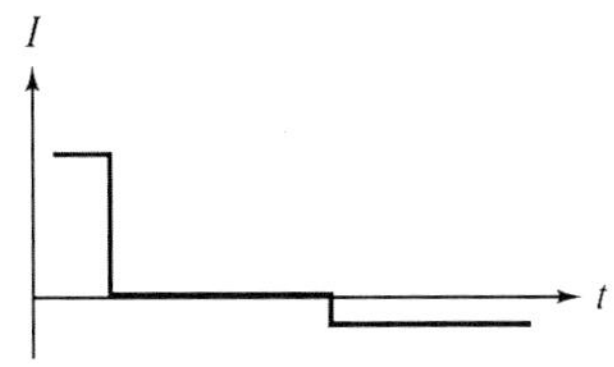

1

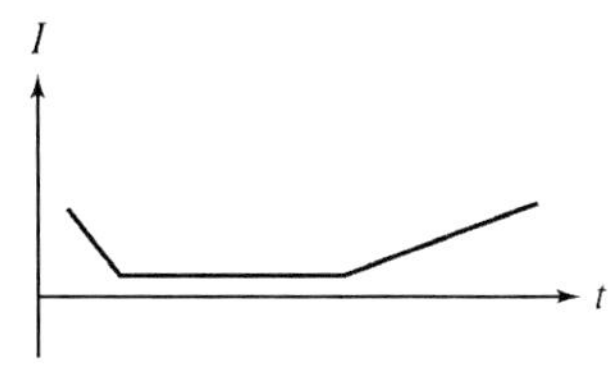

2

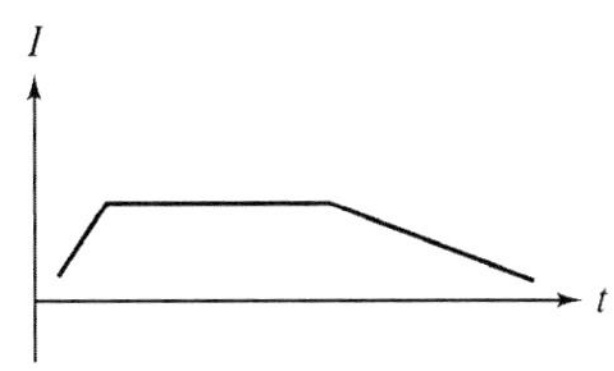

3

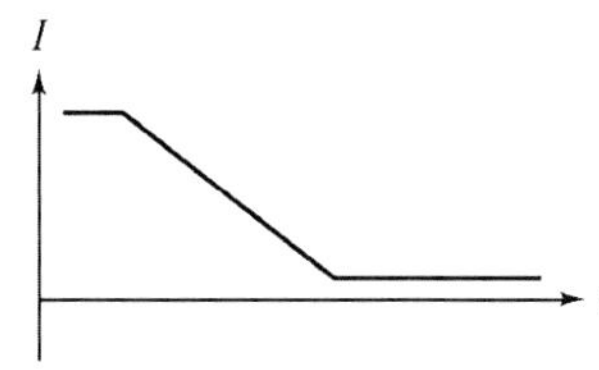

4

5. 어느 것도 해당되지 않는다.

답: 1. 축전기의 전하량은 축전기 양단의 전위차에 비례한다. 만약 전위차가 선형적으로 증가한다면, 전하량도 선형적으로 증가할 것이다. 그리고 전선을 통하여 일정한 전류(단위시간 당 전하)가 흘러야만 한다. 유사하게, 전위차가 일정하다면, 전하가 일정하고, 따라서 흐르는 전류는 없다. 결국, 전위차가 감소할 때, 전하 역시 감소하게 되고, 전하는 반대 방향으로 거꾸로 흘러야만 한다. 수학적으로 전류는 기전력을 시간 미분에 대해 미분한 값에 비례한다.

2. 축전기가 기전력이 변하는 전원에 연결되었다. 시간 간격 a, b, c 동안 전원이 한일은?

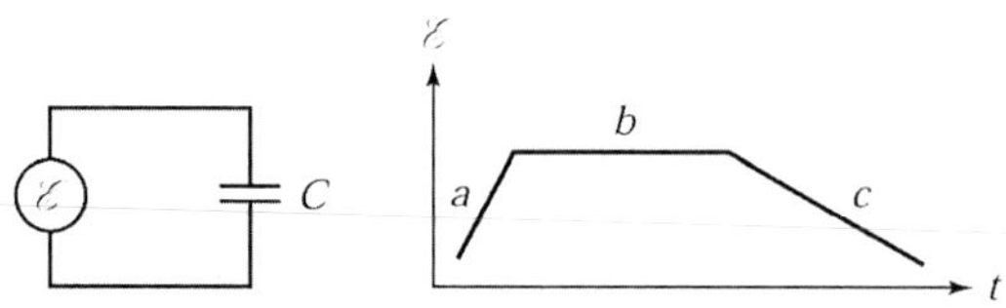

1. 각각 양의 일, 음의 일, 그리고 0이다.
2. 각각 음의 일, 양의 일, 그리고 0이다.
3. 항상 양의 일이다.
4. 각각 양의 일, 0, 그리고 음의 일이다.
5. 항상 음의 일이다.
6. 각각 0, 양의 일, 그리고 0이다.
7. 각각 0, 음의 일, 그리고 0이다.

답: 4. 시간 간격 a 동안, 기전력이 증가함에 따라, 축전기의 전하는 증가하고, 따라서 축전기에 저장되는 에너지의 양은 증가한다. 에너지를 저장하기 위해 전원은 양의 일을 해야만 한다. 시간 간격 b 동안, 기전력이 일정할 때, 축전기에 저장된 에너지는 일정하기 때문에 전원에 의한 일은 없다. 시간 간격 c 동안, 축전기의 전하량은 감소하기 때문에 에너지흐름방향은 축전기에서 전원으로 반대방향이다.

3. 그림은 $t=0$인 순간에 진폭과 진동수가 다른 세 개의 진동하는 기전력의 위상자 그래프를 각각 나타낸 것이다. t가 증가함에 따라 각 위상자는 반시계방향으로 회전하고 완벽하게 정현파(사인파)를 만든다. $t=0$인 순간에, 각 위상자와 관계된 $\mathscr{E}$의 크기를 오름차순으로 나타내면?

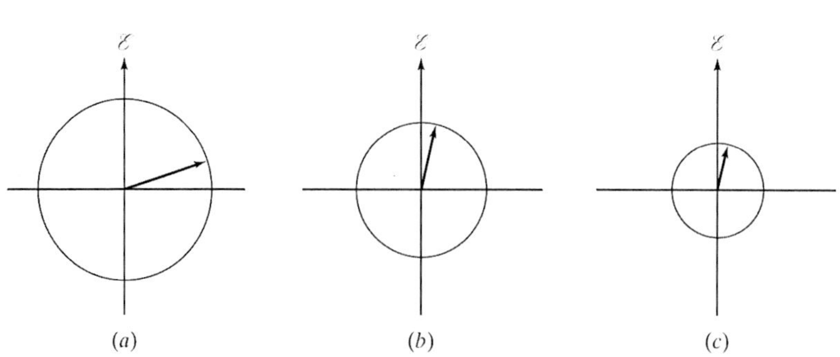

1. (a), (b), (c)이다.
2. (a), (c), (b)이다.
3. (b), (c), (a)이다.
4. (c), (a), (b)이다.
5. 위 답들 중 어느 것도 해당되지 않는다.
6. 더 많은 정보가 있어야 알 수 있다.

답: 3. $\mathscr{E}$의 순간적인 값은 위상자의 수직축 성분이다.

4. 그림의 위상자의 쌍을 생각해보자. 각각은 $t=0$일 때를 나타낸 것이다. 모두는 같은 진동수 ω이다. 만약 두 진동을 더한다면, 최대 진폭을 이루는 쌍은?

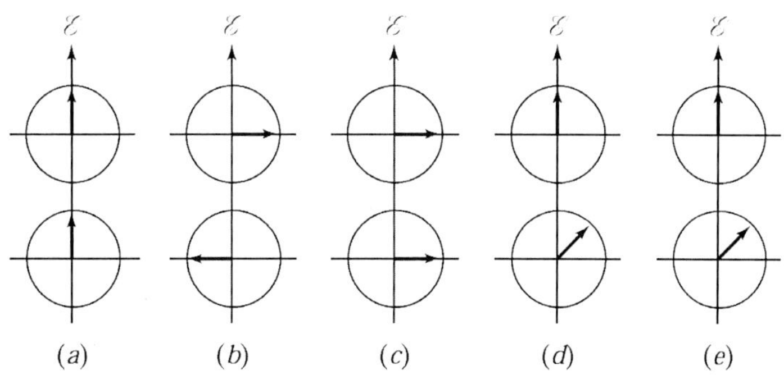

1. (a)이다.
2. (b)이다.
3. (c)이다.
4. (d)이다.
5. (e)이다.
6. (a), (b), (c)이다.
7. (a), (c)이다.
8. (b), (c)이다.
9. 더 많은 정보가 있어야 알 수 있다.

답: 7. (a)와 (c) 쌍은 위상이 일치한다. 그래서 그들의 진폭의 합은 그들 각각의 진폭의 합과 같다.

5. 그림의 진동하는 기전력을 생각해보자. 이 진동과 일치하는 진동자 그래프는?

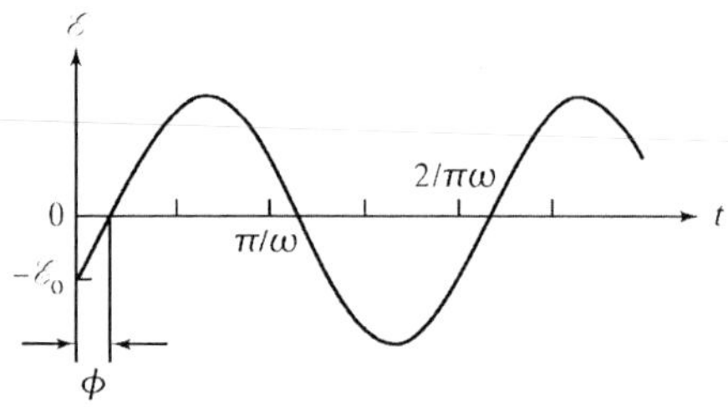

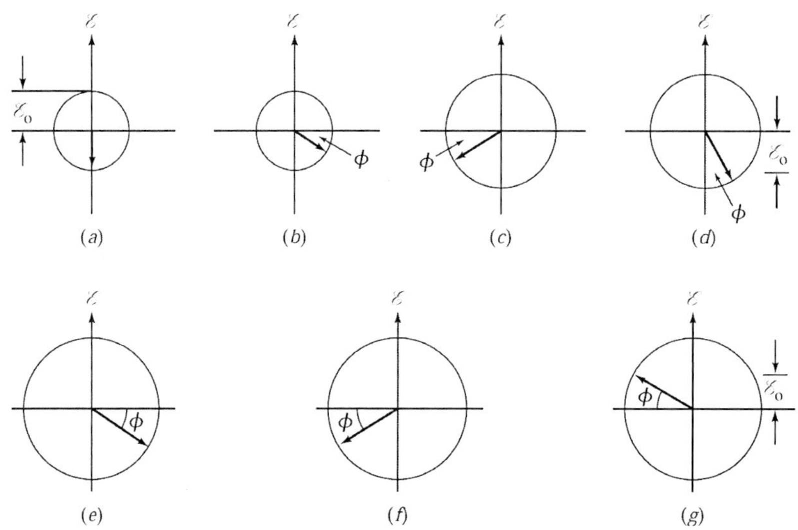

1. (b), (c)를 제외한 모두이다.
2. 모두이다.
3. (e), (f), (g)이다.
4. (d)이다.
5. (e)이다.
6. (a), (d)를 제외한 모두이다.
7. (d), (e)이다.
8. 아무 것도 없다.

답: 5. 반시계방향으로 회전하는 진동자가 정현파(사인파)를 만든다. 오직 (e)의 진동자만이 $-\mathscr{E}_0$의 초기 값과 $-\phi$의 초기 위상을 제공한다.

6. 기전력이 변하는 전원에 연결된 인덕터를 생각해보자. 아래에 제시된 그래프가 인덕터를 통해 흐르는 전류를 나타낸다면, 전원은?

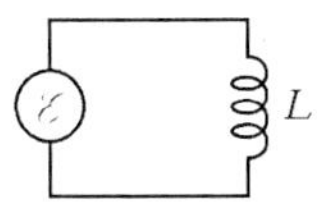

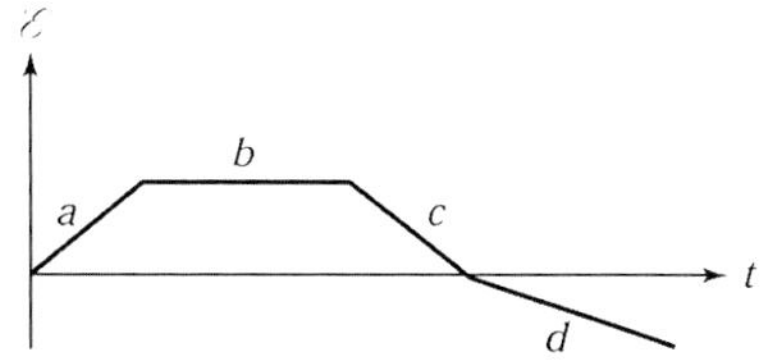

1. 시간 간격 a, b, c 동안 양의 일을 한다.
2. b동안 0의 일을 하고, d동안 양의 일을 한다.
3. a동안 양의 일을 하고, d동안 음의 일을 한다.
4. b동안 양의 일을 하고, d동안 음의 일을 한다.
5. a동안 양의 일을 하고, b동안 0의 일을 하고, c와 d동안 음의 일을 한다.
6. 위 답 어느 것도 해당되지 않는다.

답: 2. 기전력이 증가하는 a동안 인덕터의 내부에 자기장이 증가하고, 그래서 전원은 양의 일을 해야만 한다. b동안 도체 안의 자기장은 일정하고, 행한 일은 없다. c동안 자기장은 감소하고 따라서 에너지는 인덕터에서 전원으로 흐르고, 그 결과 음의 일을 하게 된다. 그러나 d동안 자기장은 다시 증가하고(그러나 방향은 반대이다.), 그 결과 양의 일이 행해져야 한다. 수학적으로 전원이 한 일은 전류와 전류의 시간 변화율의 곱에 비례한다.

7. 전구의 저항은 R이고, 기전력은 진동수 ω로 회로에 공급된다. 전구가 가장 밝게 빛날 때는?

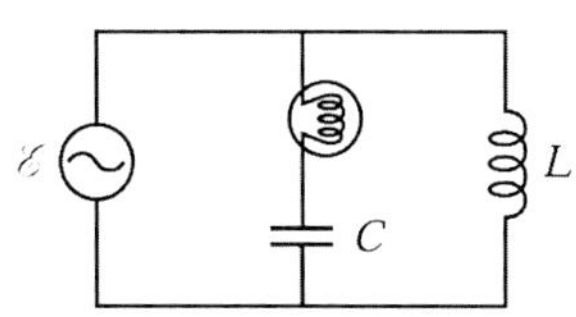

1. 매우 낮은 진동수에서 가장 밝게 빛난다.
2. 매우 높은 진동수에서 가장 밝게 빛난다.
3. 진동수 $\omega = 1/\sqrt{LC}$에서 가장 밝게 빛난다.

답: 2. 매우 높은 진동수에서, 축전기는 기본적으로 0의 임피던스를 가지고 인덕터는 기본적으로 무한한 임피던스를 가진다. 그래서 전구를 통해 흐르는 전류는 최대가 된다.

8. 아래의 RLC 직렬 회로에서, 참인 설명은 무엇인가?

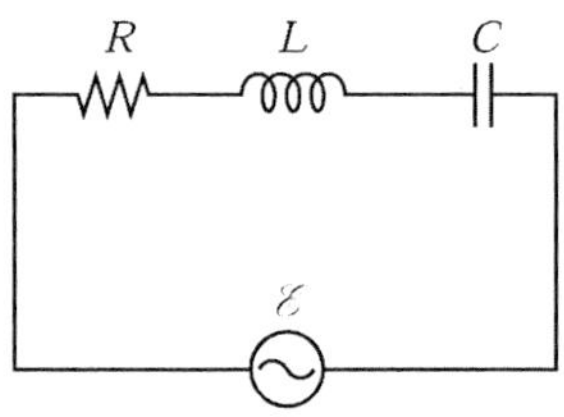

(i) C와 L 사이의 전위 에너지는 진동한다. (ii) 전원은 알짜일을 하지 않는다. 즉 R에서 소모된 에너지는 C와 L에서 채워진 에너지에 의해 보상받는다. (iii) C를 통해 흐르는 전류는 L을 통해 흐르는 전류와 90°의 위상차가 있다. (iv) C를 통해 흐르는 전류는 L을 통해 흐르는 전류와 180°의 위상차가 있다. (v) 모든 에너지는 R에서 소모된다.

1. 모두 참이다.
2. 모두 거짓이다.
3. (v)
4. (ii)
5. (i), (iv), (v)
6. (i), (v)
7. 위 답 중 어느 것도 답이 없다.

답: 6. 오직 (i)과 (v)의 진술만 참이다. 축전기와 인덕터는 에너지원이 아니기 때문에, 저항에 의해 소모되는 에너지는 보상될 수 없고, 그래서 (ii)는 거짓이다. 더욱이 회로를 통해 흐르는 전류의 위상은 같기 때문에 (iii)과 (iv)는 맞지 않는다.

전기 동역학

1. 그림과 같이 축전기는 일정한 전류에 의해 충전되고 있다. P점에서는

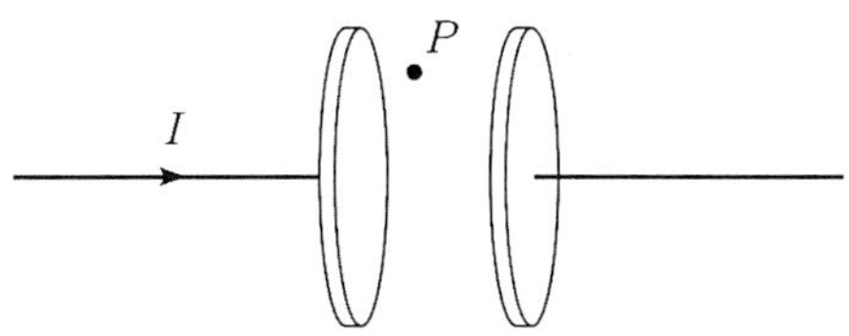

1. 일정한 전기장이 있다.
2. 변화하는 전기장이 있다.
3. 일정한 자기장이 있다.
4. 변화하는 자기장이 있다.
5. 변화하는 전기장이 있고 자기장이 생긴다.
6. 변화하는 자기장이 있고 전기장이 생긴다.
7. 위에는 정답이 없다.

답: 5. 축전기에 전하가 증가됨에 따라 전기장은 증가한다. 변화하는 전기장은 반대로 자기장을 발생시킨다.

2. 충전하는 축전기에서 두 판 사이에 변위 (혹은 대체) 전류(displacement current) 전체는 도선에 있는 전체 전도전류 (conduction current)와 같다. 그림에는 반경 R인 원형판 축전기이다. 그림(a)에서 점 A, B는 모두 판의 중심을 통과하는 선으로부터 거리 $d(d > R)$에 있다. 이 경우에 전도전류에 의한 A 지점에서 자기장은 변위전류에 의한 B점에서 자기장과 같다. 그림(b)에서는 점 P, Q가 모두 중심을 통과하는 선으로부터 거리 $r(r < R)$에 있다. Q 점에서 자기장은 P 점에서의 자기장 보다

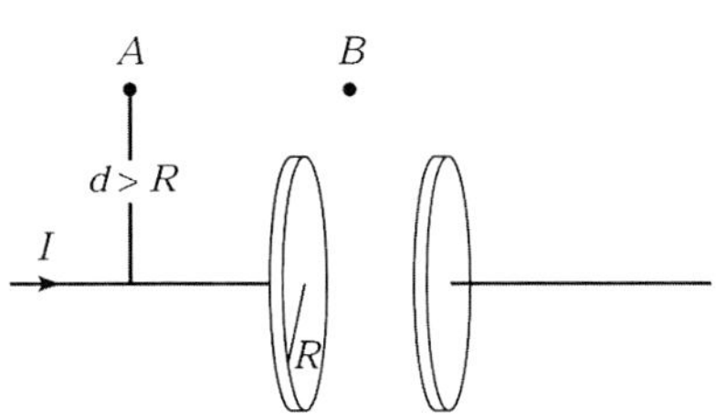

(a)

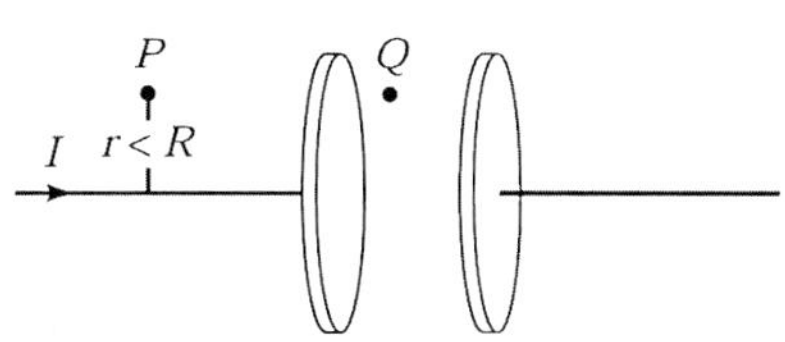

(b)

1. 더 크다.
2. 더 작다.
3. 같다.
4. 더 많은 정보가 필요하다.

답: 2. P점에서 자기장은 P점으로 반경 r인 암페어 고리를 그려보면 알게 되듯이 전체 전도 전류에 비례한다. 그러나 Q점에서는 변화하는 전기선속의 r^2/R^2 비의 값이다. 대체 전류 중에 r^2/R^2 비 만큼 자기장에 기여를 한다. 그러므로 Q점에서 자기장은 P점보다 더 작다.

3. 평면전자기파는 공간을 통해 전파해간다. 전기장 벡터는 $\boldsymbol{E} = E_0 COS(kz - \omega t)\hat{\boldsymbol{x}}$이다. 자기장 벡터는?
   1. $\boldsymbol{B} = B_0 \cos(kz - \omega t)\hat{\boldsymbol{y}}$
   2. $\boldsymbol{B} = B_0 \cos(ky - \omega t)\hat{\boldsymbol{z}}$
   3. $\boldsymbol{B} = B_0 \cos(ky - \omega t)\hat{\boldsymbol{x}}$
   4. $\boldsymbol{B} = B_0 \cos(kz - \omega t)\hat{\boldsymbol{z}}$

   답: 1. 전기장의 벡터의 표현으로부터 x축에 나란한 전기장은 z방향으로 전파되고 있다. 자기장 파동의 전파방향은 전기장의 전파 방향과 동일하며 진동 방향은 전기장에 수직이다.

4. 고정된 P점에서, 전자기파의 전기장와 자기장 벡터들은 각진동수 ω로 진동한다. 이 점에서 포인트 벡터가 진동하는 각진동수는?
   1. 2ω
   2. ω
   3. $\omega/2$
   4. 4ω

   답: 1. 포인팅 벡터는 전기장과 자기장 벡터의 벡터곱에 비례한다. 두 장(field)은 진동수 ω로 사인함수로 진동한다. 삼각 함수 공식에 의해 전기장과 자기장 벡터의 곱은 진동수 2ω의 사인함수이다.

5. 가장 큰 평균 에너지 밀도를 주는 정량적으로 가장 좋은 조명과 특정한 거리는?
   1. 거리 R에서 50W 조명
   2. 거리 $2R$에서 100W 조명
   3. 거리 $4R$에서 200W 조명

   답 :1. 특정한 지점에서 에너지 밀도는 구의 표면적으로 나눈 전력에 비례한다.

현대 물리

1. 열효율과 관련하여 난방기를 색칠하기에 가장 좋은 색깔은 어느 것인가?
   1. 검정색
   2. 흰색
   3. 금속성 색
   4. 이외의 다른 색
   5. 색깔은 실제로 중요하지 않다.

   답: 1. 가장 좋은 흡수장치가 가장 좋은 난방장치이다.

2. 검전기의 금속판에 자외선 광선을 비추고 있다. 옳은 진술은 어느 것인가?
   1. 만약 처음에 검전기가 양으로 대전되어 있었다면, 방전된다.
   2. 만약 처음에 검전기가 음으로 대전되어 있었다면, 방전된다.
   3. 위 둘 다 옳다.
   4. 정답이 없다.

   답: 2. 자외선 광자를 검전기에 비추면 광전자가 금속으로부터 튀어 나온다. 따라서 처음에 음으로 대전되어 있던 검전기는 방전될 것이다. 만약 검전기가 처음에 양으로 대전되어 있었다면, 방출된 전자는 즉시 검전기로 다시 끌려갈 것이다. 만약 검전기가 처음에 중성이라면, 각각의 방출된 광전자가 검전기에 양전하를 남겨두고 떠날 것이기 때문에 똑같은 일이 벌어진다.

3. 처음에 충전되어 있지 않은 검전기의 금속판에 자외선 광선을 비추고 있다. 검전기는 전하량을 가질까?
   1. 그렇다. 검전기는 양전하를 얻는다.
   2. 그렇다. 검전기는 음전하를 얻는다.
   3. 아니다. 검전기는 전하량을 갖지 못한다.

   답: 3. 광전자 방출을 통해 검전기를 떠난 전자는 정전기적인 인력 때문에 즉시 검전기로 다시 끌려올 것이다.

4. 크세논(Xe) 아크 램프는 단지 400nm 파장의 빛을 통과시키는 필터로 덮여있다. 빛이 금속 표면에 쪼여질 때, 금속으로부터 전자의 흐름[전자의 선속]이 나온다. 만약 표면에 쪼여지는 빛의 세기가 두 배가 된다면 어떻게 되겠는가?
   1. 주어진 시간에 더 많은 전자들이 방출된다.
   2. 방출된 전자들이 더 활동적이게 된다.
   3. 위 둘 다 해당된다.
   4. 정답이 없다.

   답: 1. 광원의 세기가 증가하면 단위 시간당 방출되는 광전자의 수가 증가할 것이다. 세기가 커졌다고 해도 광자의 진동수는 변하지 않기 때문에, 방출된 전자들의 운동에너지는 변하지 않을 것이다.

5. 크세논(Xe) 아크 램프는 단지 400nm 파장의 빛을 통과시키는 간섭 필터로 덮여있다. 빛이 금속 표면에 쪼여질 때, 금속으로부터 전자의 흐름[전자의 선속]이 나온다. 간섭 필터가 300nm를 보내는 필터로 교체되고 램프가 조정되어, 표면을 쪼여지는 빛의 세기가 400nm 빛이었을 때와 똑같다. 300nm 빛일 때, 다음 중 설명이 옳은 것은?
   1. 더 많은 전자들이 주어진 시간 동안 방출된다.
   2. 방출된 전자들이 더 활동적이게 된다.
   3. 위 둘 다 참이다.
   4. 위 둘 다 거짓이다.

   답: 2. 보다 짧은 파장의 빛은 광자가 더 활동적이게 됨을 의미한다. 결과적으로 방출된 전자들은 더 많은 에너지를 가진다. (역자 주: 광자 하나의 에너지가 증가하였기 때문에 같은 세기의 빛을 위해서는 단위 시

간당 광자수가 줄어들어야 한다. 따라서 시간당 방출된 전자의 수도 줄어들어야 한다.)

6. Michelson 간섭계[마이켈슨 간섭계]에서, 빛은 같은 세기 두 빛으로 나누어진다. 그리고 두 빛은 서로 간섭하도록 다시 결합된다. 하나의 광자가 간섭계를 통해 보내어질 때, 사진 건판에 어떻게 나타날까?

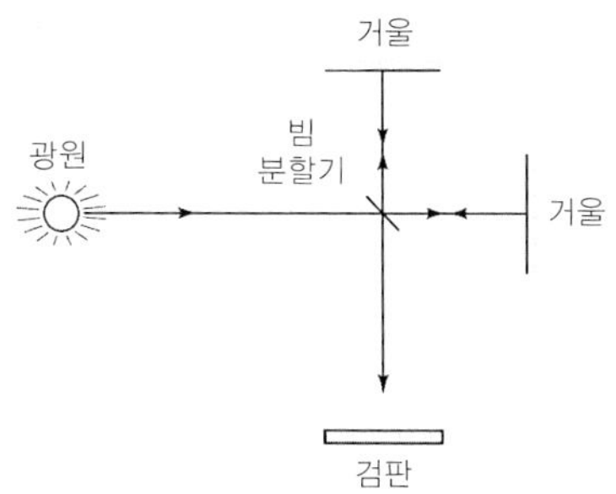

1. 광자는 필터를 통해 두 경로들 중 하나를 선택하고 되돌아와서 건판을 때리기 때문에, 건판 위의 임의의 곳 하나의 점에 도달한 것을 보여 줄 것이다.
2. 하나의 점을 보여줄 것인데, 두 경로들 간의 간섭으로 인해 이 점은 몇몇 특정 구역에 있을 가능성이 클 것이다.
3. 간섭계가 광자를 건판에서 간섭하는 두 파동으로 나누기 때문에 간섭 패턴을 보여 줄 것이다.

답: 2. 분할기를 통해 오는 단일한 광자들이 무작위로 건판을 때리고, 건판은 산포된 개별적인 점들을 만든다. 그러나 일단 충분한 광자가 건판에 부딪치면, 간섭 패턴이 나타난다. 광자는 단일한 점들처럼 건판 위에 기록되지만, 광자가 특정 지점에 부딪칠 때 가능성은 간섭 패턴에 의해 결정된다.

7. 단일한 광자들이 하나씩 이중 슬릿을 향해 보내진다. 슬릿 뒤쪽에 놓인 검침기에 도달한 충격의 분포 패턴은 간섭 패턴과 동일하다. 지금 우리는 두 번째 실험을 하려고 한다. 이때에는 실험의 전반부에는 슬릿 1을 막았고, 실험의 후반부에는 슬릿 2를 교대로 막았다. 두 번째 실험에서 광자들의 충돌 분포는 어떠하겠는가?

1. 첫 번째 실험과 같다.
2. 각각의 슬릿으로부터 얻을 수 있는 분포의 합이다.
3. 이 중에 답이 없다.

답: 2. 하나의 슬릿을 가려놓았을 때, 광자 충격의 패턴은 단일 슬릿에 의한 분포 특성을 만든다. 두 번째 슬릿을 가려놓았을 때, 다시 광자 충격은 단일 슬릿 패턴처럼 분포한다. 최종 결과는 둘의 합이 된다.

8. Thompson은 음극선들이 전기장과 자기장이 함께 있는 공간을 휘지 않고 똑바로 지나갈 수 있음을 관찰했다. 그렇다면, 이와 같이 똑바로 나가는 입자들에 있어서 다음에 열거된 양들 중에 어느 것이 공통적으로 같아야만 하는가?
   1. 질량
   2. 크기(size)
   3. 전하량(magnitude of charge)
   4. 전하의 부호
   5. 전하의 부호와 전하량
   6. 속도

   답: 6. 만약 입자가 편향되지 않는다면, 입자에 작용하는 합력은 영이 되어야만하고, 따라서 전기력과 자기력은 크기가 같고 방향은 반대이다. 전기력과 자기력은 입자의 질량과 크기와 무관하다. 그러나 자기력은 입자의 전하량 q에 비례하고, 입자의 속도 v에 비례한다. 그러므로 입자들의 질량, 크기, 또는 전하량을 변화시켜 전기력과 자기력의 균형을 맞출 수는 없다. 대조적으로 속도를 변화시키면 자기력을 변화시킬 수 있지만, 전기력은 변화시키지 않는다.

9. 음극선들이 전기장과 자기장 공간을 휘지 않고 지나간다. 전기장이 제거되었을 때, 전자선은 몇 가지로 분할된다. 이러한 분할은 전자선 속에 있는 입자들이 어떤 차이가 있기 때문인지 모두 고르시오.
   1. 질량
   2. 속도
   3. 전하량
   4. 이 중에 답이 없다.

답: 1과 3. 입자들의 경로가 휘는 정도는 입자들에 작용하는 단위 질량당 힘에 비례한다. 전기장이 제거되면, 입자들에 작용하는 유일한 힘은 자기력인데, 자기력은 입자들의 전하량과 속도에 따라 달라진다. 입자들이 교차된 장을 휘지 않고 지나갔기 때문에, 우리는 입자들이 모두 같은 속도를 가짐을 안다. 따라서 휘는 정도는 입자들의 질량과 전하량에 달려있다.

10. 음극선은 전자들로 이루어진 선이다. 그러나 전자들은 중력에 의해 아래 방향으로 휘지 않는다. 그 이유는 무엇인가?
   1. 전자에 대한 중력의 영향은 무시해도 좋기 때문이다.
   2. 전자는 너무 빨리 지나가기 때문에 떨어질 시간이 없다.
   3. 공기의 저항 때문이다.
   4. 전자들은 양자입자로서 고전적인 입자가 아니기 때문이다.
   5. 전하는 전자가 전자들이 중력을 느끼지 못하도록 한다.
   6. 여기에 답이 없다.

   답: 2. 전자들은 수평 방향으로 매우 빠르게 이동한다. 그래서 전자들이 수평방향으로 날아가는 동안, 중력 때문에 전자들이 수직으로 떨어지는 거리는 무시해도 좋다.

11. 수소에 의한 방출 스펙트럼은, 매우 고온으로 가열되어진 수소 가스로부터 온 빛을 분석하여 얻어질 수 있다(가열은 수소 원자들을 여러 들뜬 상태를 만든다.) 흡수 스펙트럼은, 넓은 파장(혹은 진동수) 영역의 백열 광원으로부터 온 빛을 수소 기체를 통과시켜 얻을 수 있다. 상온에서 모든 원자들이 바닥상태에 있을 때, 만약 흡수 스펙트럼을 얻는다면, 흡수 스펙트럼은 어떠하겠는가?
   1. 방출 스펙트럼과 똑같을 것이다.
   2. 방출 스펙트럼에 나타나는 선들 중 (전부가 아닌) 일부를 포함할 것이다.
   3. 방출 스펙트럼에 보이는 모든 선들을 포함하고, 추가적인 선들도 있을 것이다.
   4. 방출 스펙트럼에서 볼 수 있는 것들은 아무 것도 볼 수 없다.

답: 2. 복사선이 상온의 기체를 통과할 때, 전자들은 바닥상태로부터 들뜬 상태로 들뜨게 된다. 흡수 스펙트럼의 각 선들은 이러한 바닥상태 → 들뜬 상태로의 전이 중 한 가지를 나타낸 것이다. 수소 원자들이 높은 온도로 가열되었을 때, 들뜬 상태로부터 바닥상태로의 전이가 일어난다. 그러나 보다 높은 들뜬 상태로부터 바닥상태 보다 위에 있는 낮은 들뜬 상태로의 전이가 가능하여 부가적인 선 스펙트럼이 관찰될 수 있다. 그러므로 방출 스펙트럼은 흡수 스펙트럼의 모든 들뜬 상태 → 바닥상태의 전이와 높은 들뜬 상태 → 낮은 들뜬 상태로의 전이들 합한 더 많은 선들로 이루어진다.

개념을 묻는 시험 문제들

앞으로 제시될 내용들은 내가 1991년부터 시험에 사용해 온 유형의 개념을 묻는 문제에 관한 것들이다. 일반적으로 시험지는 이런 개념을 묻는 문제와 전통적인 계산 문제가 동일한 비율로 구성되어 있고, 두 유형의 점수 비율도 역시도 동일하다. 개념을 묻는 대부분의 문제들은 서술형으로 구성되어 있는데 이 문제들을 평가하는 가장 편리한 방법으로 과학 학술지의 평가 기준을 반영하였다. 각 문제 당 만점을 3점으로 하고, 학생 답에 대한 평가 점수는 다음 지침에 따라 결정한다.

학술지 논문 심사 평가	점수	학생 답에 대한 평가
그대로 게재	3	완벽 혹은 완벽에 가까운 답
약간 수정 후 게재	2	수정이 필요한 오류가 적은 답
많은 수정이 필요	1	상당히 심각한 오류의 답
거절	0	문제와 거의 또는 전혀 관계없는 답

이 방법은 학생 답안을 평가하여 학점을 부여할 때 정확도를 떨어뜨릴 것처럼 보이기도 하지만 시험에 다섯 문제만 포함시켜도, 전체 학점의 정확도는 7% 이상 더 좋아진다(현실적으로 실질적 가능성보다 정확도가 더 좋게 나올 것이라 믿는다). 대부분의 나의 학생평가 시험지에는 이러한 서술형 문항이 최소 7개이기 때문에 평가의 정확도가 더 높다. 이러한 평가 체계의 중요한 장점들로 학점부여의 일관성이 더 크다는 점과 학점에 대해 이의를 제기하는 학생의 수가 적다는 점을 들 수 있다. 예를 들어 10점 만점의 문제에서 1점과 2점 사이의 차이는 6점과 7점 사이의 차이 보다 훨씬 더 명확하게 구별이 된다.

개념을 묻는 문제가 여러 부분들을 포함하는 경우에 평가는 개별적인 개념보다 전체적인 개념을 평가하는 사용이 된다.. 각 부분 부분이 옳은지, 오류가 없는지, 그리고 그 오류들이 사소한지 심각한 것인지로 분류한 후, 나 스스로에게 "내는 이 시험지를 공개하는 것을 허락할 수 있을까?"라고 묻는다. 그리고 이 물음에 대한 답에 근거하여 나는 각 문제에 대해 총점을 부여한다.

운동(kinematics)

1. 어떤 높이에 정지해 있는 두 개의 돌을 시간간격을 두어 하나씩 차례로 가만히 놓았다.
   (a) 두 돌의 속력의 차이의 변화는? (증가, 감소, 같다)
   (b) 두 돌 사이의 거리는 증가하나 감소하나 일정하게 유지되나?
   (c) 두 돌이 땅에 닿는 시간 사이 간격은 처음에 돌들을 가만히 놓았을 때 시간간격보다 작은가, 같은가, 큰가?

2. 우주 왕복선이 이륙 후에 연료를 태우는 동안, 우주 왕복선의 질량은 점점 가벼워지고 가속도는 점점 커졌다. 우주 왕복선이 이륙한 순간부터 대부분의 연료를 거의 소모할 때까지 우주 왕복선의 평균 속력은 최종 속력의 절반보다 클까, 같을까, 작을까?

3. 당신은 일정 속도로 올라가는 엘리베이터에 안에 있다. 갑작스럽게 당신은 당신의 손에 쥐고 있던 열쇠꾸러미를 떨어뜨렸다: 우연히도 열쇠꾸러미가 엘리베이터 바닥에 부딪쳤을 때 지면에 대한 열쇠꾸러미의 높이는 열쇠꾸러미가 당신의 손에서 떨어진 순간의 높이와 같았다. 열쇠꾸러미는 되튕김없이 바닥에 떨어졌다. 열쇠꾸러미가 손에서 떨어진 순간부터 바닥에 도달할 때까지 지면에 대한 열쇠꾸러미와 엘리베이터 각각의 높이를 시간에 따라 그래프로 나타내어라.

4. (a) 궤도상에 떠 있는 우주비행사는 그 우주선 안의 모든 물체들이 실질적으로 무중량 상태이더라도 물체의 무게가 지구상에서보다 무겁거나 가볍다고 말할 수 있을까?
   (b) 우주비행사는 우주에서 "무중량" 망치를 사용하여 나무에 못을 박을 수 있을까? 설명하라.

5. 전함이 동시에 적군의 배 A, B를 향해 각각 포격을 가했다. 포탄은 다른 각도로 전함에서 발사되어 포물선궤도를 그리며 날아갔다. A, B 중 어느 것이 먼저 포탄을 맞았을까? 설명하여라.

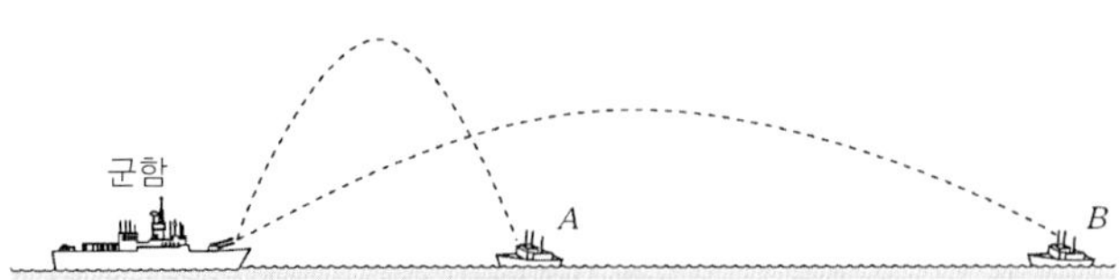

6. 일정한 속력으로 이동하는 동안 몸이 가속하는 예를 들어라. 일정한 속도로 이동할 때 몸이 가속하는 것이 가능한가? 설명하여라.

뉴턴 운동 법칙

1. 평평한 시골길을 자전거를 타고 가고 있다. 아래 (a)~(c)에서 앞 뒤 바퀴에 대한 마찰력의 방향을 각각 표시하고 크기를 비교하여라.
   (a) 가속 중일 때
   (b) 일정한 속력으로 갈 때
   (c) 브레이크를 걸 때. 브레이크와 페달이 동시에 뒤 바퀴에 작용하였다. 앞바퀴에는 브레이크가 없다.

2. 말이 마차를 끄는 상황에서 작용 반작용 관계의 힘들을 나타내어라. 지구의 중력을 고려하고 공기저항을 무시하여라. 어느 물체에 어떤 힘이 작용하는지 명확히 표시하여라.

3. 지구 표면에 있는 물체를 공기 중으로 들어 올릴 수 있는 가장 작은 힘은?

4. (a) 자동차가 평평한 주차장에 정지해 있다. 자동차에는 중력이 아래 방향으로 작용하였고, 크기가 같고 방향이 반대인 수직력이 위 방향으로 작용하였다. 작용 반작용 법칙에 따라 크기가 같고 방향이 반대인 힘들을 나타내어라. (b) 자동차차가 운동방향으로 가속되어질 때, 가속의 주된 원인이 되는 힘은 무엇인가? 이 힘을 가하는 물체와 이 힘이 작용하는 물체를 분명하게 진술하여라.

5. 말이 마차를 수평면 위에서 일정한 속력으로 끌고 있다. 말과 마차에 작용하는 모든 힘에 대한 자유 물체도를 그려라. 이 물체도에서 힘의 상대적 크기를 표시하고 뉴턴 운동 3법칙의 힘의 쌍이 어떤 것들이 있는지 확인하라.

6. 농구 선수가 수직 방향으로 점프를 했다. 그녀는 다리를 굽혀 마룻바닥을 박찼더니 그녀의 몸은 위로 가속되었다. (a) 선수의 몸과 지구의 자유 물체도를 그려 힘들의 상대적인 크기를 비교하고(접촉력, 중력 등...

그리고 어떤 물체가 힘을 가하는지 어떤 물체에 힘이 작용하는지 표시하여라.) 이를 설명하여라. 작용–반작용 관계의 힘의 쌍을 표시하여라. (b) 선수의 몸이 바닥에서 떨어진 직 후 이 상황에 대해 (a)와 같이 설명하여라. (c) 선수가 점프를 하여 가장 높은 곳에 있을 때 상황을 설명하여라.

7. 그림과 같이 장난감 기차가 원형 트랙을 돌고 있다. (a) 원형 트랙 꼭대기에 기차가 있을 때 트랙에 의해 기차에 작용하는 수직력이 있는가? (b) 왜 탑승자들은 롤러코스터가 원형 궤도의 가장 높은 곳에 있을 때 무중력 상태를 체험하는가?

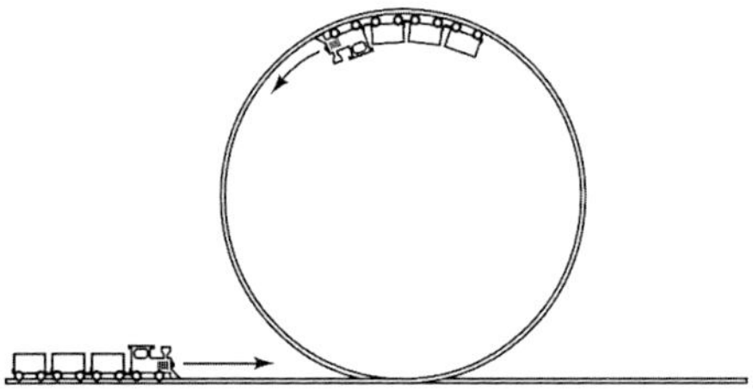

8. 원숭이가 도르래가 장치된 밧줄에 매달려 있다. 원숭이의 무게는 도르래 반대쪽에 매달린 질량이 m인 물체와 균형을 이루고 있다. 원숭이와 물체는 둘 다 움직이지 않는다. 원숭이는 물체와 같은 높이에 도달하기 위해 밧줄을 따라 거리 L만큼 밧줄을 타고 올라갔다. (a) 원숭이가 올라감에 따라 물체는 움직이는가? (b) 만약 그렇다면 어느 방향으로 얼마나 움직이는가?

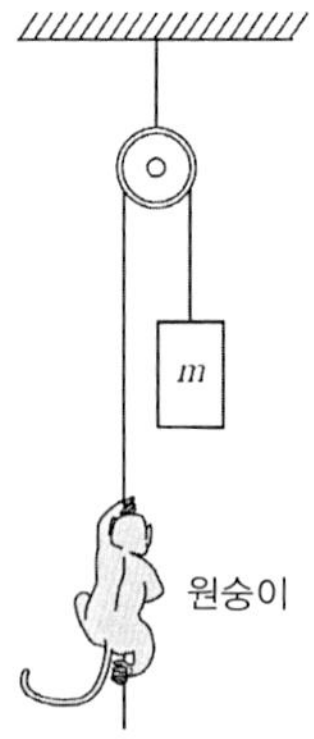

9. 어린이가 추가 달린 끈을 쥐고 회전목마의 플랫폼에 놓인 받침대에 앉아있다. 어린이, 추, 끈, 받침대, 플랫폼의 자유 물체도를 그려라. 각 힘을 설명하고 뉴턴 운동 제 3법칙의 힘의 쌍을 표시하여라.

10. 역도선수와 역기가 각각 큰 저울 위에서 정지 상태에 있다. 역도선수가 역기를 머리 위로 들어 올려 정지하였다. 역도 선수가 역기를 들어 올리는 동안 역도선수와 역기의 무게의 합과 저울 눈금의 값이 차이가 나는 순간이 있는가? 이를 설명하여라.

11. 그림과 같이 마찰이 없는 테이블 위에 놓인 두 물체에 수평면과 나란한 힘이 왼쪽 물체에 작용하였다.

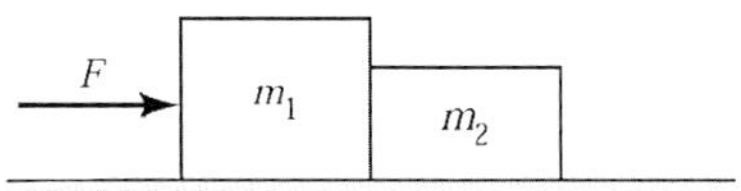

(a) 각 물체의 자유물체도를 그려라.
(b) 두 물체 사이의 접촉력은 얼마인가?
(c) 두 물체의 가속도는 얼마인가?

이번에는 왼쪽 물체에서 작용하는 힘 대신, 오른쪽 물체에 크기는 같고 방향이 반대인 힘이 작용할 때에 대해 설명하여라.

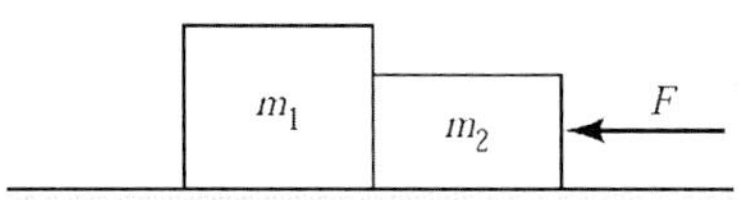

(d) 이 경우에 두 물체 간의 접촉력은 얼마인가?
(e) 두 물체의 가속도는 얼마인가?
(f) (e)를 통해 (b)에 대한 당신의 답이 이치에 맞는가? 이를 증명하여라.

12. A, B 두 팀이 줄다리기를 하고 있다. A팀이 B 팀에 비해 더 강하지만, 두 팀 모두 마찰력 때문에 움직이지 않고 정지해 있다. A, B팀 그리고 밧줄에 대한 자유 물체도를 그려라.

13. 그림(a)에서 스프링이 0.10m 늘어났다. (b)에서 (a)와 동일한 스프링사용 할 때 스프링은 얼마나 늘어날까?

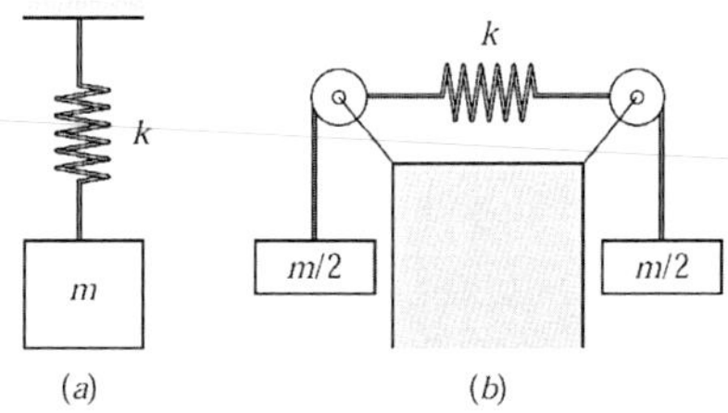

14. 그림과 같이 물체 A를 끈으로 잡아당겼다. 질량이 더 큰 물체 B는 줄 2에 의해 당겨진다. (a) 어느 물체의 가속도의 크기가 더 큰 가? (b) A 물체에 작용하는 줄 1의 힘과 B에 작용하는 줄 2의 힘을 비교하고 이를 설명하여라.

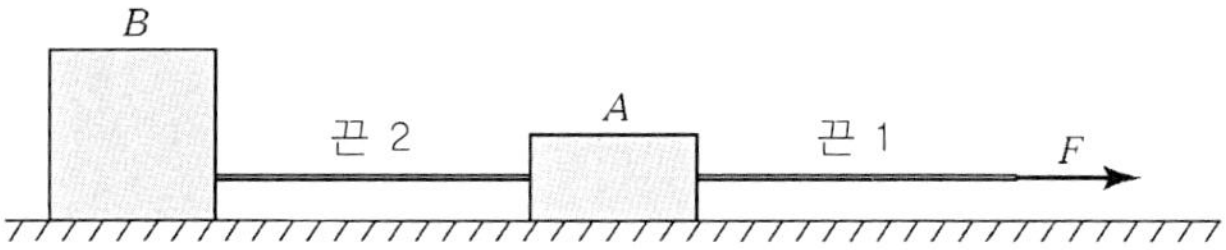

15. 그림과 같이 흔들리는 진자가 있다. (a) P 위치(최고 높이)에 있을 때와 Q 위치(최저 높이)에 있을 때의 진자의 가속도를 표시하여라. (b) 왔다갔다 움직이는 진자가 P와 Q 위치에 있을 때 진자에 작용하는 힘을 그려라. 각각의 그림에서 왔다갔다 움직일 때 진자에 작용하는 합력이 있다면 나타내어라.

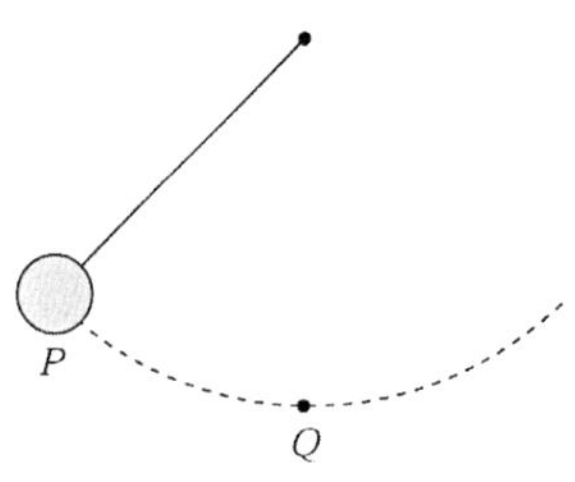

16. 앞뒤로 흔들리고 있는 진자를 지탱하는 줄을 갑자기 끊는다면 진자는 어떠한 운동을 할까? (a) 진자가 가장 낮은 곳을 지날 때, (b) 가장 높은 곳에 있을 때를 설명하여라. 단, 줄의 질량과 공기 마찰을 무시한다.

17. 한 쪽 끝이 회전축인 평면 판 끝에 물체가 놓여있다. 그림과 같이 고정되어 있지 않은 쪽이 매우 천천히 올라간다. 판의 각도가 작을 때, 물체와 판 사이의 마찰로 물체가 움직이지 않는다. 하지만 각도를 더 증가시키면 물체는 미끄러져 내려가기 시작한다. 만약 판이 이 각도에서 고정된다면 물체의 가속도의 크기는 0 일까, 일정할까, 어느 쪽도 아닐까? 왜 그렇게 생각했는가? (b) 만약 $\mu_k < \mu_S$가 사실이 아니라면, 물체에 어떤 일이 일어날까?

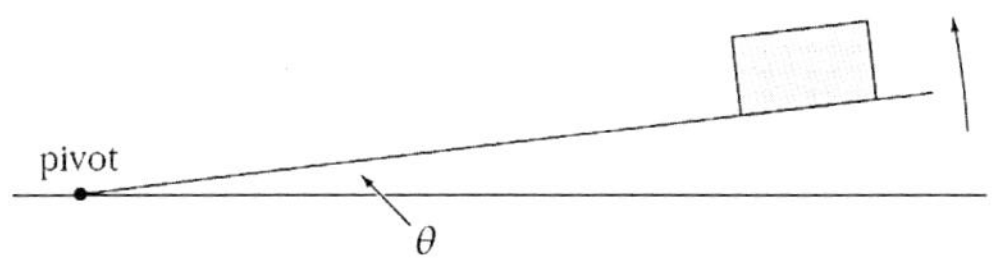

일과 에너지

1. 두 사람이 마찰력이 없는 표면에 놓인 물체를 서로 반대방향으로 밀고 있다. (그들의 신발바닥은 마찰력 없는 표면에 접착제로 고정시켰다) 만약 원래 P점에 정지해 있었던 물체가 회전 없이 오른쪽으로 움직여 Q점에서 정지했다면, 2번 사람이 한 일에 비해 1번 사람이 얼마만큼의 일을 물체에 했는지 정성적으로 설명하여라.

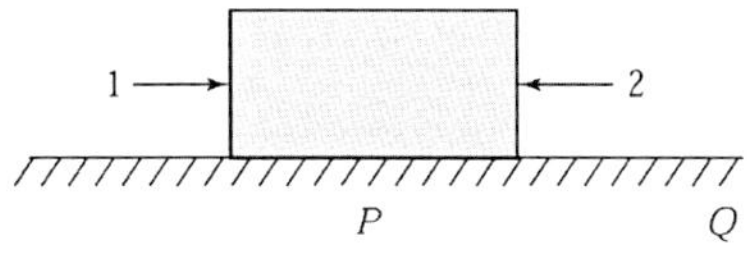

2. (a) 물체의 운동 에너지가 증가할 때 반드시 위치에너지는 감소하는가? 설명하여라.
   (b) 만약 로켓 엔진이 일정한 추진력(로켓에 있는 힘)을 제공한다면, 그것은 로켓에 더 큰 일률을 제공하여 로켓의 속력을 올리겠는가? 설명하여라.

3. 대리석이 고층건물 꼭대기에서 떨어졌다. 지구의 중력에 의해 대리석에 한 일은 대리석이 지구에 한 일과 같은가 작은가 큰가? 설명하여라.

4. 물체에 작용하는 중력은 물체의 질량에 비례하는데, 왜 무거운 물체가 가벼운 물체보다 빨리 떨어지지 않는가?

5. 물체에 대해 일을 하지 않는 합력이 0이 아닌 것이 가능한가? (a) 직선으로 가는 물체 (b) 궤도를 도는 물체의 예를 찾아보아라.

6. 지붕에서 첫 번째 공을 초기 속력 v로 아래로 수직하게 던졌다고 가정하자. 그 후 동일한 두 번째 공을 같은 초기 속력 v로 위로 수직하게 던졌다. 두 번째 공도 역시 올라간 후 땅으로 떨어졌다. 땅에 떨어진 순간, 두 공의 속력를 비교하면 어떻게 되겠는가? 역학적 에너지 보존을 사용하여 추론하라.

운동량과 충돌

1. 질량이 같은 물체 A, B에 각각 같은 크기의 일정한 힘을 가하여 출발선에서 도착선까지 계속적으로 밀었다. 만약 A는 처음에 정지해있고 B는 처음부터 오른쪽으로 움직이고 있었다면 어느 것의 운동량의 변화량이 더 큰가?

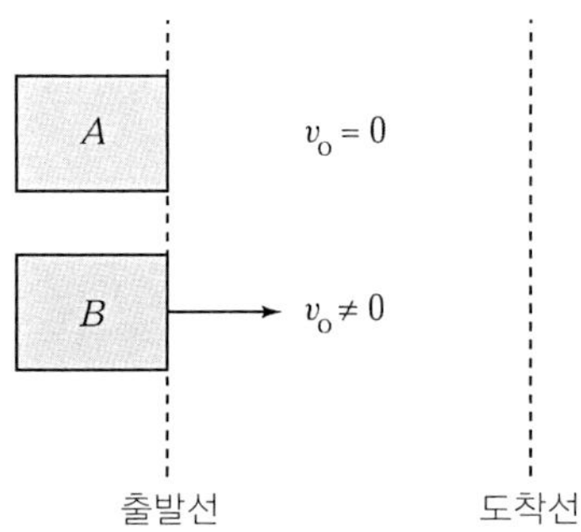

2. 운동 중인 물체가 정지해있는 물체와 충돌했다. (a) 두 물체가 충돌 후 정지하는 것이 가능한가? (b) 둘 중 하나가 충돌 후 정지할 수 있는가? (c) 충돌할 때 모든 운동 에너지를 잃는 것이 가능한가? 각 물음에 대한 답을 설명하고 '그렇다'라고 답한 물음에 대해서 예를 들어 설명하라.

3. 당신이 매우 큰 볼링핀 한 쌍을 쓰러뜨리기 위해서 두 개의 공 중 하나의 공을 선택하여 던지려고 한다. 하나는 볼링핀과 탄성충돌하고 다른 하나는 비탄성 충돌을 한다. 당신은 어느 공을 선택할 것인가? 왜 그런가?

4. 두 자동차의 충돌 사고를 생각해보자. (a) 두 자동차는 질량을 제외한 모든 조건이 동일하다. 이때 질량이 큰 차와 질량이 작은 차 중 어느 것이 더 안전하겠는가? 왜 그런가? (b) 충격으로 자동차의 외형이 구겨지는 것과 외형이 딱딱하게 그대로 유지되는 것 중 어느 것이 나은가? 왜 그런가?

5. 매우 탄성이 큰 럭비공을 h 높이에서 땅으로 떨어뜨렸더니 공이 원래 속력에 거의 가깝게 튀어 올랐다. (a) 어느 순간에 공의 운동량이 보존되는가? (b) 만약 우리가 공과 지구를 우리의 시스템으로 고려한다면, 어느 순간에 운동량이 보존되었나? (c) 접착제가 있어 공이 땅에 떨어져 붙어버리는 경우 (a)와 (b)의 물음에 대답하라.

6. 처음에 정지해 있던 무거운 볼링공에 골프공을 던져서 볼링공으로부터 탄성 충돌하여 튕겨나갔다고 가정하자. 충돌 후 어느 공의 운동량이 더 큰가? 어느 것이 더 큰 운동에너지를 가지는가? 왜 그런가?

회전

1. 정지해 있는 회전목마 한가운데에 당신이 서 있다고 생각해보자. 당신은 머리위로 회전축이 위를 향하도록 회전하는 자전거 바퀴를 들고 있다. 회전축을 따라 위쪽에서 관찰할 때 바퀴는 반시계방향으로 회전하고 있다. (a) 당신이 지금 바퀴를 움직여서 회전축이 수평이 되게 하려고 한다. 무슨 일이 일어나는가? (b) 바퀴의 회전축을 아래쪽으로 하여 위에서 관찰할 때 시계방향으로 회전하도록 한다면 무슨 일이 일어날까?

2. 그림은 몇몇 입자의 경로를 보여준다. (a)에서 (d)까지는 입자들이 일정한 속력으로 이동하고, (e)는 앞, 뒤로 움직인다. O에 대하여, 각각의 경우에 각가속도 벡터의 방향을 설명하라. (또는 각가속도가 0인 경우가 있으면 어느 경우인지 밝혀라) 각각의 경우에 각가속도는 시간에 따라 변하지 않는가?

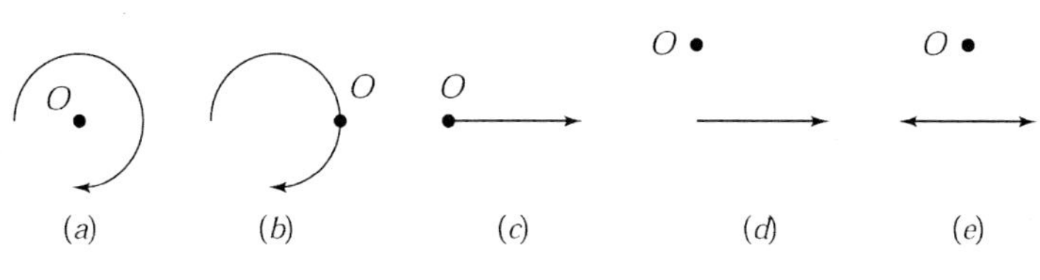

3. 그림과 같이, 정지해있던 공이 미끄러짐 없이 비탈면을 굴러 내려갔다. (a) 비탈면에서 공에 작용하는 힘을 모두 그려라. 각 힘을 설명하라. (b) (a)에서 설명한 힘 중 공이 구를 수 있게 중심에서의 토크를 발생시키는 힘은?

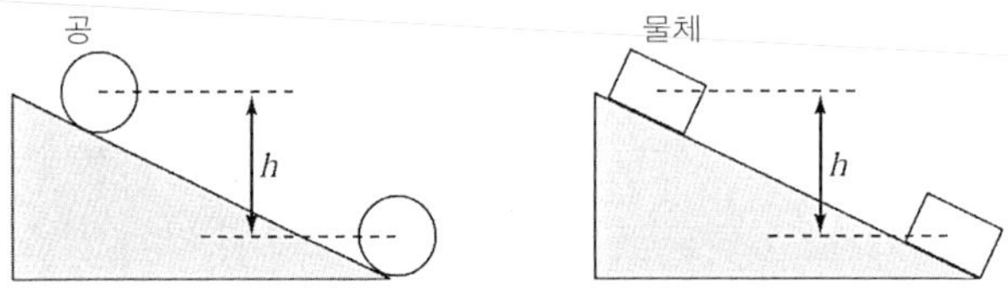

이번에는 동일한 비탈면을 미끄러져 내려가는 물체를 가정해보자. 물체는 공이 바닥에 도달할 때와 가이 같은 수직거리를 이동한다. (c) 바닥에 도착하는 순간 운동에너지는 어느 경우에서 더 큰 가? 왜 그런가? (d) 바닥에 도달하는 순간 선운동량의 크기는 어느 경우에서 더 큰가? 왜 그런가?

진동, 파동, 소리

1. 소리 파원에 대해 당신이 정지해 있고 당신 쪽으로 강한 바람이 불어온다고 가정하자. (a) 관측된 진동수, (b) 관측된 파장, (c) 파동의 속력이 바람의 영향을 받는다면 그 영향에 대해 서술하시오.

2. 소리 파원이 정지된 관찰자에 대해 상대적으로 움직이는데도 진동수에 변화가 없는 것이 가능한가? 만약 그렇다면 예를 들어라.

3. 질량이 m이고 Δl만큼 늘어난 스프링이 수직 방향으로 걸려있다. 만약 조금 잡아당겼다 놓으면 일정한 주기 T로 진동한다. 중력 가속도 g의 값을 구하는데 이 장치를 어떻게 사용할 것인지 논의하라.

유체

1. 두 척의 동일한 배가 있다. 하나는 물에 뜨는 코르크로 된 화물을 싣고 있고 다른 하나는 비어 있다. 어느 배의 배수량이 더 큰가?(또는 어느 배가 물에 더 많이 잠기는가?)

2. 물이 담긴 통에 코르크 조각을 띄워 엘리베이터 안에 놓았다. 만약 엘리베이터가 위로 가속 운동 한다면 물에 잠긴 코르크 조각의 깊이가 어떻게 변할까?

3. 베르누이의 방정식에 숨어있는 원리를 이용하여 다음의 현상을 설명하여라. (a) 미풍이 불 때 연기가 굴뚝으로 더 빨리 올라오는 현상 (b) 빠른 기차가 정지한 기차를 지나칠 때 기차가 서로 끌어당기는 경향을 보이는 현상

정전기학

1. 그림과 같이, 질량과 모양이 같은 대전되지 않은 두 도체가 각각 부도체인 줄에 매달려 있다. 도체들을 각각 $q_1 = Q$, $q_2 = 3Q$로 대전되었다. (a) 도체들이 대전된 후, 두 줄과 연직선상의 각도 가 각각 θ_1, θ_2 일 때 어느 각이 더 큰가, 아니면 두 각은 같은가? 이제 두 도체를 접촉시켰다. (b) 두 줄과 연직선상의 각이 각각 θ_1'와 θ_2'일 때 어느 각이 더 큰가, 아니면 두 각은 같은가? (c) (b)의 θ_1'와 θ_2'와 (a)의 θ_1과 θ_2의 비교하여 설명하시오.

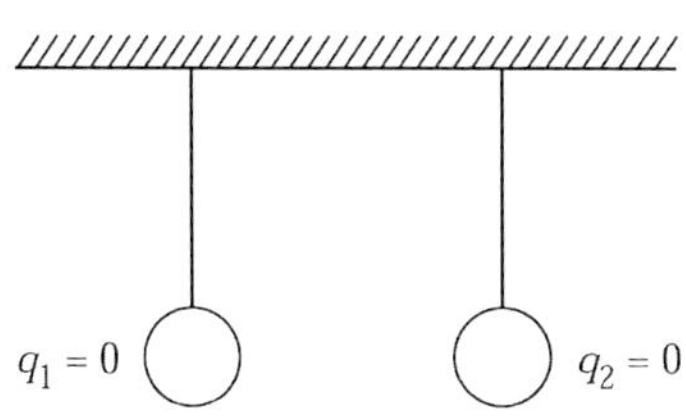

2. 그림은 네 개의 양전하분포 중 일부의 가우스면을 점선으로 나타낸 것이다. (a) 어느 전하가 P지점의 전기장에 기여하는가? (b) q_1과 q_2에 의한 전기장만을 이용해서 계산한 가우스 면을 통과하는 선속은 모든 4개의 전하들을 고려해 얻은 값보다 큰가, 같은가 작은가?

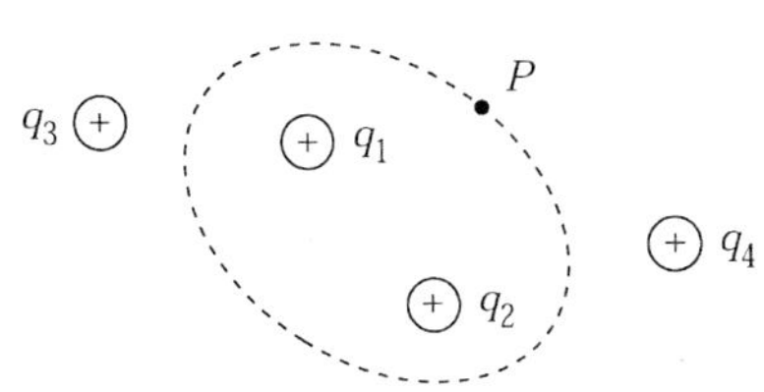

3. 그림은 3개의 전하와 가우스 면을 그린 것이다. (a) 어느 전하가 가우스 면을 통과하는 선속에 기여하는가? (b) 어느 전하들이 면상의 한 점에서 전기장에 기여하는가? (c) (a)와 (b)의 답을 비교하고 왜 그것이 같은지 혹은 다른지 설명하여라.
면으로 둘러싸인 내부의 전하량이 0이라고 가정하자. (d) 면의 모든 점에서 전기장은 0인가? (e) 반대의 가정도 참인가? (만약 면의 모든 점에서 전기장이 0이라면 내부 알짜 전하량은 0인가?)

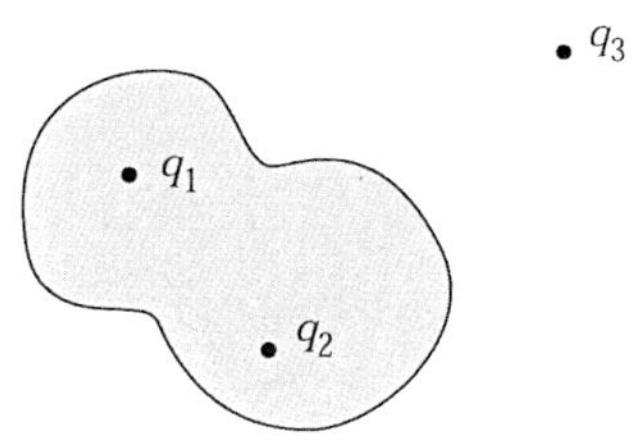

4. 반경이 각각 r_1, r_2 인 대전된 도체구 2개가 도선에 의해 연결되어있고 $r_2 > r_1$이다. 어느 구의 전하밀도가 더 큰가?

5. 어떤 한 점에서 전기장 E가 0과 같다면 그 점에서 전위차 V도 0이어야 하는가? 답에 대한 예를 들어 증명하여라.

6. 구형의 고무풍선에 전하가 균일하게 분포되어 있다. 풍선이 팽창함에 따라, (a)~(c) 각 점에서 전기장 E의 변화는? (a) 표면을 벗어난 풍선 바깥의 어느 한 점 (b) 풍선의 바깥쪽 표면 (c) 풍선의 안쪽 풍선은 계속 구형으로 팽창하고 있다고 가정하여라.

7. (a) 그림과 같이, $+q$는 두 개의 동일한 점전하 $+Q$의 사이에 있다. q는 평형상태인가? 만약 그렇다면 그 평형상태는 안정되어 있는가 그렇지 않은가? (b) $+Q$를 그대로 두고 $+q$를 $-q$로 대체하였을 때 위 두 개의 물음에 답하라.

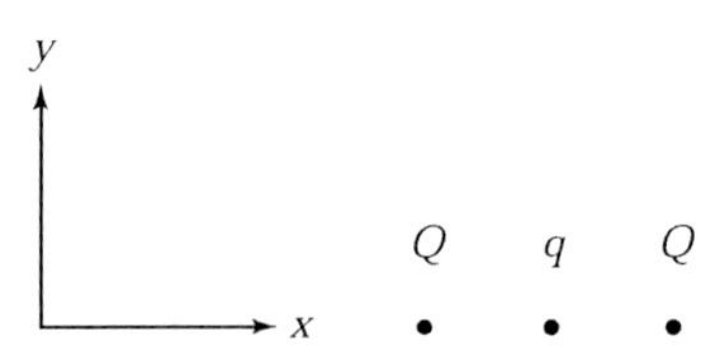

8. 그림과 같이 부도체의 줄에 매달린 대전되지 않은 부도체 구에 대전된 막대를 가까이 가져갔다. 구는 어떤 것도 접촉하지 않았다. (a) 막대와 구는 서로에게 힘을 미치는가? 만약 그렇다면, 힘의 방향을 그려보아라. (b) 만약 구가 도체로 만들어졌다면 (a)에 대한 답은 달라지는가? (c) 막대가 가까이 오고 난 이후 구의 알짜 전하의 종류는 무엇인가? (d) (a)와 (c)에 대한 답이 쿨롱의 법칙에 위배되는가? 설명하여라.

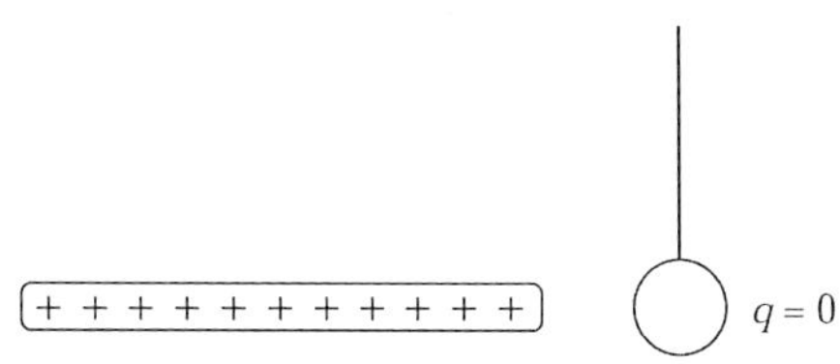

9. 막대 A는 양으로 대전된 절연체이다. 진자 C와 두 번째 막대 B는 서로 붙어있고 도체로 만들어졌다. 막대 B는 고정되어 있고 C는 줄에 매달려 있으며 자유롭게 운동할 수 있다. B 근처에 A를 가져가면 어떤 일이 일어나는지 간단히 설명하여라.

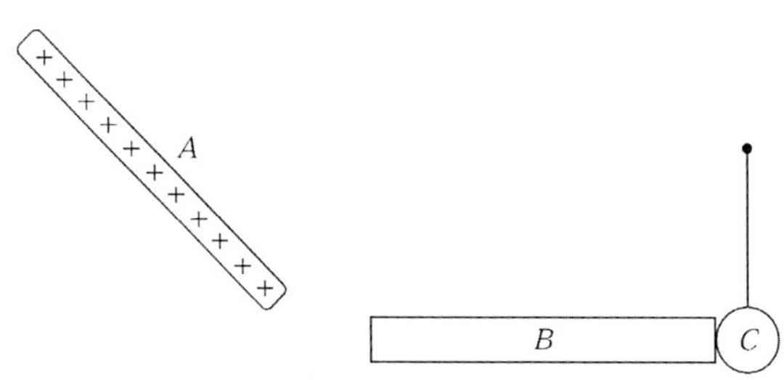

10. 전하량이 $+q$인 동일한 두 개의 전하가 거리 L만큼 떨어져 있다. 두 개의 전하들에게 전혀 힘이 미치지 않도록 어딘가에 3번째 전하 q'를 놓는 것이 가능한가? 만약 가능하다면 q'의 위치는 어디이며 전하량은 얼마인가? 만약 가능하지 않다면 왜 그런가?

11. 점전하 Q는 구형 도체 껍질 가운데에 있다. 점전하 q는 껍질 바깥쪽에 있다. (a) q에는 힘이 작용하는가? (b) Q에는 힘이 작용하는가? (c) 만약 전하에 작용하는 힘이 다르다면, 당신의 답을 뉴턴 운동 제 3법칙과 연관시켜 설명하여라.

12. 속이 빈 절연 원뿔이 전기장 E 안에 위치해 있다. 원뿔 표면 A를 통한 전기선속과 열린 B를 통한 전기선속의 비율은 무엇인가?

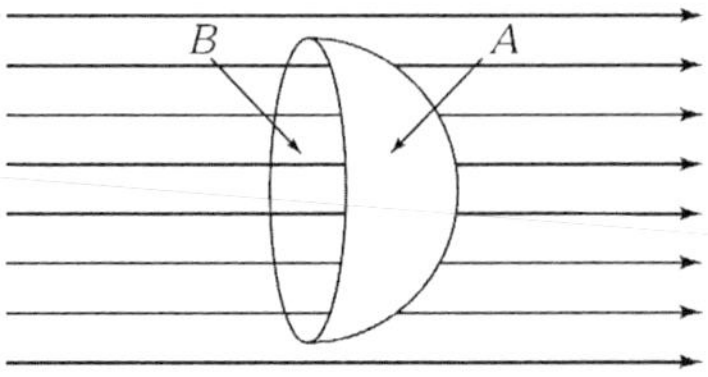

13. 그림과 같이 A는 고체 금속구이고 B는 중심이 같은 금속구 껍질이다. A가 양으로 대전되었고 B는 접지되었다. (a) A와 B의 전하량과 분포를 정량적으로 비교하라. (b) 전기장 (ⅰ) B의 바깥쪽 (ⅱ) A와 B사이 (ⅲ) A 안쪽이 존재하는가? 설명하여라.

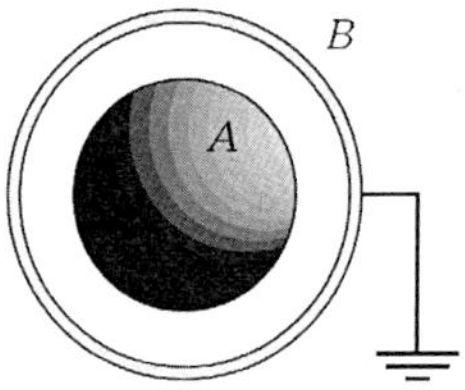

14. 양의 점전하 q가 구형의 금속 껍질 중심에 위치해 있다고 하자. (a), (b)에 대전되는 전하는? (a) 바깥쪽 표면 (b) 구의 안쪽 표면 (c) 대전되지 않은 금속 물체를 구 가까이 가져왔을 때 (a)와 (b)에 대한 답이 바뀌는가? 구에서 전하 분포가 어떻게 바뀌었는가?

15. 대전된 고무풍선 안의 전기장을 생각해보자. 고무풍선이 (a) 구형 또는 (b) 소시지 모양이라면 풍선 안쪽의 E가 각각 반드시 0인가? 각각의 경우에 전하는 균일하게 표면에 분포되어 있다. (c) 만약 풍선의 바깥쪽 표면이 도체 페인트로 두껍게 싸인 상황이라면 어떻게 될까?

16. 양전하가 균일한 전기장 방향으로 움직인다. 전기적 위치에너지는 증가하나 감소하나? 전기력에 의한 위치에너지는 증가하나 감소하나?

17. 만약 어떤 지점에서 전기적 위치에너지가 0이라면, 그 근처의 점에서는 전하가 없다는 것인가? 설명하라.

직류회로

1. 저항과 축전기가 전지에 연결되어 있다. 저항값이 축전기에 충전되는 전하량에 영향을 미치나? 만약 그렇다면 왜 그런지 설명하라. 만약 아니라면 저항값은 무엇에 영향을 주는가?

2. 두 개의 꼬마전구가 110V에 연결되어 있다. 하지만 하나는 소비전력이 40W고 다른 하나는 75W이다. (a) 어느 전구의 저항값이 더 큰가? (b) 어느 전구에 흐르는 전류값이 더 큰가?

3. 그림은 3개의 똑같은 전구가 이상적인 전지에 연결된 회로를 나타낸 것이다. (a) 어떻게 세 개의 전구의 밝기를 비교하는가? (b) 어느 전구에 가장 큰 전류가 흐르는가? (c) 만약 C를 빼면 A와 B의 밝기는 어떻게 되겠는가? (d) A를 빼면 B와 C의 밝기는 어떻게 되겠는가?

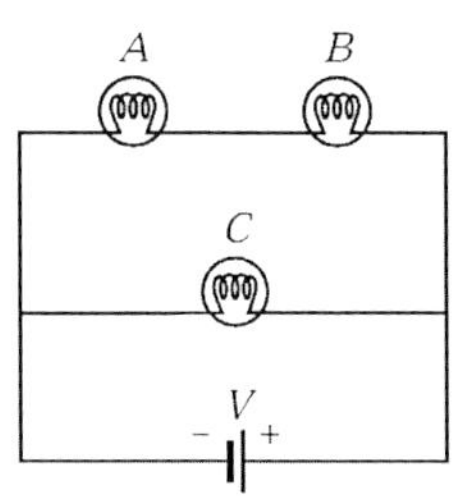

4. 그림의 회로에서 저항 R을 통과하는 전류와 전위차를 측정하려 한다. (a) 전압계와 전류계를 어떻게 연결할지 설명하여라. (b) 정확한 값을 측정하기 위해 이상적인 전압계와 이상적인 전류계 내부의 저항값들은 각각 어떠해야하나?

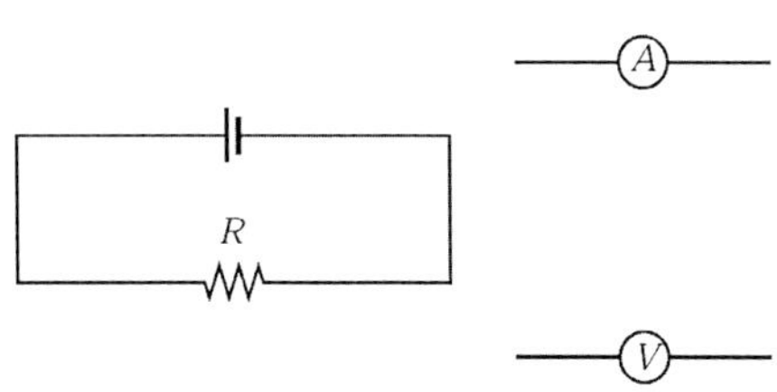

5. (a) 저항이 병렬로 연결되었을 때 각각의 저항에 관한 물리량 전류, 전력, 전위차 중 어느 것이 서로 같은가? (b) 저항이 직렬로 연결되었을 때 각각의 저항의 전력, 전위차 중 어느 것이 서로 같은가?

6. 그림의 회로 안의 전구 A가 소켓에서 빠졌다. (a) 남은 세 전구의 밝기가 어떻게 변하겠는가? (b) 어떻게 이 전구들 밝기를 서로 비교할 수 있는가?

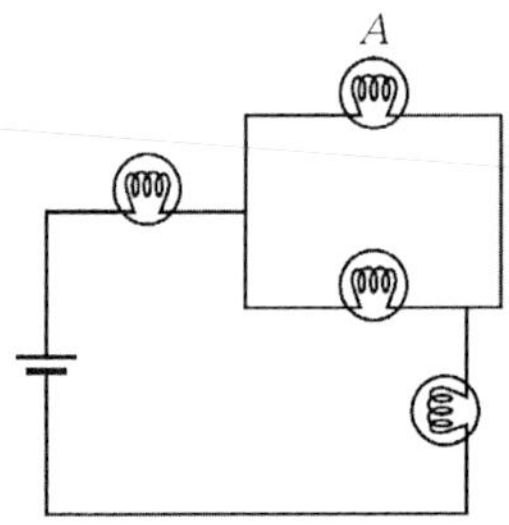

7. 어떤 회로의 갈림점에서 Kirchhoff의 1법칙을 따르지 않는다고 가정하자. 예를 들어, 회로의 갈림점(node)으로 들어오는 전류값과 나가는 값 중에 나가는 값이 더 크다고 하자. 그 회로의 갈림점에서 전기적 위치 에너지는 어떻게 되나?

8. RC 회로가 전지에 연결되었을 때, 축전기에 전하가 완전히 충전될 때까지 회로에 전류가 흐른다. 축전기에 저장된 에너지의 양이 전지에서 회로에 공급한 에너지보다 클까 같을까 작을까? 설명하여라.

자기

1. 각각 일정한 크기의 균일한 전기장과 자기장은 (a)~(e) 상태가 되도록 할 수 있는가? 각 경우 제시한 답은 전기장과 자기장이 어떠한 방향에서 타당한지를 나타내고 이를 설명하여라.
   (a) 대전된 입자를 원운동시킨다.
   (b) 유전체 조각에 힘을 가한다.
   (c) 대전된 입자의 속력을 증가시킨다.
   (d) 움직이는 대전입자를 가속시킨다.
   (e) 처음에 정지해있던 전자에 힘을 가한다.

2. 균일한 자기장에 나침반이 놓여있다. 바늘에 작용하는 합력은 얼마인가?

3. 그림과 같이 두 개의 매우 길고 고정된 전선이 직각을 이루며 십자형으로 교차해있고 두 선은 근접해 있지만 접촉하지 않았다. 두 전선에 흐는 전류의 세기가 같고 방향은 다음과 같다. 합성 자기장이 0이 되는 지점들을 표시하여라.

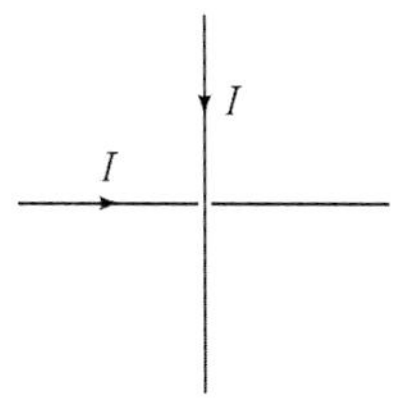

4. 운동에너지를 가진 대전된 입자가 일정한 크기의 균일한 자기장에 입사되었다. 자기장 속에서 이 입자에 다른 힘이 작용하지 않는다면 입자의 운동에너지는 자기장을 벗어나는 경우에도 일정하다. 왜일까?

5. 그림과 같이 지면으로부터 수직하게 나오는 방향의 균일한 자기장 속에서 금속막대를 오른쪽으로 운동시켰다. 금속 막대 내부의 전기장은 0인가? 설명하여라. (b) 금속 막대를 일정한 속도로 유지시키려면 외력이 필요한가? 설명하여라.

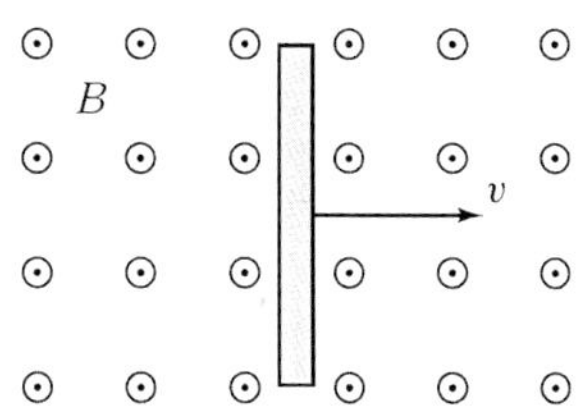

6. 그림과 같이 지면으로부터 수직하게 나오는 방향의 균일한 자기장 속에서 금속 막대를 오른쪽으로 일정한 속도 v로 운동시켰다. (a) 유도 전류의 방향은 시계방향인가? 반시계방향인가? (b) 만약 금속 막대를 왼쪽으로 운동시킨다면 유도전류의 방향은 반대가 되나?

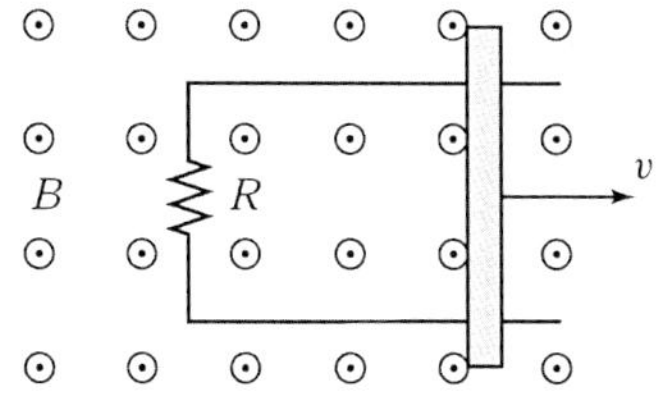

7. 양전하로 대전된 긴 선전하가 그것의 긴 축을 따라 움직이고 있다. (a) 전기장이 발생되는가? (b) 자기장이 발생되는가? (c) 만약 전기장과 자기장이 있다면, 각 장들의 방향을 그려라. (d) 양으로 대전된 긴 선전하 대신 가늘고 중성인 금속 선(고정된 양전하와 자유롭게 움직일 수 있는 자유전자를 가진)을 사용했다고 가정하였을 때 이 경우에 앞의 질문들에 대하여 대답하라.

8. 그림과 같이, 전선으로 된 닫힌 고리가 길고 직선이며 전류가 흐르는 전선과 평행한 방향으로 일정한 속력으로 운동한다. 닫힌 고리에 전류가 흐르는가? 만약 그렇다면 전류는 시계방향인가 반시계방향인가?

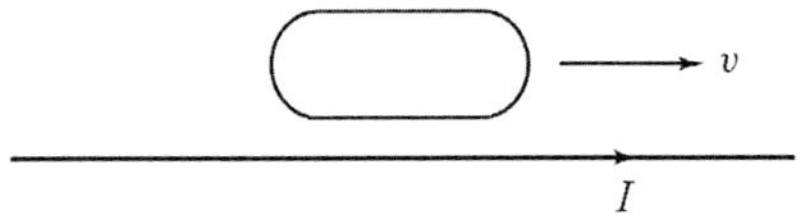

9. 그림과 같이 균일한 자기장 속에서 직사각형 도체 판이 일정한 속도 v로 자기장에 수직한 방향으로 움직이고 있다. (a) 도체 판이 움직이기 시작할 때 도체 판 안의 자유전자가 어떻게 되는가? 일정한 속도 v로 판이 움직일 때 자유전자는 어떻게 되는가? (b) (a)의 답은 판 안의 자유전자가 양전하인지 음전하인지에 따라 달라지는가? (c) 움직이고 있는 판에 대한 등전위면을 그려라.

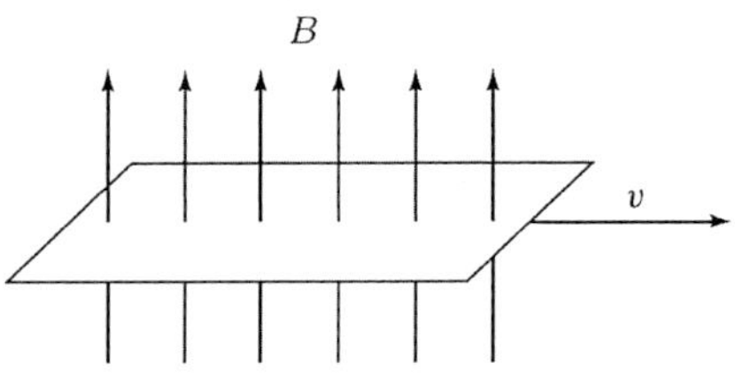

10. 대전된 입자들이 작은 수소 기체 거품으로 된 안개상자를 통과하여 빠져나간다. 이 거품들은 입자들이 경로를 가시적으로 나타낸다. 그림과 같이, 자기장은 지면에 수직으로 들어가는 방향이고 입자들의 경로는 지면 위 평면에 있고, 운동방향은 화살표 방향이다. (a) 양으로 대전된 입자의 경로는 어느 것인가? (b) 만약 대전된 세 입자들의 전하량과 질량이 같다면, 어느 것이 가장 빨리 움직일까? (c) 만약 모든 소립자의 속력과 전하량이 같다면 어느 것의 질량이 가장 클까?

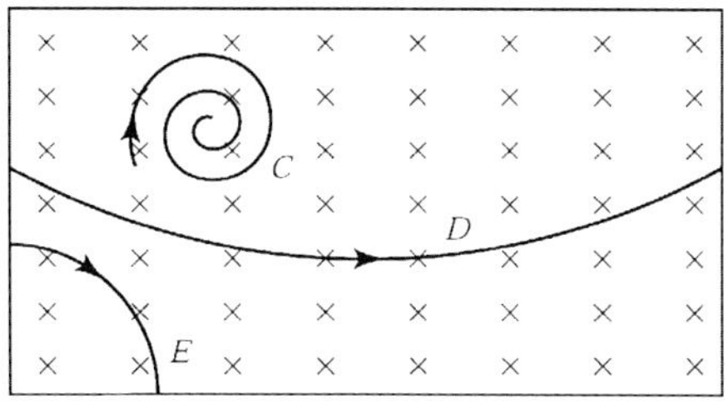

11. (a) 대전된 입자가 힘을 받지 않고 자기장을 통과하는 것이 가능한가? (b) 대전된 입자가 전기장과 자기장이 동시에 작용하는 곳에 정지 상태로 있는 것이 가능한가? (c) 이러한 입자는 힘을 받지 않고 장들을 통과하는 것이 가능한가? (d) 균일한 자기장에서 자기 쌍극자에 작용하는 합력은 얼마인가?

전자기 유도와 Maxwell 방정식

1. 그림과 같이, 전지와 스위치가 연결된 코일이 얇은 금속 고리 위에 놓여있다. 스위치가 열릴 때, 링은 코일에 의해 밀려날까 끌어당겨질까?

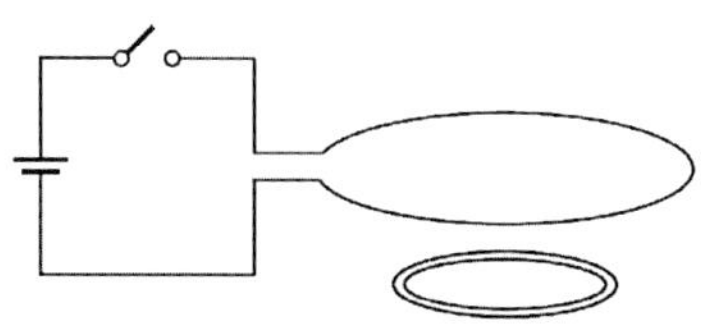

2. 그림은 두 개의 동일한 인덕터들을 직렬로 연결하는 두 가지 방법 (a), (b)를 나타낸 것이다. 어느 경우에 전체 인덕턴스가 큰가?(어느 경우에 전체 역기전력이 큰가?) 다른 자기장에 의해 각 코일에 유도된 기전력을 계산하라.

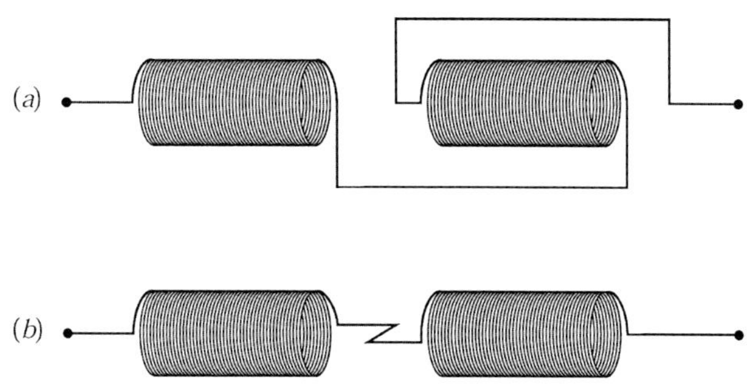

3. 그림과 같이 동일한 두 개의 코일이 철심에 감겨 있다. 오른쪽 코일에는 아무 것도 연결되지 않고 열려 있는(P와 Q는 연결되어 있지 않다.) 동안, 왼쪽 코일에 $E = E_o \sin\omega t$ 형태의 기전력이 가해졌다. (a) 오른쪽 코일(P와 Q 사이에)에 유도된 기전력의 위상은 왼쪽 코일에 가해진 기전력의 위상에 비하여 같은 위상, 90° 앞선 위상, 90° 느린 위상, 180° 차이나는 위상들 중 어디에 해당할까? (b)오른쪽 코일에 유도된 기전력은 왼쪽 코일의 기전력을 유도할까? 만약에 P와 Q 사이에 저항을 연결하면 어떠한 일이 벌어질까? 설명하여라.

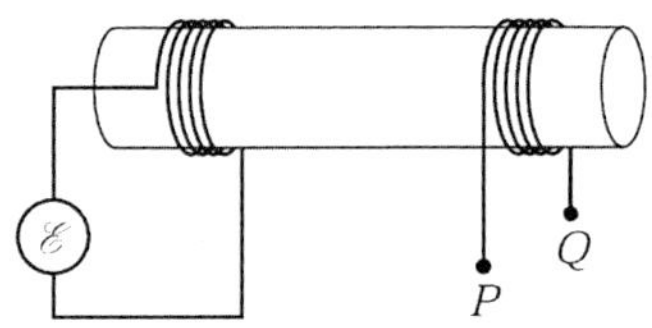

4. (a) 황동으로 된 링을 전선으로 만들어진 코일 맨 위에 설치하였다. 만약 코일에 직류 전류를 흘리기 시작하면 링은 위로 튀어오른다. 이를 설명하라.
   (b) 링을 다시 코일 맨 위에 올려놓고 스위치를 열었다. 코일의 전류는 빠르게 줄어든다. 이때에 링에 무슨 일이 일어나는가? 설명하여라.

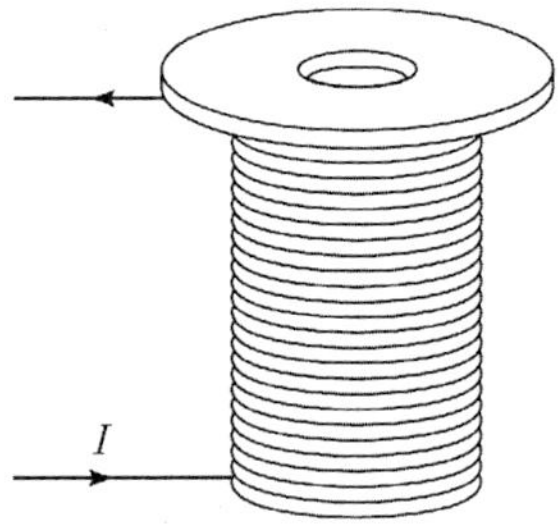

5. 다음 (a)-(c)의 경우를 고려하여 Maxwell 방정식을 명확히 서술하여라. 물음에 대한 답의 근거를 간단히 설명하여라. 각 방정식에서 사용된 물리량들을 잘 정의하여야 한다. (a) 균일한 자기장에 돌아가는 코일 안에 교류 기전력이 발생한다. (b) 자기장 선들은 정상전류에 대하여 오른손 법칙을 만족하는 방향이다. (c) 정전기 상황에 있는 도체 내부에서 전기장은 0이다.

교류회로

1. 작은 상자에 두 가닥의 전선이 나와 있다. 두 전선에 교류전류를 흘렸더니, 두 전선 사이의 전위차와, 상자를 통과하는 전류가 동일한 위상이었다. (a) 상자 안의 저항과 (또는) 용량 리액턴스 혹은 유도 리액턴스에 대해 어떤 결론을 낼 수 있는가? (b) 만약 진동수를 낮춘다면 전위차와 전류의 위상차는 여전히 동일한 위상인가?

2. 자동차의 담배 라이터를 이용하여 보통 가정용 전기기구를 작동시키기 위해서, 직류 12V의 자동차 배터리를 교류 110V로 바꾸어 줄 수 있는 장치를 구입할 수 있다. 이러한 장치에서 회로의 한 부분은 직류를 교류 전압으로 만들어 주고 또 다른 부분은 전압을 높이기 위해 변압기를 사용한다. 두 가지 기능을 수행하는 순서를 바꾼다면 차이가 생기는가?

3. 저항과 축전기에 동일한 교류 전압을 가하여 각각의 경우에 흐르는 전류들을 측정하였더니 측정된 실효값(rms 값)이 같았다. 이를 통해 저항과 축전기에서 같은 에너지의 양을 소모한다고 할 수 있는가? 설명하라.

4. 직렬 RLC 회로에서, 전류는 인덕터에 의한 역기전력보다 위상이 늦다. 축전기 양단과 인덕터 양단의 피크 전압은 어느 쪽이 더 큰가?

5. 형광등기구는 램프를 통해 전류를 제한하는 안정기라 불리는 인덕터를 사용한다. 왜 저항 대신 인덕터를 사용할까?

6. 실효값이 120V에서 작동하도록 만들어진 전구가 인덕터, 축전기, 그리고 실효값이 120V 교류전원에 직렬로 연결되어 있다. (a) 전구의 밝기는 동일한 전구만을 직접 전원장치에 연결했을 때 밝기와 같게 하는 것은 가능한가? (b) 이 전구를 전원장치에 직접 연결하였을 때보다 더 밝게 하는 것은 가능한가?

7. 코일, 저항, 그리고 배터리가 연결된 회로가 안정된 상태가 되었다; 전류는 일정한 값이 되었다. (a) 코일은 인덕턴스를 가지고 있는가? (b) 코일은 회로의 전류 값에 영향을 주는가?

8. 전구와 인덕터가 같은 교류 전원장치에 병렬연결 되어 있다. (a) 교류 전원의 진동수를 0부터 증가시키면 전구의 밝기가 어떻게 달라지겠는가? (b) 만약 인덕터 대신 축전기로 바꾼다면 대답은 어떻게 달라질 것인가?

9. 직렬 연결된 RLC 회로에서 각 소자의 양단 사이의 피크 전압의 합은 인덕터에 의한 역기전력보다 일반적으로 크다. 왜 그런가? 이 결과는 Kirchhoff 법칙을 위배하는 것은 아닌가?

10. 회로에서 인덕터에 의한 교류 역기전력은 항상 저항을 통해 흐르는 전류와 항상 같은 위상인가?

11. 만약 축전기가 사인 함수로 변하는 교류 기전력 전원에 연결되어있다면, 축전기 판 사이에 변위 전류(대체 전류)의 위상이 기전력의 위상보다 앞설까 혹은 뒤쳐질까?

12. 직렬 RLC 회로에서 위상자 그림을 나타낸 것이다. (a) 3가지 구성 소자 1,2,3 (예를 들어 $1=R$, $2=L$, $3=C$)은 무엇인가? (b) 인덕터에 의한 역기전력의 진동수는 공명 진동수 보다 큰가 혹은 작은가?

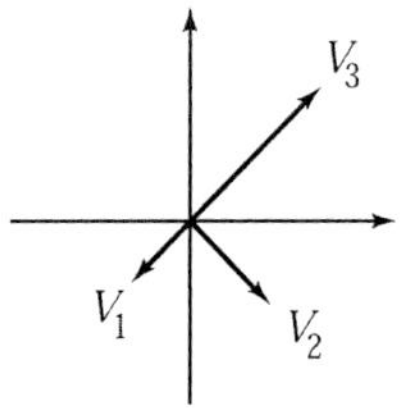

13. 승압 변압기는 전위차를 높이는데 사용된다. 그러나 전위차는 단위 전하 당 에너지에 해당하므로 승압 변압기는 단위 전하 당 에너지를 올리는 역할을 한다. 어떻게 에너지보존법칙을 위배하지 않고 이러한 과정이 가능한가?

광학

1. 얇은 볼록렌즈는 물체의 실상을 만드는데 이용된다. 물체를 렌즈 가까이 옮겼더니 여전히 새로운 실상이 관찰되었다. 새로운 상은 처음 것에 비하여 (a) 렌즈로부터 상대적인 거리가 가까워지는가 멀어지는가? (b) 상의 크기는 커지는가 작아지는가? 왜 그런지 설명하여라.

2. 렌즈와 필름 간의 거리 변화에 의해 카메라는 다양한 거리에 있는 물체의 상을 잡을 수 있다. 달처럼 먼 거리에 있는 물체의 상을 잡기 위하여 렌즈와 필름 사이의 거리 d_0가 적절하게 조절되어 있다고 하자. 더 가까이에 있는 물체를 촬영하기 위하여 렌즈와 필름간 거리는 d_0보다 커야하는가 같아야 하는가 혹은 작아야 하는가? 광선 작도를 이용하여 설명하여라.

3. (a) 어떤 매질에서 다른 매질로 진행하는 빛은 항상 법선 방향을 향하여 꺾이는가?
   (b) 빛이 두 매질을 가로질러 갈 때 진동수는 변하는가?
   (c) 그것의 파장은?
   (d) 속도는? 설명하여라.

현대물리

1. 많은 집들은 검은 아스팔트 지붕이다. 에너지 절약의 관점에서 이와 같은 지붕은 (a) 더운 여름날 (b) 추운 겨울밤 중 언제를 위한 것인가? 둘 중의 하나가 아니라면, 어떤 색의 지붕이 더 좋을까?

2. 원자가 빛을 방출하기 위해서는, 반드시 먼저 이온화되어야 하는가? 설명하라.

3. 상온에서 같은 기체에서 얻어지는 방출과 흡수 스펙트럼의 선스펙트럼의 개수는 같은가? 설명하라.

4. 광자(어떤 광자든)는 자유전자에 의해 흡수가능한가? (힌트: 운동량과 에너지 보존을 고려하라)

5. 정지 상태에 있는 전자와 양성자가 같은 전위차로 가속된다면, 어느 것이 더 긴 파장을 가지는가?

6. 수소 원자의 전자가 바닥상태($n=1$)에 있다.
   (a) $(E_3-E_1)/h$ 보다 크고, $(E_4-E_1)/h$보다 작은 진동수의 빛이 입사된다면 무슨 일이 일어나겠는가?
   (b) 만약 운동 에너지가 (E_3-E_1)보다 크고 (E_4-E_1)보다 작은 전자빔을 사용한다면 무슨 일이 일어나겠는가?

7. 양성자 빔을 이용한 "양성자 현미경"에서 양성자의 속력과 전자 현미경에서의 전자의 속력이 같을 때, 양성자의 회절 무늬 간격은 전자 보다 더 큰가 아니면 더 작은가 혹은 거의 같은가? 설명하여라.

8. 파장이 1100nm~1600nm 사이에서 골고루 분포한 천 개의 광자들이 물체의 표면 입사되면서 압력을 가한다. 이때 프리즘을 사용하여 파장이 1350nm 이하인 모든 광자들을 제거하였다. 복사 압력은 처음의 압력보다 (a) 반보다 작게 (b) 반만큼 (c) 반보다 더 크게 줄었다. 설명하라.

찾아보기

ㄴ

ㄷ

ㄹ

ㅁ

ㅂ

ㅅ

ㅇ

::: ㅍ :::

::: ㅎ :::

정가 19,000원

동료교수법 : 사용자 매뉴얼 (Peer Instruction : A User's Manual)

2013년 2월 19일 초판 인쇄
2013년 2월 25일 초판 발행
공역자 : 김중복 · 김규환 · 김종원 · 이정숙
이지원 · 황명수
원저자 : Eirc Mazur
발행자 : 우명찬 · 송 준
발행처 : 홍릉과학출판사

역자와의
협의하에
인지생략

주 소 : 서울시 강북구 인수동 455-60
142-885
등 록 : 1976년 10월 21일 제5-66호
전 화 : (02) 999-2274~5, 903-7037, 996-8341
팩 스 : (02) 905-6729
e-mail: hongpub@hongpub.co.kr
http://www.hongpub.co.kr
ISBN: 978-89-97570-70-6

낙장 및 파본은 구입처나 본사에서 교환하여 드립니다.
판권 소유에 위배되는 사항(인쇄, 복제, 제본)은 법에 저촉됩니다.